JN185165

理工学系からの
脳科学入門

合原一幸
神崎亮平 ―――［編］

東京大学出版会

Theoretical and Engineering Approaches to Brainscience
Kazuyuki AIHARA and Ryohei KANZAKI, Editors
University of Tokyo Press, 2008
ISBN978-4-13-062304-9

はじめに

筆者は数理脳科学の研究者であるが，子供の頃から昆虫学者になるのが夢だった．そして今でも，昆虫学者になるのが夢である．……と，2007 年 7 月にバンクーバーで開催された神経行動学 (neuroethology) 国際会議に出席するまではそう思っていた．3 年に 1 回開催されるこの会議に出たのは初めてだったが，驚いたことにそこにはさっそうと活躍する現代の昆虫学者たちの姿があった（昆虫好きな読者のためにひとつだけ例を挙げると，なんとモルフォ蝶（ペレイデスモルフォ）の聴覚系に関する報告があった）．そうなのだ，今日の先端昆虫学は，昆虫の脳を研究するという点でまさに脳科学と密接に結び付いていたのだ．この意味で，筆者が今研究している脳科学の内容は，実は子供の頃からの夢と近接していたことに気がついた．なんという幸運だろう．

この「神経行動学」が端的に示しているように，今やさまざまな学問が，脳科学なしでは語れなくなってきている．この広がりは，神経経済学 (neuroeconomics)，神経政治学 (neuropolitics)，神経倫理学 (neuroethics) 等々，いわゆる文科系の学問にまで及んでいる．この意味で，多くの学問分野の研究者にとって，脳科学の基礎的知識を有することの重要性は日々増している．

本書は，東京大学工学部において学科の枠を越えた工学部共通講義として，筆者らが 3 年生向けに行っている「脳科学入門」の講義内容を基にした脳科学のテキストである．したがって，主要目的は，理科系学部学生が脳科学を学ぶための基礎的知識を提供することである．この目的から，ニューロンや脳の基礎的知識のみでなく，その数理モデルや脳科学の工学応用についても詳しく解説されている．他方で，このことにより本書は脳科学の教科書の中でもユニークな存在となっている．すなわち，本書は，脳科学の実験研究者がニューラルネットワーク理論，計算論的神経科学や脳科学の工学応用の基礎を知るための格好の入門書でもある．

実際，今日の脳科学の最先端研究においては，実験と理論の両面からのアプローチ，実験研究者と理論研究者の共同研究がたいへん重要になってきている．この意味で本書は，一般読者や理科系学生が「脳科学とは何か？」を学ぶためにも，そして脳科学の実験研究者が脳への理論的アプローチの概要を知るためにも，活用することができよう．

末筆ながら，御忙しいなか，共に編集の任に当たられた神崎亮平先生ならびに個々のテーマに関してすばらしい解説を御執筆くださった筆者の先生方，そして原稿の取りまとめという大役を御引き受けくださった東京大学出版会岸純青氏に感謝申し上げる．

平成 20 年 5 月

合原一幸

目次

執筆者および分担一覧

編者

合原一幸	東京大学生産技術研究所	はじめに，序章，第1章
神崎亮平	東京大学先端技術研究センター	第7章，おわりに

執筆者（執筆順）

鈴木秀幸	東京大学生産技術研究所	第2章
増田直紀	東京大学大学院情報理工学系研究科	第3章
山口陽子	理化学研究所脳科学総合研究センター	第4章
岡田真人	東京大学大学院新領域創成科学研究科	第5章
渡辺正峰	東京大学大学院工学系研究科	第6章
神保泰彦	東京大学大学院新領域創成科学研究科	第8章
河野　崇	東京大学生産技術研究所	第9章
高橋宏知	東京大学先端技術研究センター	第10章

序章　脳とニューロン

1　本書の構成

最近「脳」に対する人々の興味が，日本をはじめ世界的にたいへん高まっている．一種の脳ブームともいえるほどの社会現象である．他方でこういった脳ブームとは無関係に，脳の基礎科学的研究も大きく進展してきている．このような学問分野を，脳科学 (brainscience) と呼ぶ．

この脳科学研究は多くの分野の協力が不可欠な学際研究の典型例であり，日本では「脳を知る」，「脳を守る」，「脳を創る」，「脳を育む」，さらには「脳を活かす」といった多様なテーマの下で広範な先端研究が活発に行われている．しかしこのことは他方で，その広範性のため，これから脳科学を学ぼうとする初学者がなにから手をつけたらよいか，迷うような状況を生み出しているようにも思われる．

実際，脳科学は，神経生理学，分子生物学，ゲノム科学からの実験的アプローチ，ニューラルネットワーク理論や計算論的神経科学といった理論的アプローチ，言語や意識といった脳の高次機能やその病態に関する研究，さらには心理物理学や人工知能研究までをも含み，きわめて多岐にわたる.．このような脳科学のすべてを１冊で網羅することは不可能である．

そこで本書では，ターゲットをある程度絞ることによって，この困難な状況を克服することを試みた．すなわち「はじめに」にも述べたように，本書の主要目的は理科系学部学生が脳科学を学ぶための基礎的知識を提供することである．この目的を満たすために，本書は以下のように構成されている．

第I部 “脳の理論を求めてI——神経数理工学” では，主として神経数理工学の観点から，ニューロンの数理モデル（第１章），その非線形ダイナミクス（第２章)，さらにはニューロンモデルが結合したニューラルネットワークの数理モデルとその非線形ダイナミクス（第３章）を解説する．この第I部によって，脳の数理モデル化やニューラルネットワーク理論の基礎的知識が得られよう．

第 II 部 “脳の理論を求めて II——計算論的神経科学” では，主として計算論的神経科学の観点から，脳の各機能の理論的背景，特に海馬と記憶（第 4 章），視覚の情報処理（第 5 章），視覚と意識（第 6 章）といった話題を論じる．この第 II 部によって，脳の多彩な高次機能を生み出すメカニズムの素晴らしさを概観する．

第 III 部 “脳の働きを探る” では，高度な適応行動を実現する昆虫の脳の仕組みを例示するとともに（第 7 章），多数の神経細胞の活動を同時に多点計測する先端技術（第 8 章）を紹介することにより，脳機能の実験的探索の今後を展望する．

第 IV 部 “脳を創る” では，工学的観点から，生物の神経系を模倣するニューロモルフィック・ハードウェア（第 9 章）および BCI（ブレイン–コンピュータ・インターフェース）や BMI（ブレイン–マシン・インターフェース）の基礎にもなる感覚・運動・認知機能の再建（第 10 章）に関する，最先端の知見を紹介する．

これらの各論に進む前に，まず本章では，読者の便宜のために脳科学の基本的知識を概観しておこう．

2 複雑システムとしての脳

脳は，最も複雑な生体器官である．たとえば，心臓や腎臓と脳とを対比してみるとわかるように，脳はまずその機能自体が複雑で，その機能の定義からして哲学を含めてさまざまな学問の対象となっている．そして，この高次機能を生み出す脳をシステムとしてどう理解するのかという問題が，21 世紀の大きな課題となっている．

一般にシステムを理解するための第一歩は，その基本構成要素をおさえることである．そして脳の場合，このこと自体が歴史的大問題であった．有名な S. R. Cajal と C. Golgi の大論争である[1)]．脳を染色して顕微鏡で観察すると，きわめて複雑な網状のネットワーク構造が見られる．この脳の構造を，ひと続きの連結回路網としてとらえたのが，Golgi の網状説である．これに対して，この複雑なネットワークがニューロン（neuron: 神経細胞）という基本要素から成り，ニューロンとニューロンとの間にはわずかだが隙間（数十 nm のシナプス間隔）があることを看破したのが Cajal であった．

このように，脳は複雑なネットワーク構造を有している．一般に，この脳のよ

1) 櫻井芳雄『考える細胞ニューロン』講談社 (2002).

うな複雑なシステムを研究するためには，その数理モデルを用いて理論的にシステムとしての脳を構築し，それを解析することにより対象を理解する「構成による解析」(analysis by synthesis) がしばしば有効な研究の方法論となる．その際にまず着目すべきなのは，やはりその基本構成要素である．

脳の場合，この基本構成要素は Cajal が見事に見抜いたようにニューロンである．したがって，脳を理解するためにはまずこのニューロンの構造や機能を理解しなければならない．

3　脳の基本構成要素ニューロン（神経細胞）

前述したようにヒトを含めた生物の脳においては，ニューロンと呼ばれる情報処理に特化した細胞が基本構成要素である．このニューロンを基準にして，マクロレベル方向には，これらニューロンが多数結合したニューラルネットワーク (neural network: 神経回路網)，そしてニューラルネットワークから成る脳の各領野といった階層的非線形システムとして脳が構築され，さらには心までもが生み出され，複数の脳が実世界では相互作用する．またミクロレベル方向にも，ニューロンを構成する神経膜やイオンチャネル，リセプタなどの生体分子，それらを構成するタンパク質などの 3 次元構造，さらにはタンパク質をコードする遺伝子とその発現制御機構へと研究が大きく進展している．

このような脳の階層性の下で，システムとしての脳を理解するためには，まず

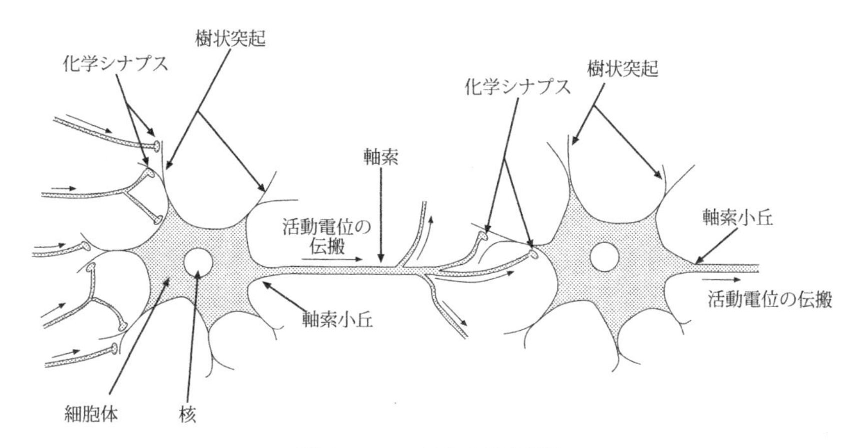

図 1　ニューロンの基本構造

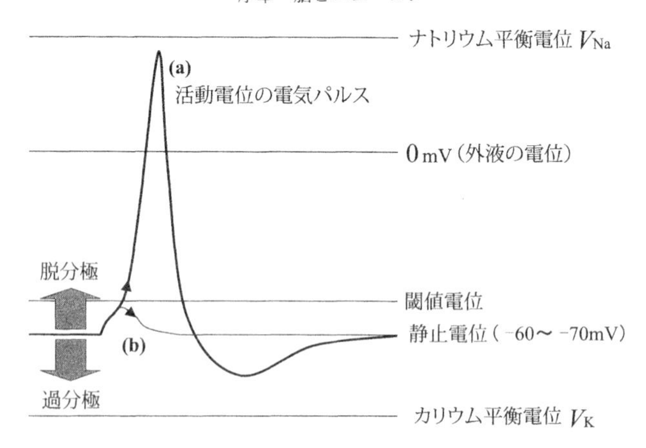

図 2　閾値を伴うニューロン発火現象

(a) 閾値以上の刺激による活動電位電気パルスの生成（神経発火），(b) 閾値以下の刺激に対する閾値下応答.

その基本構成要素であるニューロンの動作をよく理解することが最初の重要なステップとなる.

このニューロンは，その形態や遺伝子の発現パターンなどがたいへん変化に富む多種多様な細胞である．しかしその基本的構造には共通性があり，図 1 に模式的に表すように，樹状突起や軸索といった多数の枝から成る構造を有している．各ニューロンは，細胞体および樹状突起における化学シナプス結合を介して，他の多数のニューロンから入力を受ける．何も入力がない定常状態において，ニューロン内部の電位は，外部に対して −60 〜 −70 mV 程度の負の一定値に安定に保たれている．この直流電位を静止電位 (resting potential)，この状態を静止状態と呼ぶ.

化学シナプスを介して入ってくる入力は，ニューロンの内部電位を上昇させる（脱分極，すなわち 0 mV に近づける）興奮性入力と下降させる（過分極，すなわち静止電位よりさらに負の値にする）抑制性入力の 2 種類に分類される（図 2 参照)．ニューロンには，多数の化学シナプス（大脳皮質の単一ニューロン当たり約 1 万個の化学シナプス）が結合している．これらの化学シナプスを介して次々と入力される興奮性・抑制性シナプス入力の効果の時空間総和が，ニューロンの軸索小丘部（図 1 参照）の膜電位をある閾値電位を超えて脱分極させると，図 2 に示すように，この軸索小丘部で活動電位 (action potential) と呼ばれるパルス幅約 1 ms，パルス振幅約 100 mV の電気パルスが生成される．この生成された電気パルスは軸索上を能動的に伝搬して，軸索末端の化学シナプスを介して次のニューロンへの入力（シナプス後電位）を生み出す．ニューロンが活動電位を生成することを，ニューロンの発火あるいは興奮と呼ぶ．また，ニューロン相互が電気的に直接結合する電気シナプスが脳内に（特に抑制性の介在ニューロン間に）豊富に存在することも最近明らかになってきていて，その同期現象などに果たす役割が注目されている．ニューロンにテーマを絞っても，実に多様な研究が展開されているのである．

次章では，まずこの脳の構成素子であるニューロンを取り上げて，その数理モデルを紹介することから始めよう．

第I部

脳の理論を求めてI
——神経数理工学

第1章 ニューロンの数理モデル

1.1 ニューロンの微分方程式モデル

I. Newton による運動方程式の発明以来，微分方程式を用いて現象の数理モデルを構築することが自然科学の基本的な方法論になっている．本節では，脳科学におけるこのようなアプローチの第一歩として，ニューロンの微分方程式モデルについて紹介しよう．

一般に n 個の状態変数から成る常微分方程式は次式のように表される．

$$\frac{d\boldsymbol{x}(t)}{dt} = \boldsymbol{F}(\boldsymbol{x}(t), t). \tag{1.1}$$

ここで，$\boldsymbol{x} \in \boldsymbol{R}^n$，$t \in \boldsymbol{R}$，$\boldsymbol{F}$ は $\boldsymbol{R}^n \times \boldsymbol{R}$ から $\boldsymbol{R}^n$ への写像でベクトル場を与える．$\boldsymbol{F}$ が $\boldsymbol{x}$ だけの関数で t を陽に含まないとき，その力学系を「自律系」と呼び，一方 $\boldsymbol{F}$ が t を陽に含む場合は「非自律系」と呼ぶ．ニューロンモデルの場合，ニューロンへの外部入力の有無により，微分方程式モデルは各々非自律系，自律系となる．

1.1.1 ホジキン－ハクスレイ方程式

脳科学分野において，Newton の運動方程式に匹敵する微分方程式モデルの成功例が，A. L. Hodgkin と A. F. Huxley によるホジキン－ハクスレイ方程式（HH 方程式）である[1]．

HH 方程式は，ちょうどニュートンの運動方程式が T. Brahe や J. Kepler による膨大な観測データに基づいて生み出されたように，ヤリイカの巨大軸索を用いた良質な実験データに立脚して定式化された．ヤリイカ巨大軸索はその直径が $0.4 \sim 0.9\,\mathrm{mm}$ とたいへん太いため，軸索内部に金属線を挿入して，軸索長軸方向に関する膜電位の空間的変化をなくすことができる．この実験技術を空間固定法

1) A. L. Hodgkin and A. F. Huxley, "A quantitative description of membrane current and its application to conduction and excitation in nerve." *J. Physiol.*, **117**, pp. 500–544 (1952).

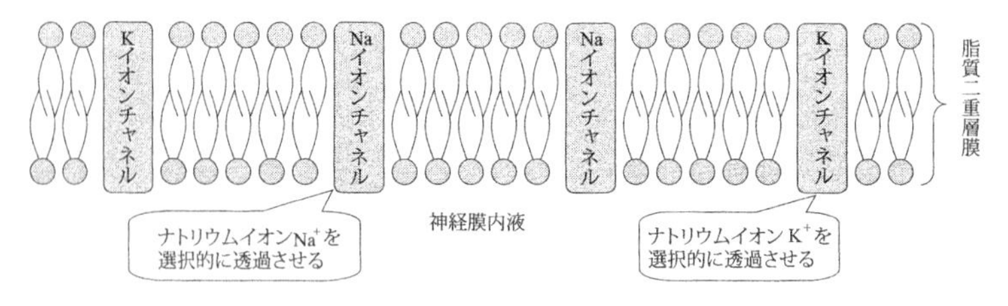

図 **1.1** 神経膜のミクロ構造

という．この空間固定法により，本来時間 t と軸索長軸方向の空間座標 x の関数である膜電位 $V(t,x)$ に関する偏微分方程式として記述すべき神経軸索のダイナミクス，すなわち神経膜が入力を受けて活動電位を生成する動的過程を，時間のみの関数 $V(t)$ に関する常微分方程式としてモデル化することが可能となった．

ヤリイカ巨大軸索の神経膜は，ミクロに見ると，図 1.1 のように脂質分子が二重に重なった脂質二重層膜中に，細胞外液中に多いナトリウムイオン Na^+ を内向きに選択的に透過させるナトリウムイオンチャネルと細胞内液中に多いカリウムイオン K^+ を外向きに選択的に透過させるカリウムイオンチャネルが多数埋め込まれた構造になっている．Hodgkin と Huxley は，この神経膜を図 1.2 のような等価電気回路でモデル化し，膜電位 V，膜電流 I，ナトリウムコンダクタンス g_{Na}，カリウムコンダクタンス g_{K} といったマクロな量を用いて定式化した．個々のイオンチャネルはオン・オフ的に開閉するが，多数のイオンチャネルの集合としての神経膜のイオン透過性を，マクロなコンダクタンスとして定量的に表現したのが g_{Na}，g_{K} である．

HH 方程式は次式で表される[2]．

$$C\frac{dV}{dt} = I - 120.0m^3h(V-115.0) - 40.0n^4(V+12.0) \\ -0.24(V-10.613), \tag{1.2}$$

$$\frac{dm}{dt} = \frac{0.1(25-V)}{\exp\left(\dfrac{25-V}{10}\right)-1}(1-m) - 4\exp\left(\frac{-V}{18}\right)m, \tag{1.3}$$

$$\frac{dh}{dt} = 0.07\exp\left(\frac{-V}{20}\right)(1-h) - \frac{1}{\exp\left(\dfrac{30-V}{10}\right)+1}h, \tag{1.4}$$

2) A. L. Hodgkin and A. F. Huxley (1952)（前出）．

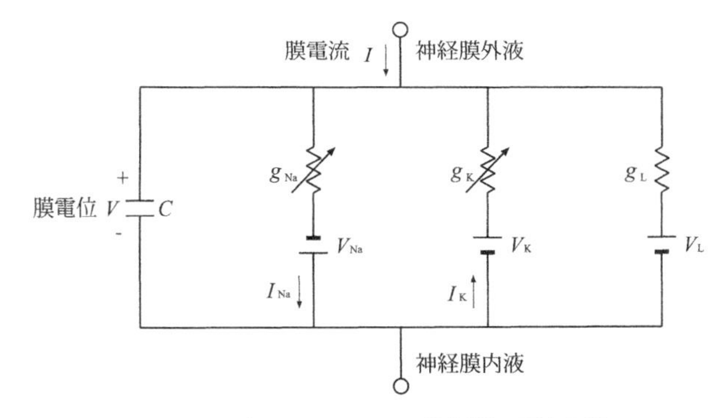

図 1.2　Hodgkin と Huxley による神経膜の電気回路モデル

ただし，g_{Na}：膜電位 V に依存して動的に変化する非線形ナトリウムコンダクタンス，g_{K}：膜電位 V に依存して動的に変化する非線形カリウムコンダクタンス，I_{Na}：ナトリウムイオンによる内向きイオン電流，I_{K}：カリウムイオンによる外向きイオン電流，V_{Na}：ナトリウム平衡電位，V_{K}：カリウム平衡電位，L はもれ電流成分を表す．

$$\frac{dn}{dt} = \frac{0.01(10-V)}{\exp\left(\dfrac{10-V}{10}\right)-1}(1-n) - 0.125\exp\left(\frac{-V}{80}\right)n. \tag{1.5}$$

ここで，変数 V は外液電位を基準にして測ったニューロン内部の膜電位（ただし，静止電位を $V=0$ とする），変数 m，h，n は神経膜のナトリウムコンダクタンス g_{Na} およびカリウムコンダクタンス g_{K} の変化を説明するために Hodgkin と Huxley によって導入された現象論的変数で $g_{\mathrm{Na}} = 120.0m^3h$，$g_{\mathrm{K}} = 40.0n^4$ と表される．また，I は膜電流，C は神経膜の静電容量，t は時間，図 1.2 の V_{L}，g_{L} は，もれ (leak) 電流に関する平衡電位，コンダクタンスを各々表す．

この HH 方程式は，その定式化の基となったヤリイカ巨大神経膜のさまざまな動的挙動をほぼ定量的に記述できる．たとえば，I をパルス電流と仮定して式 (1.2)～(1.5) を数値計算によって解き，膜電位 V の時間波形を図示することによって，ヤリイカ巨大神経膜を用いた電気生理学実験をコンピュータ上で手軽に擬似体験することができる．

Hodgkin と Huxley は，この研究で 1963 年のノーベル生理学・医学賞を受賞している．これは，微分方程式による数理モデル研究で同賞を受賞するという，稀有な例となっている．

1.1.2　フィッツフュー－南雲方程式

HH方程式はヤリイカ巨大神経膜の動的振る舞いを定量的に記述する見事な数理モデルであるが，式(1.2)～(1.5)を見るとわかるように，その数学的表現は複雑であり，数値計算以外の理論解析は難しい．そこで，この方程式を数学的に見通しのよいモデルへと単純化する研究が行われてきている．その典型例が，R. FitzHughと南雲仁一によるフィッツフュー－南雲方程式（FHN方程式）である[3]．

FHN方程式は，次式で表される．

$$\frac{dx}{dt} = c\left(x - \frac{x^3}{3} - y + I\right), \tag{1.6}$$

$$\frac{dy}{dt} = \frac{x + a - by}{c}. \tag{1.7}$$

ここで，xは膜電位Vに対応して早く変化する状態変数，HH方程式のhやnに対応するyはVに比べてゆるやかに変化する回復変数(recovery variable)，Iは電流刺激入力，a，b，cは正値パラメータで通常$c > 1$である．また，式(1.6)，(1.7)を変形した次式もよく用いられる．

$$\frac{dx}{dt} = x - \frac{x^3}{3} - y + I, \tag{1.8}$$

$$\frac{dy}{dt} = \epsilon(x + a - by). \tag{1.9}$$

ここで，時間tは式(1.6)，(1.7)におけるctを改めてtとおいたものであり，$\epsilon = 1/c^2$は$0 < \epsilon \ll 1$なるパラメータである（簡単のため$a = 0$または$b = 0$とすることも多い）．

FHN方程式の解の例を図1.3に示す．xとyの時定数の違いに起因して，ほぼ水平方向に動く解軌道が見られる．これは，xの時間変化速度のほうがyの時間変化速度よりも，ほとんどの領域（式(1.10)のN_xの近傍以外の領域）ではるかに大きいからである．この解の振る舞いは，HH方程式の4変数V，m，h，nを$x = V - 36m$，$y = (n - h)/2$の2変数に縮約して2次元平面(x, y)上で表示した解の振る舞いと定性的によく似ている[4]．

図1.3の太い実線N_xと破線N_yは零集合（ナルクライン：nullclines）と呼ばれ

---

3)　R. FitzHugh, "Mathematical Models of Excitation and Propagation in Nerve," in 'Biological Engineering.' (ed. Herman P. Schwan), pp. 1–85, McGraw-Hill Book Company, NY (1969).; J. Nagumo, S. Arimoto and S. Yoshizawa, "An active pulse transmission line simulating nerve axon." *Proc. IRE*, **50**, pp. 2061–2070 (1962).

4)　Nagumo et al.(1962)（前出）.; 南雲仁一編『バイオニクス』共立出版 (1966).

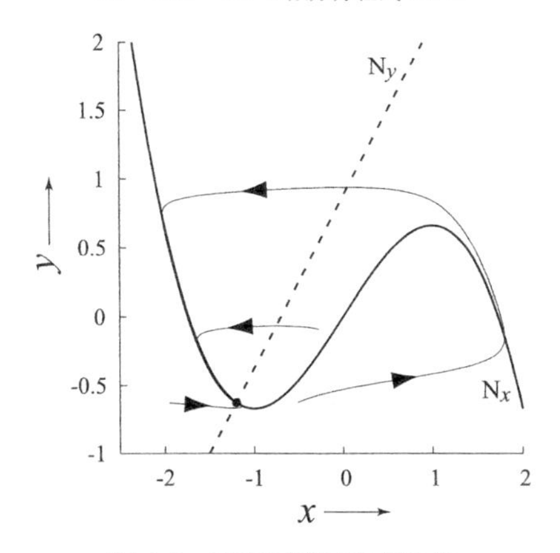

図 1.3 FHN 方程式の解の例
ただし，$a = 0.7$，$b = 0.8$，$c = 4.0$，$I = 0$（本図は辻繁樹氏による）.

る集合で，各々次式で定義される．

$$\mathrm{N}_x = \left\{(x, y) \in \boldsymbol{R}^2 \,\middle|\, \frac{dx}{dt} = 0\right\}$$

$$= \left\{(x, y) \in \boldsymbol{R}^2 \,\middle|\, x - \frac{x^3}{3} - y + I = 0\right\}, \tag{1.10}$$

$$\mathrm{N}_y = \left\{(x, y) \in \boldsymbol{R}^2 \,\middle|\, \frac{dy}{dt} = 0\right\}$$

$$= \left\{(x, y) \in \boldsymbol{R}^2 | x + a - by = 0\right\}. \tag{1.11}$$

式 (1.10)，(1.11) からわかるように N_x と N_y の交点では $dx/dt = dy/dt = 0$ となる．すなわち，この交点は FHN 方程式の平衡点であり，ニューロンの静止状態に対応する．

南雲，有本，吉澤は FHN 方程式を当時最先端技術であったトンネルダイオードを用いた電気回路モデル（図 1.4）から導くとともに，軸索長軸方向の活動電位伝搬をモデル化する FHN 方程式の空間結合系を電気回路として実装している（図 1.5）．なお，FHN 方程式は BVP (Bonhöffer – van der Pol) 方程式とも呼ばれる．

1.1.3 2 次元ヒンドマーシュ – ローズ方程式

Hodgkin は生物ニューロンの性質を，定常電流刺激強度 I を次第に増加させたときのニューロンの応答特性の変化の違いによって実験的に区別した．すなわち，刺激強度 I を増加させたときに，ニューロンの反復発火周波数 f が臨界入力強度

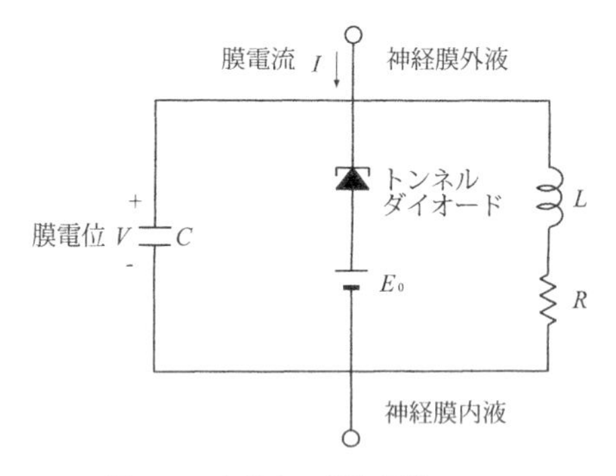

図 1.4　南雲らの電気回路モデル

Nagumo et al. (1962) および，南雲 (1966)（ともに前出）参照．

図 1.5　FHN 方程式の電気回路モデル

$I = I_1$ において 0 Hz に近い十分低い周波数で始まって連続的に増加するクラス 1（クラス I ともいう）と，I の増加に伴って臨界入力強度 $I = I_2$ において非零の有限周波数で不連続に反復発火が突然始まるクラス 2（クラス II ともいう）に定性的に分類した[5)]（図 1.6 参照）．

このクラス 1, 2 の違いは，力学系理論の観点からみると，静止状態に対応するニューロンモデルの漸近安定平衡点が，I の増加に伴って不安定化する分岐特性の違いとして理解できる．詳しくは次章で説明するが，クラス 1 およびクラス 2 は，

---

5)　A. L. Hodgkin, "The local electric changes associated with repetitive action in a non-medulated axon." *J. Physiol.*, **107**, pp. 165–181 (1948).

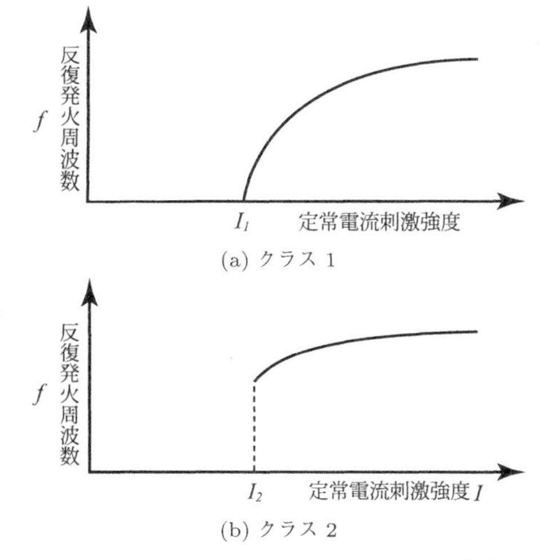

図 1.6 クラス 1，2 ニューロンの f-I 特性
ここで，f はニューロンの反復発火周波数，I は定常電流刺激強度である．

理論的には各々静止状態平衡点のサドル–ノード (saddle-node) 分岐およびアンドロノフ－ホップ (Andronov-Hopf) 分岐と関連する．

FHN 方程式は，図 1.6(b) に対応するクラス 2 のニューロンモデルの典型例である．たとえば，図 1.3 において，外部刺激入力 I の値を増加させていくと，式 (1.10) からわかるように N_x は上へ移動する．この移動に伴って静止状態に対応する平衡点（N_x と N_y の交点）がアンドロノフ－ホップ分岐により漸近安定状態から不安定化して，ニューロンの状態は反復発火を表す安定リミットサイクルへと転移する．

次に，クラス 1 とクラス 2 の両方の特性を同一の数理モデルで表現することが可能なモデルを紹介しよう．次式に示す，FHN 方程式を拡張した 2 次元ヒンドマーシュ－ローズ (Hindmarsh-Rose) 方程式（HR 方程式）である[6]．

$$\frac{dx}{dt} = e\left(x - \frac{x^3}{3} - y + I\right), \tag{1.12}$$

$$\frac{dy}{dt} = (ax^2 + bx - cy + d)/e. \tag{1.13}$$

6) R. M. Rose and J. L. Hindmarsh, "The assembly of ionic currents in a thalamic neuron I. The three-dimensional model." *Proc. R. Soc. Lond. B*, **237**, pp. 267–288 (1989).; S. Tsuji, T. Ueta, H. Kawakami, H. Fujii, and K. Aihara, "Bifurcations in Two-dimensional Hindmarsh-Rose Type Model." *Int. J. Bifurcation and Chaos*, **17**(3), pp. 985–998 (2007).

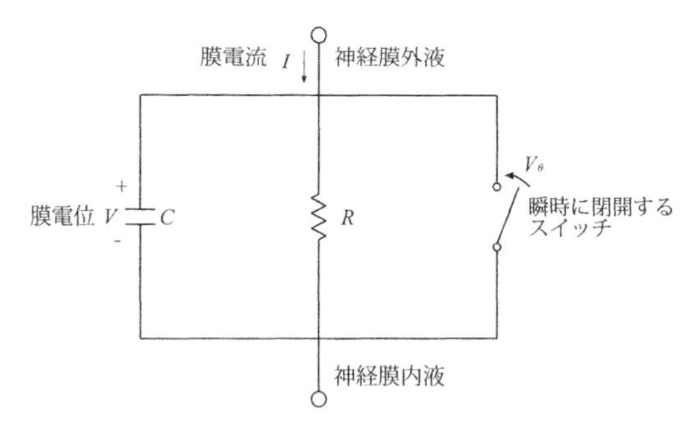

図 **1.7** Leaky 積分発火モデルの電気回路モデル

ここで，a，b，c，d，e はパラメータであり，$a = 0$，$b = 1$ とおけば，HR 方程式は FHN 方程式と等価となる．

HR 方程式は，パラメータの値に応じてクラス 1 に対応するサドル–ノード分岐とクラス 2 に対応するアンドロノフ–ホップ分岐の双方を生じるため，両方のクラスのニューロンモデルを同じ枠組みで構築することができる．

1.1.4 Leaky 積分発火モデル

Leaky 積分発火 (leaky integrate-and-fire) モデル（LIF モデル）は，1907 年の L. Lapicque [7] の論文以来，ニューロンの応答を定性的に記述するために長い間用いられてきている，きわめて単純な常微分方程式モデルである．LIF モデルの膜電位 $V(t)$ の時間変化は，基本的に次式の線形微分方程式で表される．

$$C\frac{dV}{dt} + \frac{V}{R} = I. \tag{1.14}$$

この LIF モデルは図 1.7 の電気回路モデルに対応する．図 1.2 の HH 方程式の電気回路モデルや図 1.4 の FHN 方程式の電気回路モデルと比較して，このモデルは大幅に単純化されているのがわかる．すなわち，図 1.7 からわかるように，LIF モデルはコンデンサ C，抵抗 R および右側にあるスイッチのみから成る並列回路である．このスイッチが，神経発火を表現する．今，ある時刻で膜電位 V がニューロンの閾値電位 V_θ に達すると，スイッチは瞬時に閉じてコンデンサの両端の電圧は静止電位 $(V = 0)$ にリセットされ，スイッチはまた瞬時に開くものとする．このスイッチの瞬時の閉開がニューロンの発火，興奮を表現する．

---

7) L. Lapicque, "Recherches quantitatifs sur l'excitation electrique des nerfs traitée comme une polarisation." *J. Physiol. Paris*, **9**, pp. 620–635 (1907).

なお，式 (1.14) を変形した以下のモデルも，同様に LIF モデルとして広く用いられている．

$$\tau \frac{dV}{dt} + V = I. \tag{1.15}$$

ここで，τ は RC に対応する時定数，I は式 (1.14) における RI をあらためて I とおいたものである．式 (1.14) と同様に，V が閾値電位 V_θ に達したらニューロンは瞬時に発火して $V = 0$ にリセットされるものとする．

1.1.5 甘利−ホップフィールドモデル

これまで説明してきたニューロンの微分方程式モデルは，ニューロンが個々の活動電位パルスを生成する興奮過程を記述するものであった．これに対して，ニューロンの応答を時間的に粗視化して，個々の活動電位パルスではなく時間平均したパルス密度（単位時間内に生成される活動電位パルス数の密度）に着目した微分方程式モデルが提案されている．その典型例が，次式に示す甘利俊一と J. J. Hopfield による甘利−ホップフィールドモデルである[8]．

$$\tau \frac{du}{dt} = -u + u_0 + I, \tag{1.16}$$

$$x = f(u). \tag{1.17}$$

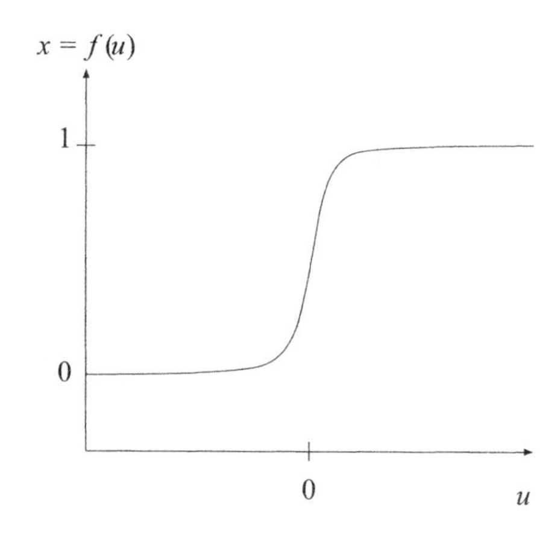

図 1.8 シグモイド関数 $x = f(u)$

8) 甘利俊一『神経回路網の数理』産業図書 (1978).; J. J. Hopfield, "Neurons with Graded Response Have Collective Computational Properties like Those of Two-state Neurons." *Proc. Natl. Acad. Sci. USA*, **81**, pp. 3088–3092 (1984).

ここで，u はニューロンの粗視化した平均膜電位，τ は u の変化の時定数，x は平均パルス密度，u_0 は静止電位，I は電流刺激入力である．関数 f は，平均膜電位 u とニューロンの出力である平均パルス密度 x との関係を表す（一般的には）単調増大関数であり，次式のシグモイド関数（図1.8参照）がよく用いられる．

$$f(u) = \frac{1}{1 + \exp\left(-\dfrac{u}{\epsilon}\right)}. \tag{1.18}$$

ここで，ϵ は増加特性の急峻さを表す正値パラメータである．

1.2　ニューロンの差分方程式モデル

ニューロンの特性を忠実に記述するには，前節で紹介した連続時間の微分方程式モデルが適しているが，他方で数値解析や理論解析に便利なようにニューロンのダイナミクスを単純化した，離散時間の差分方程式モデルも広く用いられる．

一般に，システムの状態を表す変数が n 個ある場合，差分方程式は次式のように表される．

$$\boldsymbol{x}(t+1) = \boldsymbol{f}(\boldsymbol{x}(t), t). \tag{1.19}$$

ここで，$t = 0, 1, 2, \ldots, \boldsymbol{x}(t) \in \boldsymbol{R}^n$，$\boldsymbol{f}$ は，$\boldsymbol{R}^n \times \boldsymbol{R}$ から $\boldsymbol{R}^n$ への写像である．微分方程式と同様に，$\boldsymbol{f}$ が $\boldsymbol{x}(t)$ だけの関数で t を陽に含まないとき，その力学系を「自律系」，一方 $\boldsymbol{f}$ が t を陽に含む場合「非自律系」と呼ぶ．

1.2.1　カイアニエロの神経方程式

ニューロンの差分方程式モデルの中で歴史的にも特に重要なモデルに，次式で表される1961年のカイアニエロ (Caianiello) の神経方程式 (neuronic equations) [9)]がある．

$$x(t+1) = 1\left[\sum_{i=1}^{N}\sum_{r=0}^{t} w_i^{(r)} s_i(t-r) - \sum_{r=0}^{t} R^{(r)} x(t-r) - \theta\right]. \tag{1.20}$$

ここで，$x(t+1)$ は時刻 $t+1$ のニューロンの出力値（出力は，1（発火状態）または0（静止状態）のいずれかである），t は離散時間 $(t = 0, 1, 2, \ldots)$，$1[u]$ は図1.9に示すヘビサイド出力関数（$u \geq 0$ のとき $1[u] = 1$，$u < 0$ のとき $1[u] = 0$），N

9) E. R. Caianiello, "Outline of a Theory of Thought Process and Thinking Machines." *J. Theor. Biol.*, **1**, pp. 204–235 (1961).

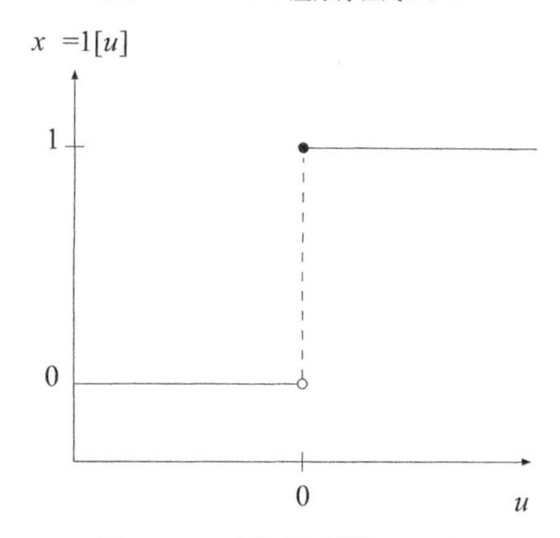

図 **1.9** ヘビサイド関数 $x = 1[u]$

はニューロンへの入力の総数，$w_i^{(r)}$ は時刻 $t-r$ における i 番目の入力値 $s_i(t-r)$（ただし，$s_i(t-r) \in \{0,1\}$）が時刻 $t+1$ でのニューロンの出力値へ与える影響の強さを表す化学シナプス結合係数，$R^{(r)}$ は時刻 $t-r$ でのニューロンの出力値が時刻 $t+1$ でのニューロンの出力値へ与える不応性の効果を表す係数，θ はニューロンの閾値である（図 1.14，1.15 も参照）．ここで，$s_i = 1$ は i 番目の化学シナプス結合を形成している入力の送り手ニューロンの発火を表す．

Caianiello は式 (1.20) の神経方程式さらには化学シナプス結合係数 $w_i^{(r)}$ の変化則に関する記憶方程式 (mnemonic equations) を提案し，それらを基に思考プロセスと心の数理モデルに関してさまざまな可能性を論じた[10]．

1.2.2 南雲－佐藤モデル

南雲と佐藤は，Caianiello のモデルに基づいて，時間とともに指数関数的に減衰する不応性（発火後閾値が通常よりも大きくなってニューロンが発火しにくくなる性質），すなわち，$R^{(r)} = \alpha k^r$（ここで，k は不応性の減衰定数で $0 \leq k < 1$ である）を有するニューロンの，1 入力刺激に対する応答特性を，次式の南雲－佐藤のモデルを用いて解析した[11]．

$$x(t+1) = 1\left[I(t) - \alpha \sum_{r=0}^{t} k^r x(t-r) - \theta\right]. \tag{1.21}$$

10) Caianiello (1961)（前出）．
11) J. Nagumo and S. Sato, "On a Response Characteristic of a Mathematical Neuron Model." *Kybernetik*, **10**, pp. 155–164 (1972).

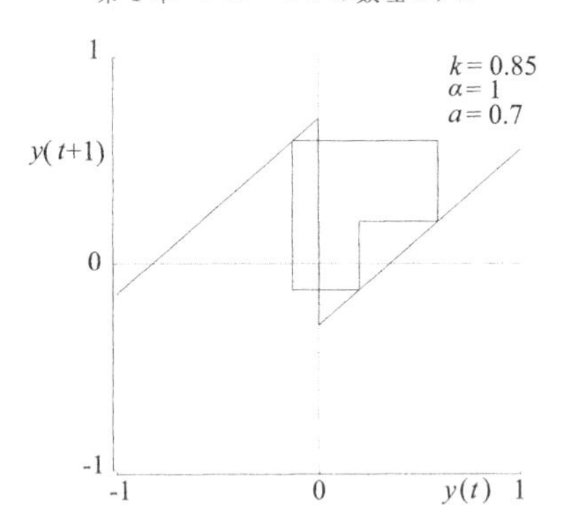

図 1.10　南雲－佐藤モデルの解の例
ただし，$k = 0.85$, $\alpha = 1$, $a = 0.7$（本図は山田泰司氏による）．

ここで，$I(t)$ は時刻 t の入力刺激の大きさ，α は正値パラメータである．

式 (1.21) 右辺の $\alpha \sum_{r=0}^{t} k^r x(t-r)$ が不応性を表す項で，過去の出力系列の不応性に関する影響が，時間とともに指数的に減衰しながら重ね合わされると仮定されている．

次に，ニューロンの内部状態 $y(t+1)$ を次式で定義する．

$$y(t+1) = I(t) - \alpha \sum_{r=0}^{t} k^r x(t-r) - \theta. \tag{1.22}$$

さらに，$I(t) = A$（一定入力）と仮定すると，式 (1.21)，(1.22) より内部状態のダイナミクスは次式で与えられる．

$$y(t+1) = ky(t) - \alpha 1[y(t)] + a. \tag{1.23}$$

ここで，$a = (A-\theta)(1-k)$ である．また，ニューロンの出力は次式で与えられる．

$$x(t+1) = 1[y(t+1)]. \tag{1.24}$$

南雲－佐藤モデルの解の1例を図 1.10 に示す．また a を分岐パラメータとして，$a \in [0,1]$ の範囲で変化させて式 (1.23)，(1.24) の南雲－佐藤モデルの応答特性の変化を調べたものが図 1.11 である．図 1.11(b) の ρ はニューロンの時間平均発火率を表す興奮数 (excitation number)，また図 1.11(c) の λ はダイナミクスの軌道不安定性を計るリアプノフ指数[12]である．ρ，λ は各々次式で定義される．

12）解軌道の微小摂動に対する安定性・不安定性を定量化する指数．λ が正のとき，カオスを特徴づける「初期値に対する鋭敏な依存性」を生じる．

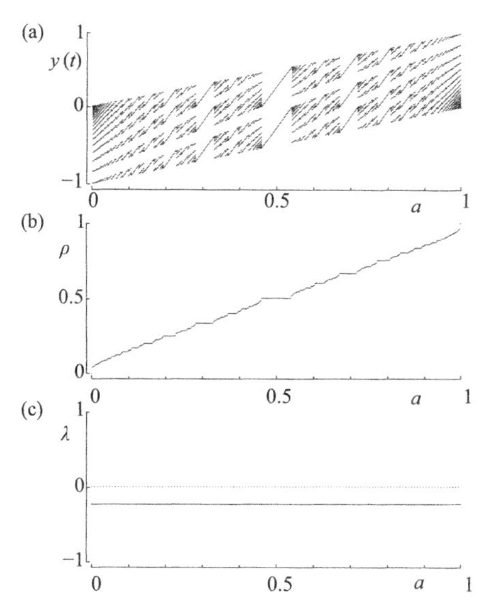

図 1.11　南雲－佐藤モデルの応答特性

ただし，$k = 0.85$, $\alpha = 1$. (a) 分岐図，(b) 興奮数 ρ，(c) リアプノフ指数 λ（本図は山田泰司氏による）.

$$\rho = \lim_{n\to+\infty} \frac{1}{n} \sum_{t=0}^{n-1} x(t), \tag{1.25}$$

$$\lambda = \lim_{n\to+\infty} \frac{1}{n} \sum_{t=0}^{n-1} \log_2 \left| \frac{dy(t+1)}{dy(t)} \right|. \tag{1.26}$$

図 1.11(b) のような微細な階段状の ρ の応答特性は，完全な“悪魔の階段”と呼ばれる．この完全な悪魔の階段は，単位区間 $[0,1]$ のすべての有理数に対応する無限個のステップを有し，ほとんど至る所で微係数が 0 であるにもかかわらず定数関数ではなく，連続で単調非減少な特異関数となっている[13]．そして，式 (1.23) がカオスの解を有するのは，ルベーグ測度 0 の自己相似なカントール集合上においてのみであり，したがって，このモデルが生成する応答は，ほとんどすべて周期解となる．また，図 1.11(b) において a の増加に伴って得られる興奮数の系列は，原始ファレイ数列 (Farey series) と呼ばれる単位区間 $[0,1]$ に含まれるすべての有理数から成る数列である[14].

---

13) Nagumo and Sato (1972)（前出）; 畑政義『神経回路モデルのカオス』朝倉書店 (1998).
14) 畑 (1998)（前出）.

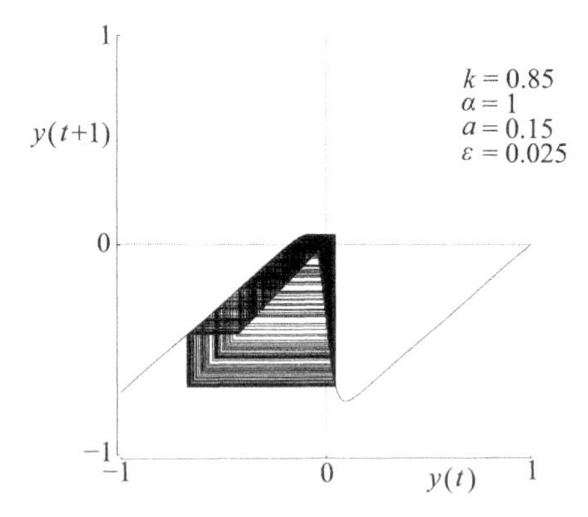

図 1.12　カオスニューロンモデルの解の例
ただし，$k = 0.85$, $\alpha = 1$, $a = 0.15$, $\epsilon = 0.025$（本図は山田泰司氏による）．

1.2.3　カオスニューロンモデル

実際の神経膜の特性は，厳密にはヘビサイド関数のようなステップ状（図 1.9）ではなく，急峻ではあるが連続的に応答の大きさが変化 (graded response) する刺激（入力）- 応答（出力）特性を有する．そこで，南雲 - 佐藤モデルの出力関数を，式 (1.18)（図 1.8）のようなシグモイド関数で表される連続出力関数 f で置き換えると，ニューロンのダイナミクスは次式により記述される．

$$y(t+1) = ky(t) - \alpha f(y(t)) + a, \tag{1.27}$$

$$x(t+1) = f(y(t+1)). \tag{1.28}$$

このモデルをカオスニューロンモデルと呼ぶ[15)]．カオスニューロンモデルの解の例を図 1.12 に示す．また，a を分岐パラメータとした分岐図を図 1.13 に示す．リアプノフ指数 λ が正の領域が，カオス領域である．このカオスニューロンモデルの応答特性は，カオスを含んだ不完全な悪魔の階段となることがわかる．この特性は，ヤリイカ巨大軸索を用いた電気生理実験でも確認されている[16)]．

1.2.4　マッカロック - ピッツのニューロンモデル

差分方程式のニューロンモデルの中で，最も単純で広く使われているモデルが，

15) K. Aihara, T. Takabe, and M. Toyoda, "Chaotic Neural Networks." *Physics Letters A*, **144** (6)(7), pp. 333–340 (1990).; 合原一幸『カオス学入門』放送大学教育振興会 (2001).

16) G. Matsumoto, K. Aihara, Y. Hanyu, N. Takahashi, S. Yoshizawa, and J. Nagumo, "Chaos and Phase Locking in Normal Squid Axons." *Physics Letters A*, **123**(4), pp. 162–166 (1987).

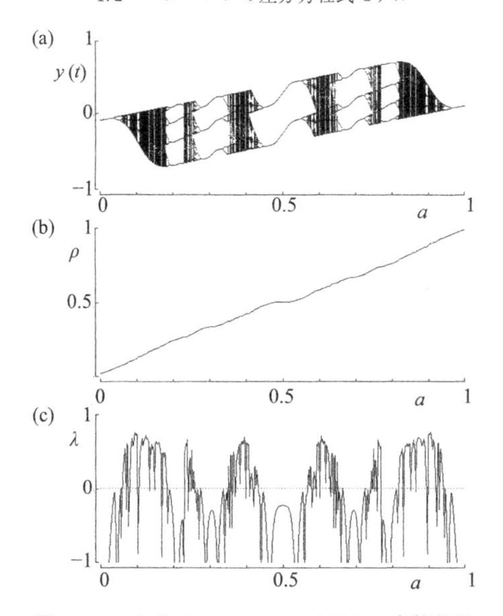

図 **1.13**　カオスニューロンモデルの応答特性
ただし，$k = 0.85$, $\alpha = 1$, $\epsilon = 0.025$. (a) 分岐図，(b) 興奮数 ρ，(c) リアプノフ指数 λ（本図は山田泰司氏による）.

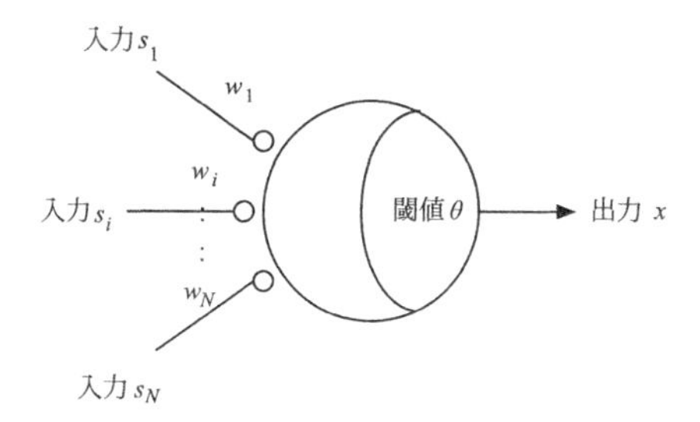

図 **1.14**　マッカロック－ピッツのニューロンモデル

W. S. McCulloch と W. H. Pitts が 1943 年に提案した“マッカロック－ピッツ”モデル（MP モデル）[17]である．このモデルは，カイアニエロのモデル式 (1.20) において，$r \neq 0$ に対して $w_i^{(r)} = 0$，およびすべての r に対して $R^{(r)} = 0$ とおいたものである．

MP モデルは次式で表される（図 1.14，1.15 も参照）．

17)　W. S. McCulloch and W. H. Pitts, “A Logical Calculus of the Ideas Immanent in Neural Nets.” *Bull. Math. Biophys.*, **5**, pp. 115–133 (1943).

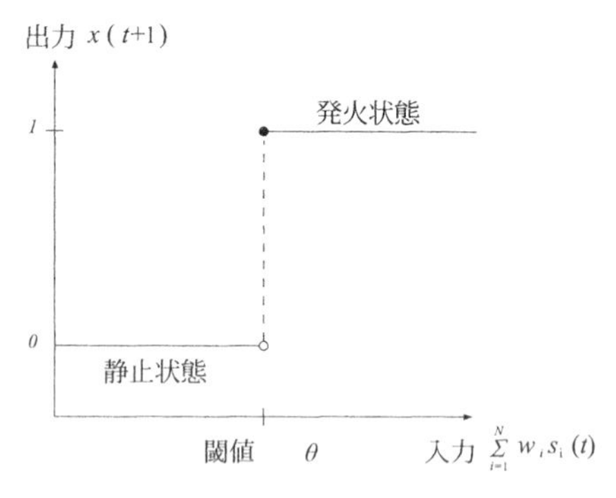

図 **1.15**　MP モデルの入出力特性

$$x(t+1) = 1\left[\sum_{i=1}^{N} w_i s_i(t) - \theta\right]. \tag{1.29}$$

ここで，w_i は i 番目の入力の化学シナプス結合係数である．

式 (1.29) からわかるように，MP モデルは，多入力の重み付き加算入力 $\sum_{i=1}^{N} w_i s_i(t)$ から閾値 θ を引き，ヘビサイド関数によって変換して出力 $x(t+1)$ を得るものである．この特性を図 1.15 に示す．

MP モデルの簡単な例として，2 入力 ($N = 2$) の場合を考えよう．たとえば，$w_1 = 1$，$w_2 = 1$，$\theta = 1.5$ と パラメータ値を設定すると，出力 x は 2 入力 s_1，s_2 の論理積 AND となる．同様にして，$w_1 = 1$，$w_2 = 1$，$\theta = 0.5$ であれば x は 2 入力 s_1, s_2 の論理和 OR，また，1 入力 ($N = 1$) の場合に $w_1 = -1$，$\theta = -0.5$ であれば x は入力 s_1 の否定 NOT となる．さらに，これらを組み合わせることにより，NAND や NOR も容易に作ることができる．したがって，MP モデルを十分多数用いれば任意の論理関数を構築することが可能であり，この意味で MP モデルは論理的に万能な素子である．

なお，物理学のスピン系理論との対応から，発火，非発火を 1, 0 で表す代わりに，1, −1 で表すモデルもしばしば用いられる．この場合，図 1.9 のヘビサイド関数は，次式の符号関数で置き換えられる．

$$\mathrm{sgn}(u) = \begin{cases} 1; \ u \geq 0 \text{ のとき}, \\ -1; \ u < 0 \text{ のとき}. \end{cases} \tag{1.30}$$

また，式 (1.18)，図 1.8 の $[0,1]$ の値をとるシグモイド関数の代わりには，$[-1,1]$ の値をとる次式が用いられる．

$$f(u) = \tanh\left(\frac{u}{\epsilon}\right). \tag{1.31}$$

1.3　ニューロンの確率モデル

本章では，脳の基本構成要素ニューロンの数理モデルに関して，常微分方程式ニューロンモデルおよび差分方程式ニューロンモデルを紹介した．これらはいずれも決定論的力学系を用いたニューロンモデルである．他方で，さまざまな確率的なニューロンモデルも広く用いられている．

たとえば，MP モデルの確率モデル版は，$x(t+1)=1$ となる確率 $P(x(t+1)=1)$ が次式で与えられる．

$$P(x(t+1)=1) = \frac{1}{1+\exp\left(-\dfrac{\sum_{i=1}^{N} w_i s_i(t) - \theta}{T}\right)}. \tag{1.32}$$

ここで，T は“温度”に対応するパラメータで，$T \to +\infty$ では $P(x(t+1)=1) \to 1/2$ となり，発火，非発火がランダムに決まる．一方，$T \to +0$ では，MP モデルの決定論的ダイナミクスと一致する．画像処理や組み合わせ最適化などのニューラルネットワーク応用は，何らかの評価関数を最小化する問題として定式化されることが多い．そのような場合，式 (1.32) の温度 T を十分高い値から徐々に減少させていくシミュレーテッド・アニーリングなどが有効に用いられる．

さらに，実際の生物の脳におけるニューロンやニューラルネットワークの動作の数理モデリングに関しては，ノイズの効果も重要な研究テーマとなってきているため，本章で紹介した決定論的ニューロンモデルに確率的ゆらぎを導入したモデルも解析されている．この分野では，確率共振，コヒーレント共振，デュアルコーディング等，さまざまな非線形現象が活発に研究されている．

今後も脳科学研究の進歩と密接に相互作用しながら，ニューロンの数理モデル研究がさらに発展していくことが期待されている．

本章および序章は「数学セミナー」における筆者らの連載[18)]が基になっている．より詳細な内容および参考文献は，これらを御参照いただきたい．

---

18)　合原一幸「ニューロン（神経細胞）の数理モデル (1)：脳を作る細胞“ニューロン”」数学セミナー，**46**(1), pp. 48–53 (2007).; 鈴木秀幸，合原一幸「ニューロン（神経細胞）の数理モデル (2)：ニューロンの離散時間モデル」数学セミナー，**46**(2), pp. 62–67 (2007).; 合原一幸「ニューロン（神経細胞）の数理モデル (3)：ニューロンの連続時間モデル」数学セミナー，**46**(3), pp. 62–67 (2007).

第2章 ニューロンの発火ダイナミクス

2.1　力学系としてのニューロンモデル

本章では，単一のニューロンの発火の仕組みを，ニューロンの数理モデルを通して考察する．ニューロンモデルを力学系としてとらえることにより，ニューロンの発火は力学系における「分岐」という現象として数理的に理解できる．

2.1.1　ニューロンの微分方程式モデルと力学系

第1章で紹介したように，ホジキン－ハクスレイ方程式（式(1.2)〜(1.5)）をはじめとして，ニューロンの連続時間モデルの多くは，1階の連立常微分方程式によって記述される．これらのモデルに存在するさまざまなパラメータの値は，基本的には時間によって変化せず一定であると考えてよいが，ニューロンへの入力刺激だけは時間によって変化すると考えるのが自然である．そこで，時刻 t における入力刺激の大きさを $I(t)$ とすれば，一般に n 変数のニューロンモデルは関数 $f\colon \boldsymbol{R}^n \times \boldsymbol{R} \to \boldsymbol{R}^n$ を用いて以下のように表される．

$$\frac{d\boldsymbol{x}}{dt} = f(\boldsymbol{x}, I(t)) \tag{2.1}$$

すなわち，ある時刻 t_0 における初期値 $\boldsymbol{x}(t_0) = \boldsymbol{x}_0$ と，入力刺激の時間変化 $I(t)$ が与えられているとき，ニューロンモデルの振る舞いはこの微分方程式の初期値問題の解 $\boldsymbol{x}(t)$ により与えられる．なお，式(2.1)の右辺は関数 I を通して時刻 t に陽に依存しているため，この微分方程式は非自律系である．

実際に，2変数のニューロンモデルであるFHN方程式（式(1.6)，(1.7)）において，パラメータ値を $a = 0.7$，$b = 0.8$，$c = 3.0$ とおき，時刻0における初期値 $(x(0), y(0)) = (0, -0.5)$ を与え，入力刺激を一定値 $I(t) = 0$ および $I(t) = 0.5$ とおいて初期値問題の解を求めたのが，図2.1である．FHN方程式の変数 x は膜電位を表すから，図に示す実線は膜電位の時間変化を表している．入力刺激が $I(t) = 0$

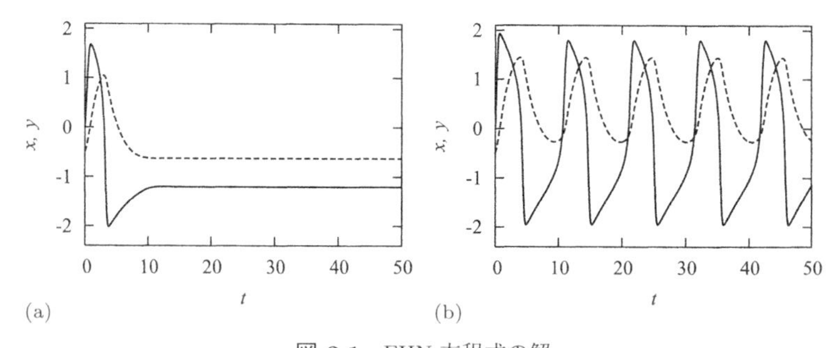

図 2.1　FHN 方程式の解

実線が $x(t)$, 破線が $y(t)$ を表す. (a) $I(t)=0$, (b) $I(t)=0.5$.

と小さいとき，膜電位は一定値に収束しているのに対して，入力刺激が $I(t)=0.5$ と大きいとき，膜電位は周期的な変化を繰り返すようになることがわかる．これらの振る舞いは，それぞれニューロンの静止状態と連続発火状態に対応している．

この例では入力刺激の大きさを一定としているが，本来はニューロンへの入力刺激 $I(t)$ は時間によって変化し，それに応じてニューロンの振る舞いもさまざまな変化を見せる．しかし，このようなニューロンの振る舞いの変化を理解するためにも，入力刺激の大きさをある一定値としたときにニューロンが最終的にどのような状態に落ち着くのか知っておくことは重要である．というのも，ある時刻 t という瞬間に限って考えれば，入力刺激 $I(t)$ はある特定の値を取っているから，少なくともその瞬間においてニューロンがどのような状態に向かって時間発展しているかわかるからである．たとえば FHN 方程式の場合，ある時刻 t において $I(t)=0$ ならばその瞬間は静止状態に向かって時間発展していることがわかり，$I(t)=0.5$ ならばその瞬間は周期発火状態に向かって時間発展していることがわかる．

そこで，入力刺激が一定値 I であると仮定することにすれば，式 (2.1) は $f_I(\boldsymbol{x})=f(\boldsymbol{x},I)$ で定義される関数 $f_I\colon \boldsymbol{R}^n \to \boldsymbol{R}^n$ を用いて，以下のように書き換えることができる．

$$\frac{d\boldsymbol{x}}{dt}=f_I(\boldsymbol{x}) \tag{2.2}$$

この式の右辺は $\boldsymbol{x}$ の関数であり，時刻 t に陽には依存していない．よって，この微分方程式は自律系である．このとき，ある時刻 t_0 における初期値 $\boldsymbol{x}(t_0)=\boldsymbol{x}_0$ が与えられれば，初期値問題の解 $\boldsymbol{x}(t)$ としてニューロンモデルの振る舞いが定まる．

このように初期値に対してその後の時間発展が一意に定まるシステムのことを一般に力学系という．また，式 (2.1) のような非自律系も広い意味では力学系に含めて考えることもある．そして，このようなシステムにおいて，主に解の長い時間スケールでの振る舞い（漸近的挙動）を定性的に論じるのが，力学系の考え方である．

たとえば，ニューロンモデルを記述する微分方程式の解は，LIF モデルなどのきわめて単純な場合を除いて，解析的に求めることはできない．しかし，そのような場合においても，ニューロンモデルを力学系として捉えることによって，静止状態や連続発火状態のような定性的な挙動を論じることが可能となる．

2.1.2 力学系の状態空間と軌道

微分方程式 (2.2) は自律系であるから，関数 $f_I\colon \boldsymbol{R}^n \to \boldsymbol{R}^n$ が $\boldsymbol{R}^n$ 上のベクトル場を与えていると考えれば，ベクトル場 f_I は時間によらず一定である．このとき，微分方程式の解 $\boldsymbol{x}(t)$ は，各時刻 t に対して $\boldsymbol{R}^n$ 内の 1 点 $\boldsymbol{x}(t)$ を定めるから，空間 $\boldsymbol{R}^n$ 内の点がベクトル場 f_I に沿って動く様子を表していると考えることができる．このように考えるとき，この点が動く空間 $\boldsymbol{R}^n$ を力学系の状態空間といい，状態空間内の 1 点を状態という．

初期値 $\boldsymbol{x}_0 \in \boldsymbol{R}^n$ を定め，ある時刻 t_0 において初期条件 $\boldsymbol{x}(t_0) = \boldsymbol{x}_0$ を満たす微分方程式の解 $\boldsymbol{x}(t)$ を考える．この解 $\boldsymbol{x}(t)$ はベクトル場 f_I に沿った曲線を $\boldsymbol{R}^n$ 内に描き，この曲線は t_0 の取り方によらない．この曲線 $O(\boldsymbol{x}_0) = \{\boldsymbol{x}(t) \mid -\infty < t < \infty\}$ を，状態 $\boldsymbol{x}_0 \in \boldsymbol{R}^n$ を通る軌道という．

特別な場合として，解 $\boldsymbol{x}(t)$ が定数関数，すなわち $\boldsymbol{x}(t) = \boldsymbol{x}_0$ であるとき，点 $\boldsymbol{x}_0$ を平衡点という．このとき，軌道 $O(\boldsymbol{x}_0)$ は 1 点からなる集合 $\{\boldsymbol{x}_0\}$ である．また，解 $\boldsymbol{x}(t)$ が定数関数ではなく，ある $T > 0$ に対して $\boldsymbol{x}(t_0 + T) = \boldsymbol{x}(t_0)$ が成り立つとき，点 $\boldsymbol{x}_0$ を周期点といい，この式が成り立つ最小の T を $\boldsymbol{x}_0$ の周期という．このとき，$\boldsymbol{x}_0$ を通る軌道 $O(\boldsymbol{x}_0)$ は閉曲線であり，これを周期軌道という．

図 2.1 で用いた FHN 方程式のベクトル場と軌道を示したのが図 2.2 である．確かに図示されたベクトルの向きに沿って解が時間変化していることがわかる．$I = 0$ のとき初期値 $(0, -0.5)$ からスタートした軌道 $O(0, -0.5)$ は，$(-1.20, -0.62)$ 付近の 1 点に収束している．この点が平衡点である．また，$I = 0.5$ のとき同じ初期値からスタートした軌道は，ある閉曲線に漸近している．この閉曲線が周期軌道である．

2.1.3 ナルクラインによるベクトル場の図示

図 2.2 のようにベクトル場によっても微分方程式系の概形を図示することはで

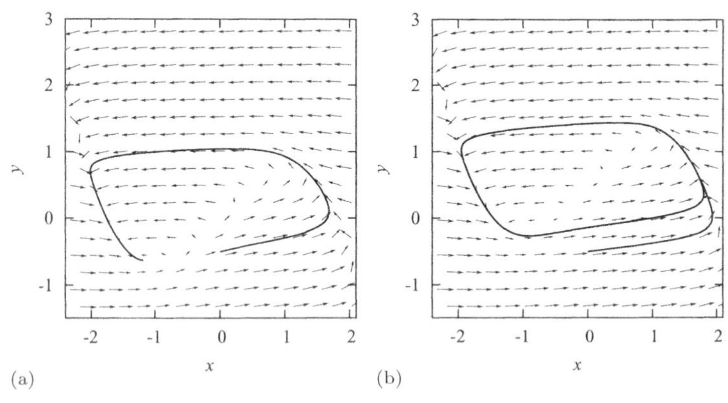

図 2.2　FHN 方程式のベクトル場（矢印）と軌道（実線）

(a) $I = 0$. (b) $I = 0.5$.

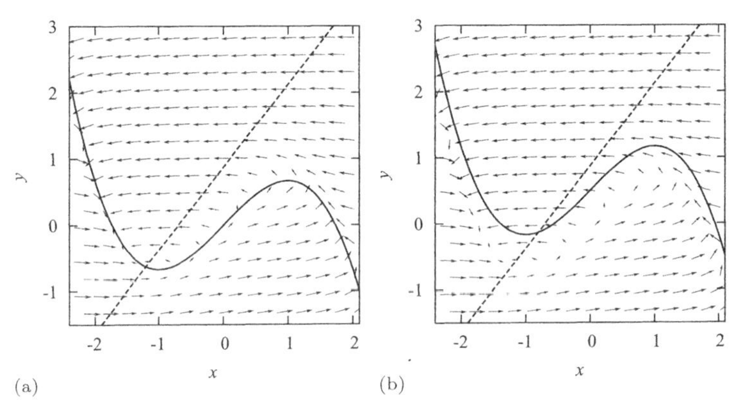

図 2.3　FHN 方程式のベクトル場とナルクライン

矢印がベクトル場，実線が x のナルクライン，破線が y のナルクラインを表す．
(a) $I = 0$, (b) $I = 0.5$.

きるが，より簡便で有用な方法として，第1章で紹介したナルクラインを用いた方法がある．

図 2.3 は，FHN 方程式のベクトル場とナルクラインを重ねて図示したものである．$I = 0$ のとき，N_x と N_y は $(-1.20, -0.62)$ 付近で交わっており，図 2.2 で軌道が収束した位置に，確かに平衡点が存在していることがわかる．FHN 方程式などの2変数ニューロンモデルの場合，N_x の右側ではベクトルの x 成分は負（左向き）であり，N_x の左側ではベクトルの x 成分は正（右向き）である．同様に，

N_y の上側ではベクトルの y 成分は負（下向き）であり，N_y の下側ではベクトルの y 成分は正（上向き）である．また，ナルクラインの定義から明らかなように，軌道は必ず N_x を上下方向に，N_y を左右方向に横切る．このように，ナルクラインを見るだけで，平衡点がわかるだけでなく，ベクトル場の概形もある程度読み取ることができる．

2.2　2 次元 HR 方程式の発火ダイナミクス (1)

前節では，FHN 方程式を例として用い，入力刺激が小さいときにニューロンは発火せず，入力刺激が大きいときにニューロンは連続発火することを見た．では，入力を徐々に大きくしていったとき，ニューロンはどのように発火を開始するのであろうか．

本節では，2 次元 HR 方程式（式 (1.12)，(1.13)）のパラメータ値を $a = 1.0$，$b = 1.7$，$c = 0.8$，$d = 0.3$，$e = 3.0$ とおいて，その発火の仕組みを調べる．2 次元 HR 方程式はパラメータ値によって発火の仕組みが変化するニューロンモデルであるので，次節では異なる仕組みによって発火を開始するように別のパラメータ値を設定する．そこで，区別のため，本節のパラメータ値を代入した 2 次元 HR 方程式を「HR 方程式 (1)」と記述することにする．

2.2.1　モデルの挙動

入力刺激の大きさ I を 0 から 1 まで 0.2 刻みで変化させたときの，膜電位 $x(t)$ の時間発展を図 2.4 に示す．ただし，初期値は $(x(0), y(0)) = (0, -0.5)$ である．

いずれの場合も時刻 $t = 0$ 付近で $x(t)$ の値は 2.0 付近まで急激に増加して，直後に -2.0 付近まで急速に減少しているが，その後の振る舞いは I によって異なる．入力刺激 I が 0.4 以下のとき $x(t)$ は一定値に収束しているのに対して，0.6 以上のときは周期的な振動が続いている．また，$I = 0.6$ での振動の周波数は低いが，I が 0.8，1.0 と大きくなるにつれて，振動の周波数が高くなっている．

このときの状態空間内における軌道とナルクラインを図 2.5 に示す．初期値 $(0, -0.5)$ からスタートした軌道は，I が 0.4 以下では平衡点に漸近しているのに対し，0.6 以上では周期軌道に漸近している．このように，HR 方程式 (1) においても，ニューロンの静止状態が平衡点，ニューロンの連続発火状態が周期軌道に対応している．

さらに，I を 0 から 1 まで連続的に変化させたときのモデルの振る舞いを見た

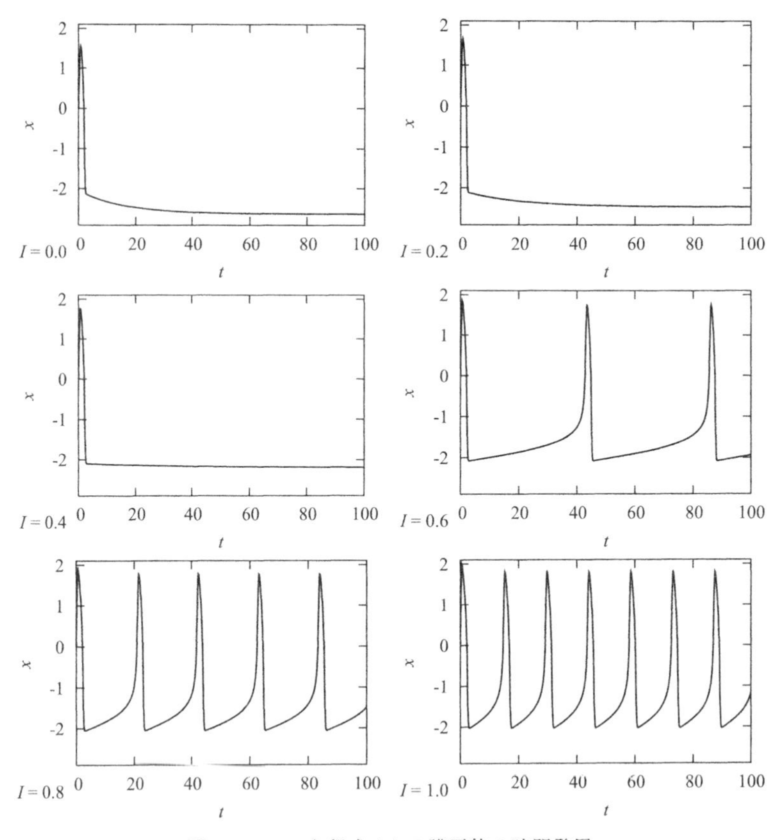

図 **2.4**　HR 方程式 (1) の膜電位の時間発展

のが図 2.6 である．この図は，I を横軸の値に固定したとき，定常状態における膜電位 $x(t)$ の最大値を縦軸にプロットしたものである．すなわち，ニューロンが静止状態に落ち着いた場合には平衡点の x 座標が，連続発火状態に落ち着いた場合には周期軌道上での $x(t)$ の最大値がプロットされていることになる．この図から，静止状態から連続発火状態への変化が $I = 0.46$ 付近で起きていることがわかる．

2.2.2　平衡点の安定性とニューロンの発火

前述のように，ニューロンの静止状態は平衡点に対応しているのだが，$I = 0.6$ 以上の場合でも x, y のナルクラインの交点が存在することからわかるように，平衡点が存在しないわけではない．それでは，系の状態が $I = 0.4$ 以下のときに平

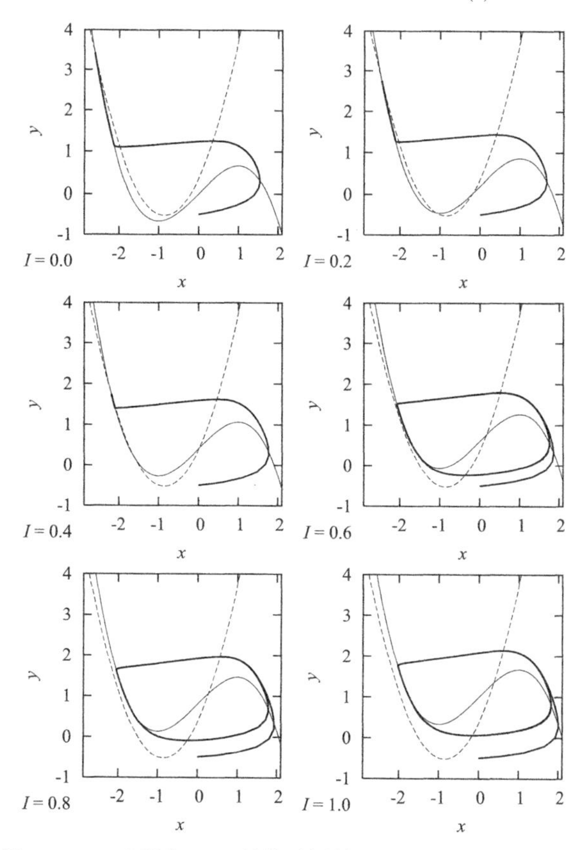

図 2.5　HR 方程式 (1) の軌道（太線）とナルクライン（細線）

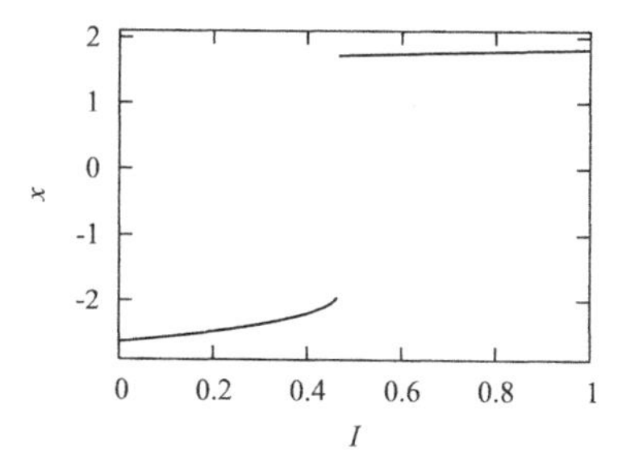

図 2.6　HR 方程式 (1) の定常状態における膜電位の最大値の変化

衡点に収束し，$I = 0.6$ 以上のときに平衡点に収束しない理由は何なのだろうか．

この違いは，平衡点の安定性を考えることで理解できる．系の状態が平衡点にあるとき，その後の系の状態も平衡点にあり続けるのだが，その状態に微小な摂動を加えても，その後の状態が再び平衡点に収束するとき，その平衡点は安定であるという．また，平衡点が安定でないとき，その平衡点は不安定であるという．

微分方程式系における平衡点の安定性は，平衡点のまわりで線形化して得られる微分方程式の挙動で調べることができる．具体的には，平衡点におけるヤコビ行列の固有値の実部がすべて負であれば安定であり，1つでも実部が正の固有値が存在すれば不安定であることが知られている．

たとえば，2次元HR方程式のヤコビ行列 $J(x, y)$ は以下のとおりである．

$$J(x,y) = \begin{pmatrix} e(1-x^2) & -e \\ \dfrac{2ax+b}{e} & -\dfrac{c}{e} \end{pmatrix} \tag{2.3}$$

このヤコビ行列の固有値は，特性方程式

$$\lambda^2 - \left(e(1-x^2) - \frac{c}{e}\right)\lambda - c(1-x^2) + 2ax + b = 0 \tag{2.4}$$

の解として得られ，その実部の正負によって平衡点の安定性を調べることができる．また，この2次方程式の判別式

$$\Delta = \left(e(1-x^2) + \frac{c}{e}\right)^2 - 4(2ax+b)$$

の正負は，後で見るように，ニューロン発火の仕組みに関わってくる．

2.2.3　サドル–ノード分岐による発火

では，具体的にHR方程式(1)に現れる平衡点の安定性は I の変化に応じてどのように変化するのだろうか．I が与えられているとき，平衡点 (x, y) の x 座標は以下の3次方程式の解として求めることができる．

$$I = \frac{1}{3}x^3 + \frac{a}{c}x^2 + \left(\frac{b}{c} - 1\right)x + \frac{d}{c} \tag{2.5}$$

I を x の関数とみなして x で微分すると，

$$\frac{dI}{dx} = x^2 + 2\frac{a}{c}x + \frac{b}{c} - 1$$

となる．よって，I が x の関数として極値を取るのは x が

$$x_{\pm} = -\frac{a}{c} \pm \sqrt{\frac{a^2}{c^2} - \frac{b}{c} + 1} \tag{2.6}$$

のときである．I は $(-\infty, x_-]$, $[x_-, x_+]$, $[x_+, +\infty)$ の各区間において単調であり，式 (2.5) の解は各区間においてたかだか 1 つずつしかないから，それぞれ対応する平衡点を P_1, P_2, P_3 とおく．

I が小さいとき，平衡点は P_1 だけである．I を大きくしていくと，ある瞬間に x_+ を x 座標とする 2 つの平衡点 P_2, P_3 が生じる．さらに I を大きくしていくと，x_- を x 座標とする 2 つの平衡点 P_1, P_2 が消えて，平衡点は P_3 のみとなる．

実際に図 2.5 を見ると，平衡点（ナルクラインの交点）は，$I = 0$ のとき 1 つだけであるが，$I = 0.2, 0.4$ では 3 つあり，$I = 0.6$ 以上では再び 1 つだけとなっている．

次に，これらの平衡点の安定性を考える．前述のように，平衡点の安定性は，平衡点におけるヤコビ行列の固有値を見ることで調べられる．入力刺激 I が $0 \leq I \leq 0.7$ の範囲にあるとき，特性方程式 (2.4) の判別式 Δ は，すべての平衡点において正の値を取り，ヤコビ行列は実固有値を持つことがわかる．これらの固有値を λ_1, λ_2 とおくと，

$$\lambda_1\lambda_2 = -c(1 - x^2) + 2ax + b = c\frac{dI}{dx}$$
$$\lambda_1 + \lambda_2 = e(1 - x^2) - \frac{c}{e}$$

を満たす．$x < x_-$ のとき，$\lambda_1\lambda_2 > 0$ かつ $\lambda_1 + \lambda_2 < 0$ であることがわかるから，P_1 におけるヤコビ行列の固有値はいずれも負であることがわかる．また，$x_- < x < x_+$ のとき，$\lambda_1\lambda_2 < 0$ であるから，P_2 におけるヤコビ行列の固有値は一方が正で一方が負であることがわかる．さらに，$x > x_+$ のとき，$\lambda_1\lambda_2 > 0$ かつ $\lambda_1 + \lambda_2 > 0$ であることがわかるから，P_3 におけるヤコビ行列の固有値はいずれも正であることがわかる．

よって，P_1 は常に安定平衡点，P_2, P_3 は常に不安定平衡点であることがわかる．また，P_2 のように，実部が正の固有値および負の固有値がともに存在するとき，この平衡点をサドルという．

I が小さいときには，不安定平衡点 P_2, P_3 の存在にかかわらず，HR 方程式 (1) の解は安定平衡点 P_1 に収束するため，HR 方程式 (1) は静止状態に落ち着く．しかし，I を大きくしていくと，ある値で安定平衡点 P_1 とサドル P_2 が重なって同時に消滅する．その結果，これより大きい I では，HR 方程式 (1) には安定平衡点

が存在しないため，軌道は周期軌道へと漸近し，連続発火状態へと落ち着くことになるのである．

このように，安定平衡点 P_1 とサドル P_2 が重なって消滅する現象のことを，サドル–ノード分岐という．また，分岐が起きるときの I の値を，この分岐の分岐点という．

HR 方程式 (1) の分岐点は，x_- を式 (2.5) に代入することにより，$I \approx 0.463753$ と求まる．確かに，この値は図 2.6 において静止状態から連続発火状態に変化したときの値と一致している．

2.3　2 次元 HR 方程式の発火ダイナミクス (2)

本節では，2 次元 HR 方程式が前節とは異なる仕組みによって発火を開始するように，パラメータ値を $a = 1.0$，$b = 2.4$，$c = 0.8$，$d = 1.2$，$e = 3.0$ とおいて，その発火の仕組みを調べる．前節との区別のため，本節のパラメータ値を代入した HR 方程式は「HR 方程式 (2)」と記述することにする．

2.3.1　モデルの挙動

入力刺激の大きさ I を 0 から 1 まで 0.2 刻みで変化させたときの，膜電位 $x(t)$ の時間発展を図 2.7 に示す．ただし，初期値は $(x(0), y(0)) = (0, -0.5)$ である．

HR 方程式 (1) と同様に，いずれの場合も時刻 $t = 0$ 付近で $x(t)$ の値は 2.0 付近まで急激に増加して，直後に -2.0 付近まで急速に減少している．また，入力刺激 I が 0.4 以下のとき $x(t)$ は一定値に収束しているのに対して，0.6 以上のときは周期的な振動が続いている．HR 方程式 (1) と比較すると，$I = 0.6$ での発火周波数はそれほど低くない．

このときの状態空間内における軌道とナルクラインを図 2.8 に示す．初期値 $(0, -0.5)$ からスタートした軌道は，I が 0.4 以下では平衡点に漸近しているのに対し，0.6 以上では周期軌道に漸近している．このように，HR 方程式 (2) においても，ニューロンの静止状態が平衡点，ニューロンの連続発火状態が周期軌道に対応している．

さらに，I を 0 から 1 まで連続的に変化させたときのモデルの振る舞いを見たのが図 2.9 である．この図は，図 2.6 と同様に，I を横軸の値に固定したとき，定常状態における膜電位 $x(t)$ の最大値を縦軸にプロットしたものである．静止状態から連続発火状態への変化が $I = 0.44$ 付近で起きていることがわかる．

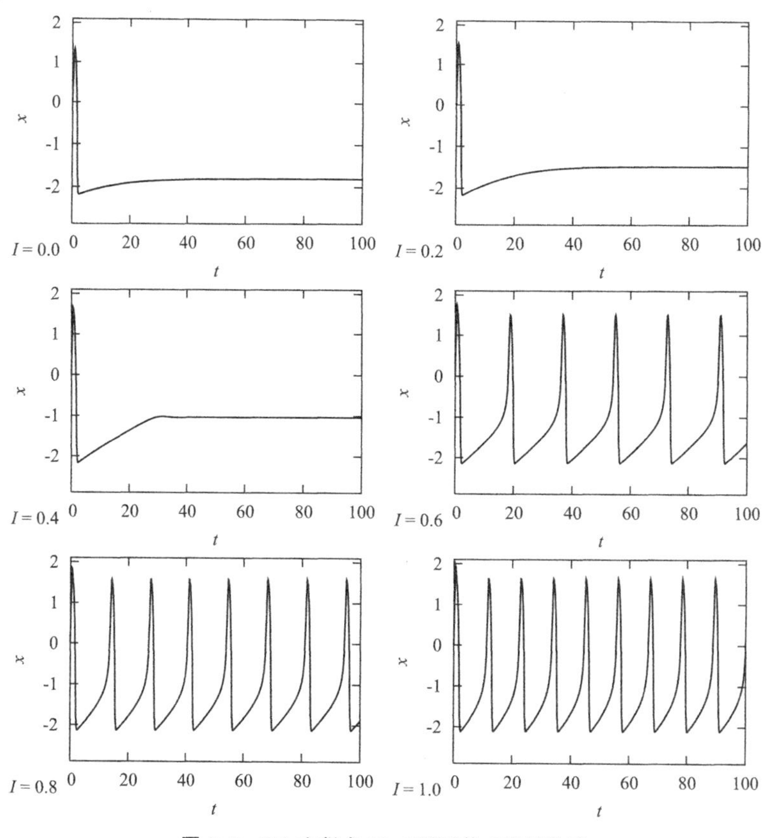

図 **2.7**　HR 方程式 (2) の膜電位の時間発展

2.3.2　アンドロノフ－ホップ分岐による発火

このような定性的な変化は，平衡点の安定性の変化として記述できる．前節と同様に，実際に安定性の変化する様子を見てみよう．

まず，平衡点 (x, y) は以下の方程式を満たす．

$$I = \frac{1}{3}x^3 + \frac{a}{c}x^2 + \left(\frac{b}{c} - 1\right)x + \frac{d}{c}$$

ここで，右辺は x の増加に対して単調に増加するため，この方程式の解は常に 1 つだけである．また，I の増加に対して，平衡点の x 座標は単調増加することがわかる．特に，入力 I が $0 \leq I \leq 0.5$ の範囲にあるとき，平衡点の x 座標は $-0.9 < x < -0.6$ の範囲にあることがわかる．このように平衡点が 1 つだけしか

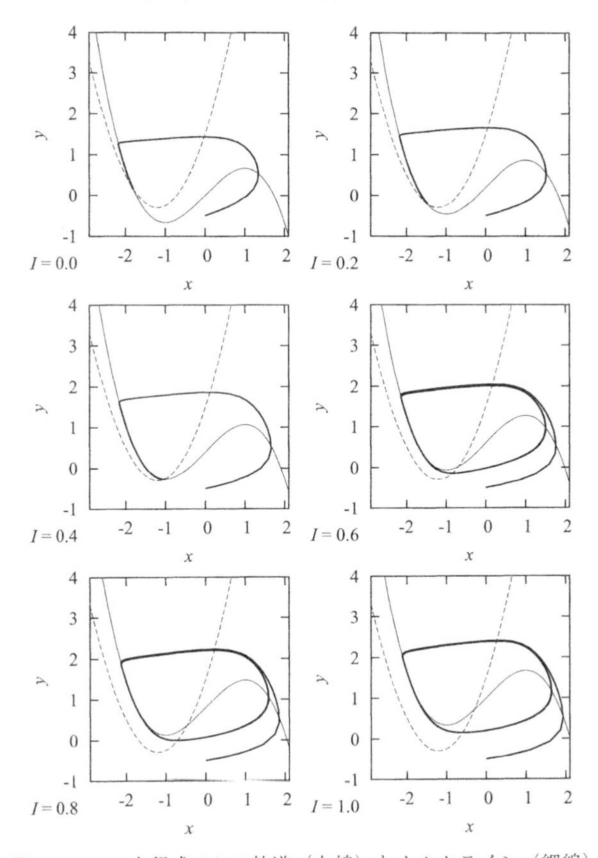

図 **2.8** HR 方程式 (2) の軌道（太線）とナルクライン（細線）

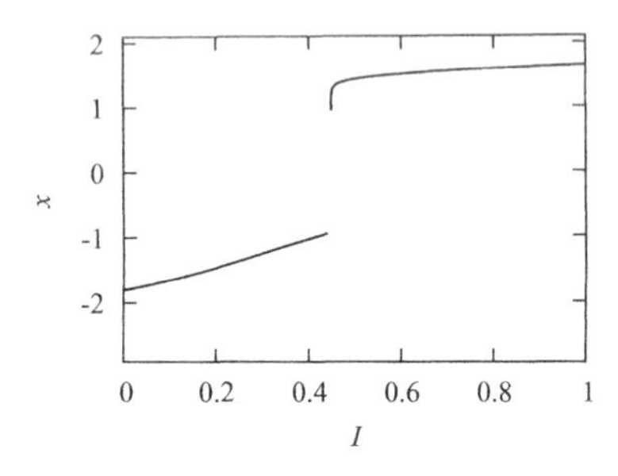

図 **2.9** HR 方程式 (2) の定常状態における膜電位の最大値の変化

存在しないところが，前節の HR 方程式 (1) と大きく異なる点である．

この平衡点の安定性は，前節と同様に，平衡点におけるヤコビ行列の固有値を見ることでわかる．平衡点の x 座標が $-0.9 < x < -0.6$ の範囲にあることから，特性方程式 (2.4) の判別式 Δ の値は負であることがわかる．よって，平衡点におけるヤコビ行列の固有値は，互いに共役な複素固有値である．これらの固有値の実部は，式 (2.4) より，

$$\mathrm{Re}\,\lambda = \frac{1}{2}\left(e(1-x^2) - \frac{c}{e}\right) \tag{2.7}$$

で与えられる．よって，安定性が変化する x は $\mathrm{Re}\,\lambda = 0$ とおくことで

$$x = -\sqrt{1 - \frac{c}{e^2}} \tag{2.8}$$

と求まる．この x を式 (2.5) に代入すれば，分岐点 $I \approx 0.439954$ が求まる．I がこの値より小さいとき $\mathrm{Re}\,\lambda$ は負であり，I がこの値より大きいとき $\mathrm{Re}\,\lambda$ は正である．すなわち，I がこの値を超えた瞬間に，平衡点が不安定化していることがわかる．この値は図 2.9 において，モデルの振る舞いの定性的変化が起きた値とほぼ一致していることがわかる．

平衡点が不安定化するとき，平衡点の周囲には安定な周期軌道が生じ，これが連続発火状態に対応している．正確には，$I = 0.440$ 付近で平衡点の周囲に小さな安定周期軌道が生じ，閾値下の振動を見せるが，この軌道は $I = 0.449$ 付近で急速に大きくなり，発火状態へと成長する．

このように，平衡点が不安定化し，その周りに周期軌道を生じる現象のことをアンドロノフ－ホップ (Andronov-Hopf) 分岐という．アンドロノフ－ホップ分岐は 2 つの共役な複素固有値が虚軸を横切る瞬間に起きる分岐として特徴付けられる．

2.4　FHN 方程式の発火ダイナミクス

本節では，FHN 方程式 (1.6), (1.7) の発火ダイナミクスを考察する．2 次元 HR 方程式において $a = 0$, $b = 1$ とおけば，FHN 方程式が得られるから，本節で紹介する FHN 方程式の振る舞いは，HR 方程式の振る舞いの 1 つと考えることもできる．FHN 方程式のパラメータは $a = 0.7$, $b = 0.8$, $c = 3.0$ とする．

2.4.1　モデルの挙動

入力刺激の大きさ I を 0 から 0.5 まで 0.1 刻みで変化させたときの，膜電位 $x(t)$

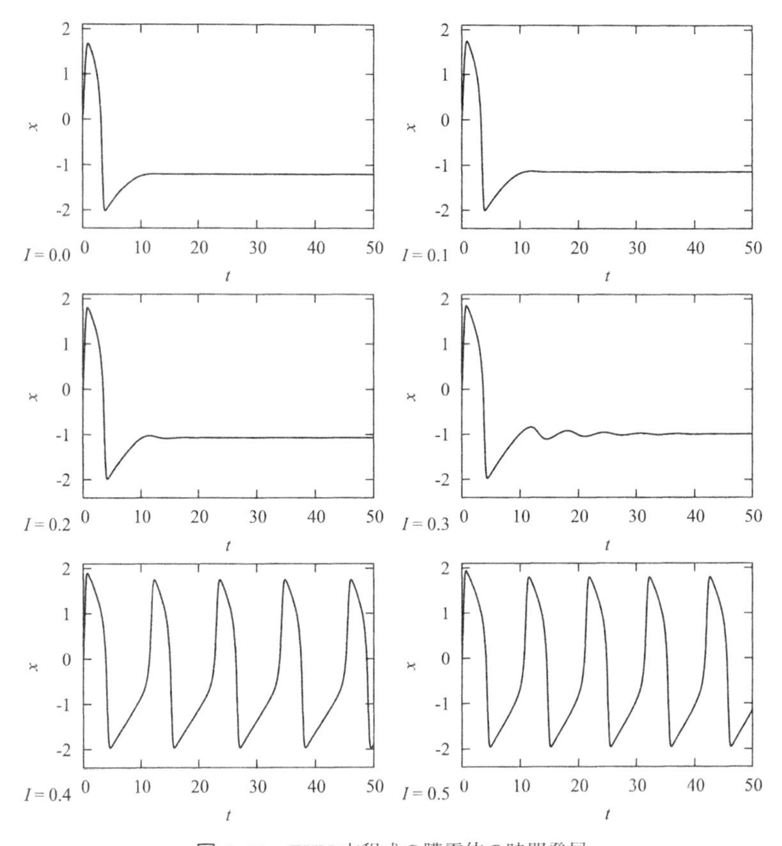

図 **2.10**　FHN 方程式の膜電位の時間発展

の時間発展を図 2.10 に示す．ただし，初期値は $(x(0), y(0)) = (0, -0.5)$ である．

HR 方程式と同様に，いずれの場合も時刻 $t = 0$ 付近で $x(t)$ の値は 2.0 付近まで急激に増加して，直後に -2.0 付近まで急速に減少している．また，入力刺激 I が 0.3 以下のとき $x(t)$ は一定値に収束しているのに対して，0.4 以上のときは周期的な振動が続いている．

このときの状態空間内における軌道とナルクラインを図 2.11 に示す．初期値 $(0, -0.5)$ からスタートした軌道は，I が 0.3 以下では平衡点に漸近しているのに対し，0.4 以上では周期軌道に漸近している．このように，FHN 方程式においても，ニューロンの静止状態が平衡点，ニューロンの連続発火状態が周期軌道に対応している．

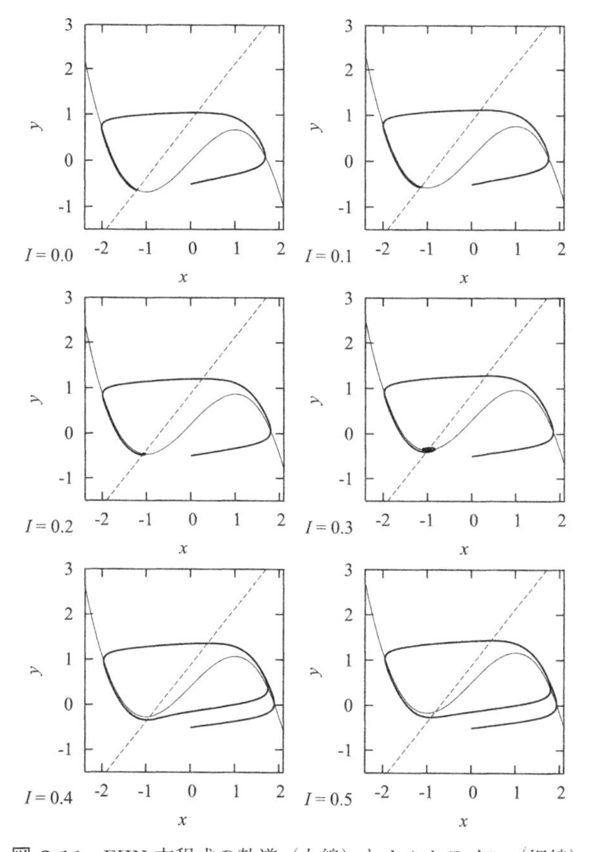

図 **2.11** FHN 方程式の軌道（太線）とナルクライン（細線）

さらに，I を 0 から 1 まで連続的に変化させたときのモデルの振る舞いを見たのが図 2.12(a) である．この図は，図 2.6 や図 2.9 と同様に，I を横軸の値に固定したとき，定常状態における膜電位 $x(t)$ の最大値を縦軸にプロットしたものである．静止状態から連続発火状態への変化が $I = 0.35$ 付近で起きていることがわかる．

2.4.2 アンドロノフ－ホップ分岐による発火と双安定性

このような定性的な変化は，平衡点の安定性の変化として記述できる．前節と同様に，実際に安定性の変化する様子を見てみよう．

まず，平衡点 (x, y) は以下の方程式を満たす．

$$I = \frac{1}{3}x^3 + \frac{1-b}{b}x + \frac{a}{b}$$

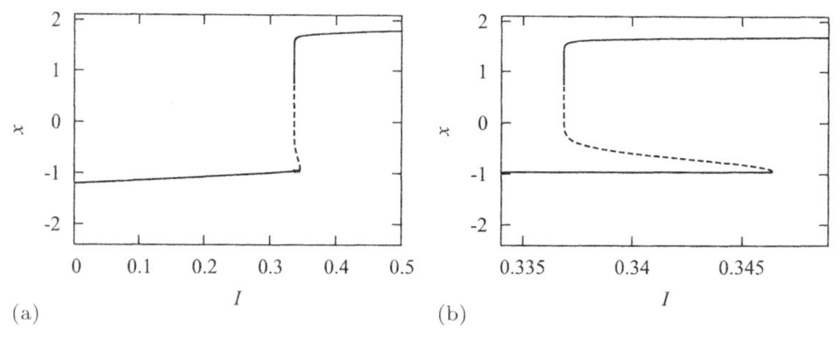

図 2.12 FHN 方程式の定常状態における膜電位の最大値の変化
実線は安定平衡点および安定周期軌道に対応し，破線は不安定周期軌道に対応している．(b) は分岐点付近での (a) の拡大図．

ここで，$0 < b < 1$ であるから，右辺は x の増加に対して単調増加する．よって，この方程式の解は 1 つだけであり，I の増加に対して，平衡点の x 座標は単調増加することがわかる．特に，入力 I が $0 \leq I \leq 0.5$ の範囲にあるとき，平衡点の x 座標は $-1.2 < x < -0.8$ の範囲にあることがわかる．

この平衡点の安定性は，前節までと同様に，平衡点におけるヤコビ行列の固有値を見ることでわかる．HR 方程式 (2) と同様の議論により，FHN 方程式のヤコビ行列の特性方程式の判別式は，$-1.2 < x < -0.8$ であるとき，負の値をとる．よって，平衡点におけるヤコビ行列の固有値は，互いに共役な複素固有値であり，2 つの固有値の実部の値は同じである．さらに，同様の議論により，分岐点 $I \approx 0.346478$ が求まる．I がこの値より小さいとき $\mathrm{Re}\,\lambda$ は負であり，I がこの値より大きいとき $\mathrm{Re}\,\lambda$ は正である．すなわち，I がこの値を超えた瞬間に，平衡点が不安定化する．この値は図 2.12(a) において，振る舞いの定性的変化が起きた値と一致していることがわかる．

このように，FHN 方程式においても，HR 方程式 (2) と同様に，アンドロノフ－ホップ分岐によって平衡点が不安定化して発火が起きていることがわかる．

しかし，HR 方程式 (2) と FHN 方程式で見られるアンドロノフ－ホップ分岐には違いがある．HR 方程式 (2) においては，I が分岐点を超えて大きくなるとき，平衡点が不安定化し，その平衡点の周囲に安定な周期軌道が出現している．一方，FHN 方程式においては，分岐点より小さい側に不安定な周期軌道が存在する．

アンドロノフ－ホップ分岐は，HR 方程式 (2) のように不安定平衡点の周りに安定周期軌道が生じるとき supercritical とよばれ，FHN 方程式のように安定平衡点の周りに不安定周期軌道が生じるとき subcritical とよばれる．

図 2.12(b) を見るとわかるように，アンドロノフ－ホップ分岐の分岐点より少し小さい $I = 0.337$ 付近において，安定な周期軌道と不安定な周期軌道の対が出現している（周期軌道のサドル–ノード分岐）．ここで生まれた不安定周期軌道が，安定平衡点に衝突することにより，$I = 0.346$ 付近でアンドロノフ－ホップ分岐が起き，平衡点が不安定化している．

これらの 2 つの分岐点の間では，周期軌道のサドル–ノード分岐により生じた安定な周期軌道と，安定平衡点が共存している．このとき，モデルの漸近的振る舞いは初期値に依存する．すなわち，初期値が不安定周期軌道の外側にあれば安定周期軌道に漸近し，内側にあれば安定平衡点へと漸近する．このように，2 つの安定な平衡点もしくは周期軌道が共存しているとき，その系を双安定であるという．また，より大きい I からこの区間内に I を下げてくると周期発火を続けるのに対して，より小さい I からこの区間内に I を上げてくると静止状態にとどまり続ける．このように，現在の入力の値だけでなく，過去の入力の値に依存して系の振る舞いが定性的に変化するとき，この系はヒステリシスを持つという．

2.5　ニューロンモデルの定性的振る舞い

本章では，HR 方程式 (1)，HR 方程式 (2) および FHN 方程式における発火が数理的には力学系のサドル–ノード分岐やアンドロノフ－ホップ分岐によって説明されることを紹介した．

一般に，力学系のあるパラメータに着目して，その値を少しずつ変化させたとき，解の漸近的挙動が定性的に変化する現象のことを分岐[1)]という．モデルの分岐構造を調べることは，モデルの定性的な振る舞いを理解するために重要である．

さらに，サドル–ノード分岐やアンドロノフ－ホップ分岐など，分岐にはさまざまな種類があり，その種類の違いもニューロンモデルの定性的な振る舞いの違いとして現れてくる．

2.5.1　膜興奮特性と分岐

第 1 章で説明したように，ニューロンの応答特性はクラス 1 とクラス 2 に分類される．すなわち，入力刺激 I を徐々に増加させたとき，クラス 1 ニューロンは

---

1)　分岐理論の詳細に関しては，J. Guckenheimer and P. Holmes, *Nonlinear Oscillations, Dynamical Systems and Bifurcations of Vector Fields.* Springer-Verlag, NY (2002) などを参照のこと．

0に近い周波数で周期発火を始めるのに対して，クラス2ニューロンはある一定の周波数で不連続的に周期発火を始める．

図2.13は，HR方程式(1)，HR方程式(2)およびFHN方程式について，入力刺激の大きさと発火周波数の関係を表したものである．HR方程式(1)は0に近い周波数で周期発火を開始していることからクラス1であり，HR方程式(2)とFHN方程式は一定の周波数で発火を開始していることからクラス2であることがわかる．

一般に，サドル–ノード分岐によって発火を開始するニューロンモデルはクラス1の膜興奮特性を示し，アンドロノフ–ホップ分岐によって発火を開始するニューロンモデルはクラス2の膜興奮特性を示す．このように，発火を引き起こす分岐の種類は，ニューロンモデルの定性的振る舞いの違いとして現れるのである．

ニューロンモデルの応答特性の違いは，多数ニューロンモデルをつないで構成されるニューラルネットワークモデルの振る舞いにも影響を与える．実際に脳を構成するニューロンには，クラス1もクラス2も存在することが知られており，脳の数理モデル研究においては，ニューロンの応答特性に注意する必要がある．

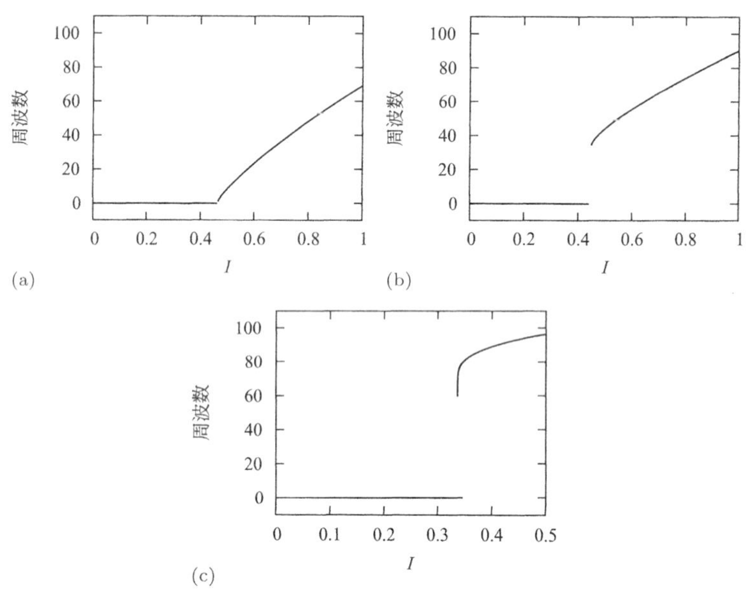

図 2.13 入力刺激に対する発火周波数の変化
(a) HR 方程式 (1)，(b) HR 方程式 (2)，(c) FHN 方程式．

2.5.2　ニューロンの数理モデル研究

本章では，2 次元 HR 方程式や FHN 方程式に具体的なパラメータ値を設定して，発火のメカニズムを詳細に調べた．しかし，2 変数にまで簡略化されたニューロンモデルを用いて，ある特定のパラメータ値での振る舞いを調べることは，現実のニューロンの振る舞いの理解にどれだけの意義があるのだろうか．

たしかに，これらのモデルのパラメータ値を変化させれば，静止電位の値，発火を開始する入力刺激の強さ，ニューロンの発火周波数など，モデルの定量的な振る舞いは変化する．しかし，パラメータ値が多少変化しても，ナルクラインの交わり方や，平衡点の安定性などのような定性的性質が変化しない限り，本章での議論はそのまま成り立ち，発火のメカニズムが変化することはない．

また，本章で調べたモデルに限らず，多くのニューロンモデルにおいて，発火は分岐によって説明される．たとえば，ヤリイカ巨大軸索の振る舞いを定量的に再現する HH 方程式は，FHN 方程式と同様にアンドロノフ－ホップ分岐によって発火を開始する．このことから，HH 方程式はクラス 2 の膜興奮特性を持つことがわかる．また，最も単純なニューロンモデルである LIF モデルの発火も，擦過分岐 (grazing bifurcation) とよばれる分岐により説明される．

FHN 方程式や 2 次元 HR 方程式は現実のニューロンを完全に再現するわけではないが，HH 方程式と FHN 方程式が同じ仕組みで発火を開始することからもわかるように，ニューロンの発火における本質的な仕組みが表現されている．さらに，これらのモデルは 2 変数に簡略化されているため，数理的に見通しが良く，さまざまな数理的解析が容易である．そのため，ニューロンの発火の数理的な仕組みを考えるうえにおいて，FHN 方程式や 2 次元 HR 方程式はきわめて有用なモデルである．

このように，たとえ現実を忠実に再現するモデルであっても，過度に複雑なモデルを用いると，本質的な仕組みが見えにくくなってしまうことがある．そのため，数理モデル研究においては，目的に応じて適切なモデルを選択することが重要である．

第3章 脳とネットワーク構造——発火ダイナミクスと機能

ニューロンの発火頻度が高い部分が伝播していく進行波や，複数のニューロンの同期発火は，ニューロンの集団挙動の代表的なものである．集団挙動は，個々のニューロンの性質のみならずニューラルネットワークのかたち，すなわちニューロンどうしがどのようにつながっているかに依存する．本節では，ニューロンのつながり方，ニューロンの集団挙動，およびその脳機能における意義について説明する．

3.1 ニューラルネットワーク再考

ニューラルネットワークを直訳すると神経回路網である．しかし，「ニューラルネットワークの研究」というと，2つの意味が区別される．

まず，生体神経細胞（ニューロン）のネットワークの研究がある．人間の脳は10億～100億個，あるいはそれ以上ものニューロンを含み，ニューロンどうしが相互に連絡しあうことによって神経回路網を成している．実験に寄与するための理論研究ならば，実験結果との整合性，新たな実験に対する予測，脳機能の見通しの良い説明などが期待される．何らかの意味での現実らしさに配慮しつつ，生体の脳をモデル化するという方針である．

次に，脳の仕組みを生かした理論や応用がある．たとえば，種々の学習理論，最適化理論は脳にヒントを得ていて，手書き文字認識，音声認識，時系列予測，プラントの制御，人工的な画像処理などに応用されている．ここでは，提案されるアルゴリズムは生体の脳の実状と整合していることは必須ではない．実用化したときの性能や，数学や物理を用いてアルゴリズムの性能を評価できるといった理論的な性質の良さが優先されている．統計学習，機械学習，情報幾何，信号処理などの理論も，特にこの意味でのニューラルネットワークと関連しながら発展している．

本章の話題は，前者，すなわち生体のニューラルネットワークである．現実のニューロンは，たった1個でも非常に複雑な非線形素子であり，入力と出力は単純な比例関係では表せない．ニューロンの形状，さまざまなイオンやアミノ酸の流れや生化学反応などに起因して，単一ニューロンは複雑な計算を行うことができる．

そのような複雑な，しかも性質も一様ではない，ニューロンが多数結びついてニューラルネットワークとなっている．多数の素子の結びつきによって，単一ニューロンよりもさらに複雑な計算が可能となる．ここでは，単一ニューロンの詳細には踏みこまずに，ニューラルネットワークのかたちと発火ダイナミクス，および脳機能との関連を説明する．

3.2 ニューロンのつながり方

3.2.1 化学シナプス

ニューロンどうしは基本的にシナプスと呼ばれる結合によってつながっている．高等動物の脳で主要なシナプスは化学シナプスである．図3.1にあるように，1つのニューロンは樹状突起，細胞体，軸索という3部分に大別され，主な信号は樹状突起 → 細胞体 → 軸索の向きに，電位パルスとして伝わる．軸索の先は枝分かれしていて，一般的には他の複数のニューロンに出力している．受け手のニューロン（シナプス後 (postsynaptic) ニューロン．ここではニューロン2と呼ぶ）は，樹状突起で，このニューロンを含む典型的に1000〜1万個のニューロン（シナプス前 (presynaptic) ニューロン．ニューロン1と呼ぶ）の軸索からくる信号を受けとる．この接続が化学シナプスである．

「化学」という言葉が示唆するように，ニューロン1と2の間の小さいすき間に化学物質が流れていて，信号伝達を媒介している．まず，ニューロン1が発火

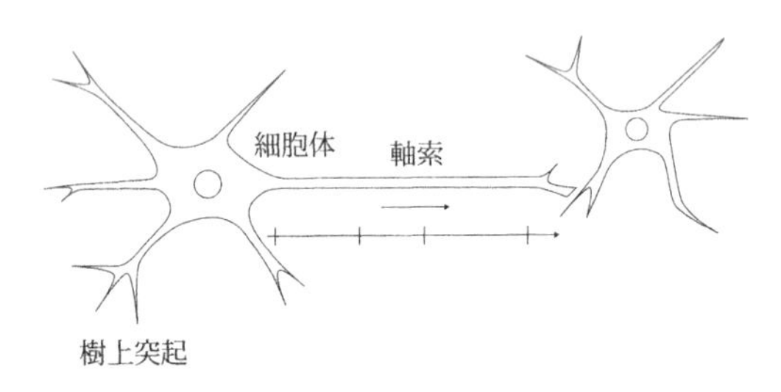

図 3.1 ニューロンと化学シナプス

すると，活動電位と呼ばれる電位のパルス信号が軸索を伝わって終端（シナプス終末）までくる．次に，この部位の電位が上がることによってカルシウムイオンがここに流入する．それを受けて，神経伝達物質（化学物質）を中に含むシナプス小胞が細胞膜と融合し，神経伝達物質がシナプス間隙と呼ばれるすき間に放出される．すると，ニューロン 2 の樹上突起（細胞体や軸索のこともある）の膜にある受容体がシナプス間隙を拡散している神経伝達物質を受けとり，その受容体に対応するチャネルが開き，特定のイオンが一時的に通りやすくなる．イオンの種類はチャネルと神経伝達物質の種類に依存し，イオンの流れる向きはニューロン 2 の内と外のイオン濃度勾配に依存する．その結果，ニューロン 2 の電位が上がったり（脱分極）下がったり（過分極）する．

ニューロン 2 の膜電位を時間の関数として $V_2(t)$ と書くと，その微分方程式モデルは

$$\frac{dV_2(t)}{dt} = f\left(V_2\left(t\right), \ldots\right) + g(t)\left(V_X - V_2\left(t\right)\right)$$

と表すことができる．f は単一ニューロンのダイナミクスで，$V_2(t)$ や他の変数の関数である．$g(t)\left(V_X - V_2\left(t\right)\right)$ は化学シナプスの効果を表す．ニューロン 1 の発火がニューロン 2 の受容体に到達すると，チャネルの開き具合に相当する $g(t)$ が一過的に大きくなる．$V_2(t) < V_X$ なら，正電荷がニューロン 2 に流入し，$V_2(t)$ が上がる．ニューロン 2 が発火を待っている状態のときに $V_2(t)$ と V_X の関係がこのようになっているシナプスを興奮性シナプスといい，大脳のシナプスの約 80%を占める．AMPA 受容体や NMDA 受容体からなるシナプスが代表的である．$V_2(t) > V_X$ となっていてチャネルが開くと $V_2(t)$ が下がるシナプスを抑制性シナプスという．抑制性シナプスはシナプス全体の約 20%を占め，その中では GABA 受容体が代表的である．V_X はイオンの種類，よって受容体と神経伝達物質の組み合わせによって決まる．

化学シナプスは，非対称かつ一方向的である．ニューロン 1 からニューロン 2 へ化学シナプスがあっても，逆向きにシナプスがあるとは限らない．化学シナプスは，図 3.2(a) のように方向つきの枝として図示できる．●がニューロンを表す．図 3.2(b) のように双方向に化学シナプスが存在することもあるが必ずではない．

化学シナプスは，3.2.2 項で紹介するギャップ・ジャンクションと呼ばれる型の

図 3.2 化学シナプスのつながり方

シナプスよりも非常に多いので，シナプスというと化学シナプスを指すことが多い．たとえば，有名なマッカロック－ピッツ・ニューロンのネットワークは，

$$x_i(t+1) = 1\left[\sum_{j=1}^{n} w_{ij}x_j(t)\right] \tag{3.1}$$

($x_i \in \{0,1\}$，$1[\cdot]$ は $[\,]$ の中身が正ならば1，それ以外ならば0）で表される．ここでも，暗黙に化学シナプスが仮定されている．w_{ij} がニューロン j からニューロン i への化学シナプスの強さである．理論的な利便性のためにしばしば対称性 $w_{ij} = w_{ji}$ が仮定されるが，現実の脳との対応をより重視する際には $w_{ij} \neq w_{ji}$ を許す．

3.2.2　ギャップ・ジャンクション

もう1種類のシナプスは，ギャップ・ジャンクションであり，ギャップ結合，電気的シナプスとも呼ばれる．ギャップは，間，溝の意であり，ジャンクションは，高速道路にあるジャンクションと同じ言葉であり，結合，接合の意である．ギャップ・ジャンクションでは，ニューロンどうしがトンネルで電気的につながっていて信号をやりとりする．

隣接する2ニューロンの細胞質の間隔は $3.5\,\mathrm{nm} = 3.5 \cdot 10^{-9}\,\mathrm{m}$ 程度である．細胞膜には6つのコネクシンと呼ばれるタンパク質から成るコネクソンというイオンチャネルが多数埋めこまれている．ニューロン1の細胞膜のコネクソンとニューロン2の細胞膜のコネクソンが位置を揃えることにより，連絡トンネルが提供される．コネクソンの穴は，開いていれば直径 2～3 nm であり，イオンや小さな分子が通ることができる．ギャップ・ジャンクションで結ばれた2つのニューロンは電気的に，つまり電気抵抗を通じて，つながっている．電流は電位の大きい方から小さい方へ流れるので，2つのニューロンの電位は揃う傾向がある．なお，化学シナプスとギャップ・ジャンクションが混在しているような場合には，複雑なダイナミクスが生まれることもある．

この状況を式で表すと

$$\frac{dV_1(t)}{dt} = f_1\left(V_1\left(t\right), \ldots\right) + g\left(V_2\left(t\right) - V_1\left(t\right)\right), \tag{3.2}$$

$$\frac{dV_2(t)}{dt} = f_2\left(V_2\left(t\right), \ldots\right) + g\left(V_1\left(t\right) - V_2\left(t\right)\right), \tag{3.3}$$

となる．g はギャップ・ジャンクションのコンダクタンス（抵抗の逆数）を規格化

図 3.3 ギャップ・ジャンクションのつながり方
必ず両方向結合である.

したものである. たとえば $V_1(t) > V_2(t)$ ならば, 結合項は, $V_1(t)$ を引き下げて $V_2(t)$ を引き上げることにより $V_1(t)$ と $V_2(t)$ を揃えようとする.

ギャップ・ジャンクションは対称な結合である. したがって, 図 3.3 に模式的に示すように双方向的である. ニューロン 1 からニューロン 2 へ信号を送れば, 符号は逆で同じ大きさの信号をニューロン 1 はニューロン 2 から受けとる. また, ギャップ・ジャンクションは, 細胞体が接している隣接ニューロン間でしか作られない. これらのことと関連して, ギャップ・ジャンクションは, 進化的に古い. 無脊椎動物, 心筋, 肝臓の細胞, グリア (ニューロンとニューロンの間を埋めているもの) などにも多く見つかっている. 化学シナプスと比べて信号伝達が速いこともあり, 無脊椎動物では反射に使われる. 特に 1999 年以降は, 霊長類の抑制性ニューロンの間でもギャップ・ジャンクションが多く存在することが確かめられている[1].

3.3 ニューロンの集団挙動

ニューロンはシナプスを通じて結合しているので, 活動の相関を持ち, その結果さまざまな集団挙動が起こる. その代表的な例について見てみよう.

3.3.1 同期と結合振動子

まず, ニューロンはしばしば同期する. 同期とは, 複数のニューロンが同じような活動履歴をたどることである. 特に, 活動電位が主な情報を運ぶので, 発火の時刻が揃っていれば同期発火といい, 発火に至るまでは膜電位の変化が一致していなくても同期しているということが多い. また, 同期発火と見なす精度として, 1 ms から 10 ms くらいの発火時刻の差まで許すことが多い (図 3.4).

同期発火が起こるには, ニューロンは, 他のニューロンがいつ発火したか, 次にいつ発火しそうかといった情報を得る必要がある. 一般的には, ニューロンが直接つながっている方が同期しやすい. ただ, この直感のとおりにならないこともある. ここでは, シナプス結合が同期を導く場合の様相を, 結合振動子という

1) M. Galarreta and S. Hestrin, *Nat. Rev. Neurosci.*, **2**, 425 (2001).

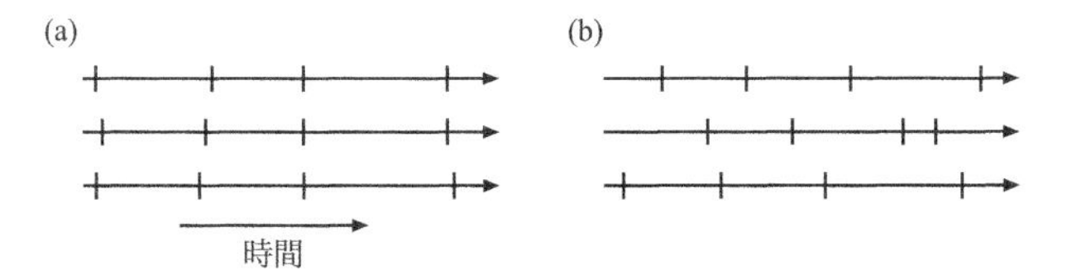

図 3.4　同期発火 (a) と非同期発火 (b)

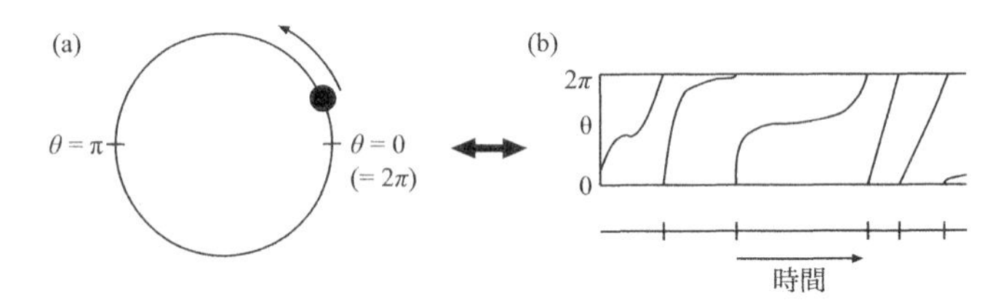

図 3.5　振動子のニューロン・モデルとしての解釈

モデルを使って説明しよう．

結合振動子は，ニューロンの同期に限らずさまざまな集団振動対象を記述するモデルである．結合振動子系で最も簡単なものでは，各ニューロンの状態を位相という変数で表す．i 番目のニューロンの位相を $\theta_i \in [0, 2\pi)$ と書く．0 と 2π は同一視することになっているので，図 3.5(a) にあるように θ_i は単位円周上の 1 点を定める．

実際のニューロンの膜電位は，発火に向けて上昇し，発火が終わると下降して元の値に戻る．一度発火してから次に発火するまでを位相の 1 周に対応づけることができる．便宜上，$\theta_i = 0$ を正の向きに横切るときにニューロンが発火すると見なす．このとき，発火の状況は図 3.5(b) のようになり，ニューロンの膜電位を位相 θ_i に対応づけることができる．特に，単一ニューロンの発火が周期的ならば，$d\theta_i(t)/dt$ が一定となるように位相を定義できる．

ニューロンが，ほぼ規則的に発火していて，弱く相互作用している場合には，位相振動子を用いた記述によって集団挙動を近似することができる[2)]．n 振動子の代表的な結合系は

$$\frac{d\theta_i(t)}{dt} = \omega_i + \sum_{j=1}^{n} g_{ij} \sin(\theta_j - \theta_i), \quad i = 1, \ldots, n. \tag{3.4}$$

---

2) Y. Kuramoto, "*Chemical oscillations, waves, and turbulence.*" Springer-Verlag, Berlin (1984). Dover Publication から再版 (2003); 蔵本由紀編，三村昌泰監修『リズム現象の世界』東京大学出版会 (2005).

と表される．g_{ij} はニューロン j からニューロン i へのシナプス結合強度であり，定数とする．$\omega_i/2\pi$ がニューロン i の自然発火率であり，他のニューロンとのシナプス結合がないとき，つまり式 (3.4) の右辺の第 2 項がないときの発火頻度を表す．

$g_{ij} > 0$ ならば，式 (3.4) のシナプス結合は同期をうながす．一般に，g_{ij} が十分大きいと同期する．3.2.2 項で見たように，ギャップ・ジャンクションも，ニューロンを同期させる傾向があることを思い出そう．実際，式 (3.4) は，$g_{ij} = g_{ji}$ の場合はギャップ・ジャンクションによる結合と似た形をしている．なぜなら，θ_j と θ_i がさほど離れてなければ $\sin(\theta_j - \theta_i) \cong \theta_j - \theta_i$ となり，式 (3.4) は式 (3.3) で $f_i(V_i, \cdots) = \omega_i$ と置いたものになるからだ．θ_i と θ_j は揃う傾向があるのだ．また，ギャップ・ジャンクション，化学シナプスのどちらの場合でも，式 (3.4) の sin 関数を他の適切な関数に置き換えれば，結合振動子系はニューラルネットワークのダイナミクスを近似することができる．

ニューロンの発火の間隔が非常に不規則なときを除けば，結合振動子は強力な解析ツールである．同期の描像を説明するために，$n = 2$，結合強度はシナプスによらず一定 $(g_{ij} = g)$ とすると，式 (3.4) は

$$\frac{d\theta_1}{dt} = \omega_1 + g\sin(\theta_2 - \theta_1), \tag{3.5}$$

$$\frac{d\theta_2}{dt} = \omega_2 + g\sin(\theta_1 - \theta_2), \tag{3.6}$$

で表される（変数 t はいちいち書かないが，混乱はないであろう）．一般性を失わずに，$\omega_1 \leq \omega_2$ とする．$\phi = \theta_2 - \theta_1$ と置く．$|\phi|$ が小さいほど完全な同期発火に近い．式 (3.6) から式 (3.5) を引くと

$$\frac{d\phi}{dt} = \omega_2 - \omega_1 - 2g\sin\phi \tag{3.7}$$

となる．十分に時間が経った定常状態を知るために式 (3.7) の左辺を 0 と置くと

$$\sin\phi = \frac{\omega_2 - \omega_1}{2g} \tag{3.8}$$

となる．$-1 \leq \sin\phi \leq 1$ なる解が存在する条件は，$\omega_2 \geq \omega_1$ と仮定したことに注意して

$$\frac{\omega_2 - \omega_1}{2g} \leq 1. \tag{3.9}$$

よって，

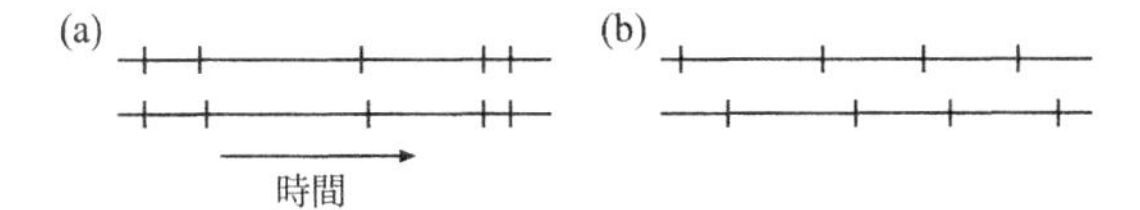

図 3.6 同期発火 (a) と周波数同期 (b)
同期発火ならば周波数同期しているが，逆は真でない．

$$g \geq g_c \equiv \frac{\omega_2 - \omega_1}{2} \tag{3.10}$$

が満たされれば，2つのニューロンの発火頻度が揃うという意味での同期（周波数同期）が起こる．ただし，そうなっても，発火時刻までが揃っているとは限らない（図 3.6）．実際，位相差

$$\phi = \arcsin\left(\frac{\omega_2 - \omega_1}{2g}\right) \tag{3.11}$$

は正であり，速いニューロンが先に発火し，遅いニューロンが幾分遅れて発火する．$g \to \infty$ としてはじめて $\phi \to 0$ となり，周波数同期だけでなく同期発火も起こる．周波数同期も同期発火も，ω_2 と ω_1 が離れていて2つのニューロンの違いが大きいほど起こりにくい．

3.3.2 同期はあたり前ではない

この例が示唆するように，シナプス強度 g が有限な現実のニューラルネットワークでの同期発火は自明でない．さらに，化学シナプスの場合は，sin に相当する結合項の形が込みいっていたり，g_{ij} が非対称となったりして，さらに状況を複雑にする．シナプス結合が強いほど同期が起こりやすいことは，経験論や多くの論文が支持するが，必ずではない．

また，同期を壊す要因もある．ニューロンの非一様性はその例である．ω_1 と ω_2 が異なるほど同期しにくくなるように，ニューロンの性質が異なるほど同期しにくい．

シナプス遅延も同期を阻害することが多い．シナプス遅延とは，化学シナプスを介する信号伝達が典型的に 1 ms から数 ms の遅れを伴うことである．この遅れの主な原因は，神経伝達物質がシナプス間隙に放出されて受容体に届くまでの拡散に要する時間である．たとえば，ニューロンを同期させる機構に「共通入力」があるが，この機構がシナプス遅延にどう影響されるかを考えてみよう．シナプス遅延が 2 ms であり，1個でも化学シナプスからの入力がくれば発火できる，という極端な状況を考える．すると，図 3.7(a) のように，左側のニューロン1つの発

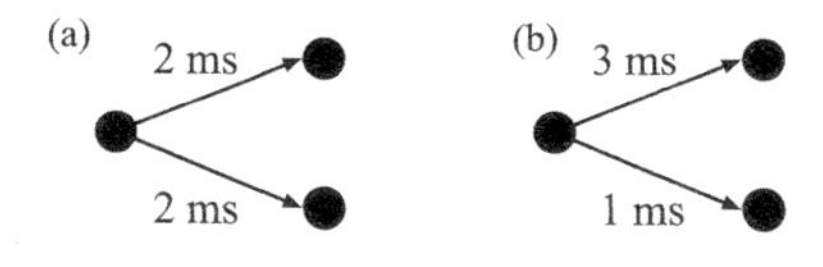

図 3.7 共通入力の効果

火によって右側の2つのニューロンは同期発火できる．ただ，左側のニューロンと右側のニューロンが同期できるわけではない．また，右側のニューロン2つのうち1つだけに，他のニューロンからの入力がくることもあるだろう．さらには，シナプス遅延は一般に不均一であり，図3.7(b)のような状況になっているかもしれない．すると，左側のニューロンの発火に応じて右側の2つのニューロンの応答時刻が異なり，このアイディアだけでは同期が導かれない．

また，シナプス遅延を勘案すると，興奮性よりも抑制性の化学シナプスの方が同期を導きやすいことが，多くのモデルについて知られている[3]．

3.3.3 同期の役割

同期は実際の脳の中でもよく観測され，脳の機能を担っているという研究が多くある．たとえば，同期発火によって，私たちが物体の部分的な情報を統合して1つの物体を認識している（バインディング）という主張がある[4]．グレイらは，猫のV1（第一次視覚野）内の7mm離れた2ヵ所のニューロン活動を記録した．7mmはニューロンにとっては非常に遠い距離なので，観測されたニューロンが直接つながっているとは考えにくい．V1に存在する単純型細胞というニューロンは，自分にとって適切な光の向き（適切な方向を向いた棒上の視覚刺激）がくると発火率を上げる．これを単純型細胞の方位選択性という．また，これらのニューロンは，どこに棒が置かれたかにも敏感である．受容野という自分の守備範囲に刺激がくるときに発火率が大きくなる．彼らが同定した7mm離れた2つのニューロンは，受容野には重なりがなく，方位選択性は同じで，動く縦方向の棒に強く反応した．

図3.8のような3種類の動く縦棒の視覚刺激を猫に提示する．(a)では2つの棒は反対向きに動き，(b)と(c)では同じ向きに同時に動く．(c)ではさらに2つの棒がつながって1つになっている．(a)，(b)，(c)のどの場合でも，2つの単純型

3) C. van Vreeswijk, L. F. Abbott and G. B. Ermentrout, *J. Comput. Neurosci.*, **1**, 313 (1994); U. Ernst, K. Pawelzik and T. Geisel, *Phys. Rev. Lett.* **74**, 1570 (1995).
4) C. M. Gray, K. König, A. K. Engel and W. Singer, *Nature*, **338**, 334 (1989); W. Singer and C. M. Gray, *Ann. Rev. Neurosci.*, **18**, 555 (1995).

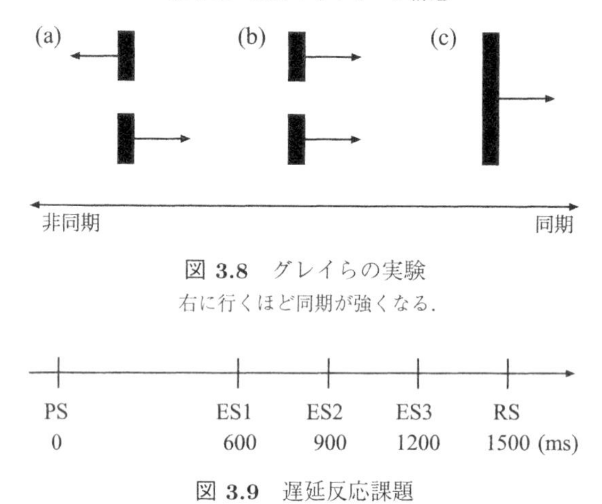

図 3.8　グレイらの実験
右に行くほど同期が強くなる．

図 3.9　遅延反応課題
PS が 1 つ目の刺激．ES1，ES2，ES3，RS はゴーサインのくる可能性のある時刻．

細胞が好む方位と視覚刺激の方位は合っているので，2 つのニューロンの発火率は増える．

3 種類の視覚刺激を用いたのは，バインディングの神経機構を調べるためである．2 つの棒が 1 つの物体を成す度合は，(c) > (b) > (a) の順である．この実験では，同期の度合いが (c) > (b) > (a) となった．一方，各ニューロンの発火率は (a)，(b)，(c) で特に差がなかった．よって，発火率ではなく同期によって情報を統合するという主張である．

他の文脈でも同期発火は観測されている．たとえば，遅延反応課題におけるサルの運動野の計測がある[5]．遅延反応課題とは，以下のようなものである．図 3.9 にあるように，まず，時刻 0 に，手を動かして到達すべきターゲットの位置に視覚刺激が出される．しかし，この時点では，サルはまだ手を動かしてはならない．その後 600，900，1200，1500 ms 後のいずれかで 2 つ目の視覚刺激が提示され，これはゴーサインである．サルは手を動かしてターゲットに触らなければならない．4 種類のどのタイミングでゴーサインがくるかはわからない．

この実験では，5 ms 精度の同期発火がゴーサインの少し前（50～150 ms 前）で増加した．この時点ではサルはゴーサインがくるかどうか注意していて同期は注意の高まりと対応する，というわけである．ここで，ゴーサインが実際にこない所でも同期は上昇した．たとえば，実際にゴーサインがくるのが 1200 ms 後なら

5)　A. Riehle, S. Grün, M. Diesmann and A. Aertsen, *Science*, **278**, 1950 (1997).

ば，600 ms 後や 900 ms 後にはゴーサインはこない．しかし，これらの時刻でもゴーサインがくる可能性はあることをサルは学習していたので，サルは注意を高め，刺激は結局こないにもかかわらず同期発火が増えた．なお，発火率が上がると見かけ上の同期が増えるのが普通だが，この実験で同期発火が増えたのは，発火率の上昇のせいではなかった．発火率は，ゴーサインが実際にきたときに多く上昇した．結局，ゴーサインのような外部入力は発火率，注意のような動物内部のイベントは同期によって表されていることが示唆された．

他にも選択的注意と同期の関連を調べた研究がある[6)]．触覚課題と視覚課題を行っているサルの secondary somatosensory cortex のニューロンから，2.5 ms 精度の同期発火が計測された．同期が刺激そのものへの応答でないことを示すために，どちらの課題を遂行中かにかかわらず，触覚刺激は常に手の指に与えられていた．サルには，文字の形の浮き上がりの触覚刺激が常時与えられていて，刺激はある文字から次の文字へと変わっていく．触覚課題では指で感じた文字が目の前の画面に現れた文字と同じならばボタンを押す．視覚課題では，指で感じている文字とは無関係に，画面に表示されている四角形が暗くなったら反応する．サルはいずれかの課題だけを行うが，7〜8 分ごとに課題が入れ換えられた．すると，発火率の変化による影響分を除いても，特に触覚課題で同期発火が増えた．

脳の主要な情報表現様式は，古くから発火率だと思われてきた．つまり，刺激の強さがニューロンの発火頻度によって表される，という考え方である．同期による情報表現は，比較的新しい考え方である．また，1 つのニューロンにおいても，発火の詳細な時刻が大切だという主張もある．

3.3.4 進 行 波

発火活動が波のように徐々に伝搬していく集団挙動を進行波と呼ぶ．進行波は，嗅覚組織，カメの視覚系，ヒトの視床，大脳皮質などで観測される．進行波が起きる仕組みはいくつもある[7)]．たとえば，近くにあるニューロンどうしだけがつながっているニューラルネットワークでは，さまざまな設定のもとで図 3.10 のように進行波が起こる．

---

6) P. N. Steinmetz, A. Roy, P. J. Fitzgerald, S. S. Hsiao, K. O. Johnson and E. Niebur, *Nature*, **404**, 187 (2000).
7) G. B. Ermentrout and D. Kleinfeld, *Neuron*, **29**, 33 (2001).

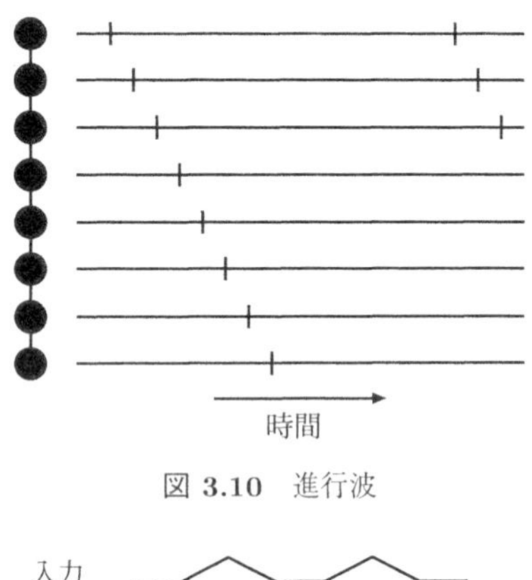

図 **3.10** 進行波

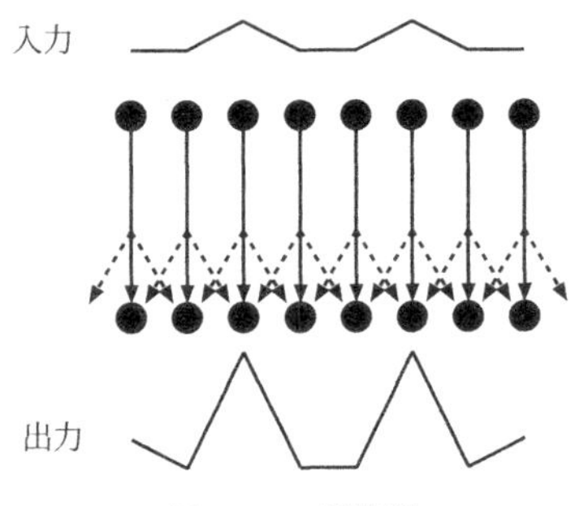

図 **3.11** 側抑制

入力の山と谷の差が，出力では強調されている．実線の矢印は興奮性，点線の矢印は抑制性．

3.3.5 側抑制と孤立局在興奮

自分に近いニューロンの活動を強め，遠いニューロンの活動を弱める，という相互作用はしばしば見られる．説明のために，2層の平面上にニューロンが配列していて，第1層のニューロンから，第2層の自分と対応する地点から近いニューロンへシナプスがある構造を考える．自分から近い第2層のニューロンへの結合は興奮性，やや遠いニューロンへの結合は抑制性であると単純に考える．このつながり方を側(そく)抑制と呼ぶ．

簡単のためにこの状況を1次元で描くと，図3.11となる．図3.11の上方のパターン入力が与えられると，第I層のニューロンたちは入力をそのまま第II層に通す．第II層では自分近隣のニューロンの活動を強め，遠くは抑えるように作用する．すると，第II層からの出力は図3.11下の空間パターンとなる．入力と比べて2山が強調されている．同じことは1層だけから成り層内結合があるニューラ

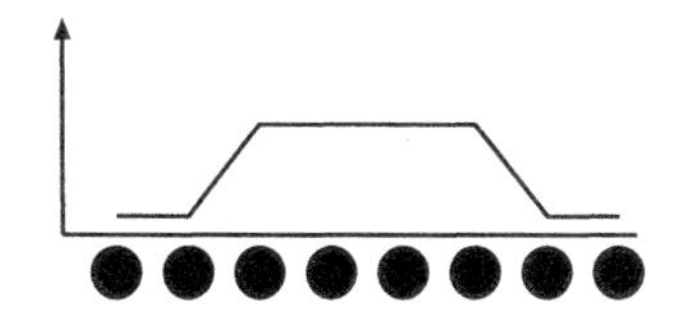

図 3.12　孤立局在興奮
縦軸は発火率，横軸はニューロンの位置.

ルネットワークでもできる.

結局，側抑制では刺激が急に変化する境界部分を強調したり，多数の入力の中から1番大きいものを選び出したりすることができる．この原理は，生体神経系の感覚センサーや，人工的な画像処理で用いられている．方位選択性も，同様の仕組みによって作られている.

関連して，図3.12のように一部分の発火率が周囲よりも高く保たれる孤立局在興奮がある．孤立局在興奮も側抑制があると起こりやすく[8)]，ニューロンの方位選択性が自己組織的に強化されることや作業記憶の保持などに関わっているという主張がある[9)].

3.4　ニューラルネットワークのかたち

3.4.1　かたちとダイナミクスの関係

ニューロンのつながりと関係する集団挙動をいくつか見てきた．ただ，そこでは各集団挙動に適したネットワーク構造が暗黙に仮定されていた.

多数のニューロンの同期は，シナプスの種類にかかわらず，ニューロン相互の連絡がある程度速くないと難しい．たとえば，2次元平面や1次元直線の上にニューロンが規則的に配列されていて，隣とだけ結びついているとすると，ニューロン間の速やかな連絡は難しい．離れたニューロンどうしが連絡するためには多くのニューロンやシナプスを介するからである.

ニューロン数を固定すれば，一般的にはシナプスが多いほど同期しやすくなる．そこで，シナプス数を固定して，どのようなシナプスの配置が同期を導きやすいかを考える．たとえば，近くのニューロンどうしの結びつきだけでなく，遠くの

---

8) H. R. Wilson and J. D. Cowan, *Kybernetik*, **13**, 55 (1973); S. Amari, *Biol. Cybern.*, **27**, 77 (1977).
9) R. Ben-Yishai, R. L. Bar-Or, and H. Sompolinsky, *Proc. Natl. Acad. Sci. USA*, **92**, 3844 (1995); A. Compte *et al.*, *Cerebral Cortex*, **10**, 910 (2000).

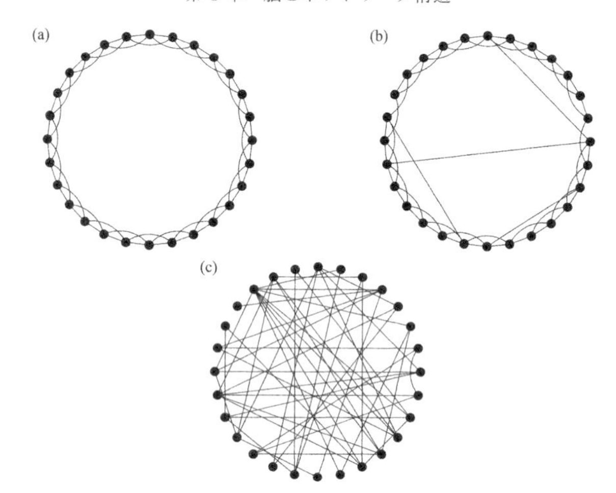

図 3.13　輪状のネットワーク (a)，スモールワールド・ネットワーク (b)，ランダム・グラフ (c)

ニューロンどうしもある程度つながっているスモールワールド・ネットワーク[10]と呼ばれるつながり方を考えてみよう．スモールワールド・ネットワークは，平面や直線状のニューラル・ネットワークと比べて，同期を導きやすい．図 3.13(a) は1次元のネットワークであり，同期が比較的起こりにくい．枝をいくらかランダムにつなぎ変えると，図 3.13(b) のいわゆるスモールワールド・ネットワークとなる．つなぎ変えをさらに多くした図 3.13(c) では，さらに同期が起こりやすい (特別な設定では (b) の方が同期しやすい)．図 3.13(c) はランダム・グラフと呼ばれる．図 3.13(b)，(c) では，遠くのニューロンどうしがつながることによって同期が起こりやすくなる．

一方，進行波，孤立局在興奮，側抑制一般のためには，図 3.13(a) のネットワークの方が好都合である．これらの集団挙動は，近いニューロンどうしの相互作用を前提としていて，空間的に遠いニューロンどうしがつながりすぎていると失われてしまう．

また，樹上突起や軸索は，脳の計算を担うものの連絡線としての役割が強い．連絡線が多すぎると体積やエネルギーを消費しすぎて無駄となる．シナプスの本

10) D. J. Watts and S. H. Strogatz, *Nature*, **393**, 440 (1998); アルバート＝ラズロ・バラバシ (青木薫訳)『新ネットワーク思考』NHK 出版 (2002); スティーヴン・ストロガッツ (蔵本由紀・長尾力訳)『SYNC』早川書房 (2005); 増田直紀・今野紀雄『複雑ネットワークの科学』産業図書 (2005); 増田直紀・今野紀雄『「複雑ネットワーク」とは何か』講談社ブルーバックス (2006); 増田直紀『私たちはどうつながっているのか』中公新書 (2007).

数や長さの総計を小さくするという倹約の観点からは，図 3.13(c) よりも (b)，さらには (a) がよい．図 3.13(b)，(c) で遠くのニューロンどうしを結びつける線は，必然的に長くなるからである．脳の結線は，全体が 1 つに結びついているという制約のもとで倹約原理に従うという主張もある[11)]．ただ，先程述べたように，図 3.13(a) のようなネットワークだけでは迅速な情報伝達や同期は難しい．

3.4.2 実際のニューラルネットワークのかたち

それでは，実際の脳はどうなっているのだろうか．残念ながら，実験によって結合をつぶさに調べることは現状では技術的に難しい．1 本のシナプスを同定することもそれなりに大変であり，動物が生きている状態の *in vivo* 実験ならばなおさらである．脳を顕微鏡で見ると，多数のニューロンの樹状突起がからみあっている．仮に 2 つのニューロンがつながっているように見えたとしても，電気的にはつながっていない，つまりシナプスがないこともある．電極やその他の手段による計測にもそれぞれの難しさがあり，結合をすべて知ることができたとしても個体依存性がある．

一方，私たちの脳機能には，棒の向きがわかる，注意すれば課題遂行能力が高まる，といった程度の意味では普遍性がある．これらの脳機能は，ニューラルネットワークの統計的な，つまり個体にあまり依存しない性質と関係しているかもしれない．そこで，シナプス 1 つ 1 つの存在や性質を問うよりも，図 3.13 の 3 つのうちどれが現実のニューラルネットワークに近いか，という程度の粗い問題設定も適度な出発点となりうる．いずれにしても，本物のニューラルネットワークのつながり方はあまりよくわかっていないので，ここでは傍証を紹介するに留める．

ギャップ・ジャンクションは，物理的に隣接しているニューロンの間，つまり，近隣のニューロンの間にのみ存在しうる．したがって，ギャップ・ジャンクションのみでつながれたニューラルネットワークは，図 3.13(a) のようなネットワーク，または，その 2，3 次元版になる．生物なのでニューロンは規則的に並んでいないが，近くのニューロンどうしのみが結びつき，図 3.13(b)，(c) のように遠くのニューロンどうしが結びつくことはできない．ギャップ・ジャンクションだけでは，遠くのニューロンどうしが情報を速やかに交換することが難しいので，ネットワークが大きいと同期が起こりにくい．

化学シナプスでは，軸索や樹状突起の長さがネットワークの統計的な性質に影

11) C. Cherniak, *J. Neurosci.*, **14**, 2418 (1994).

響する．一般的には，やはり近くのニューロンどうしの方が結びつきやすい．しかし，軸索は長いこともある．軸索はさやに覆われた細い糸のようになっていて，他の細胞を通り越して遠くのニューロンへつながることができる．よって，遠くのニューロンどうしが結びついて図 3.13(b) のようなスモールワールド・ネットワークとなる可能性がある．たとえば，神経節細胞は網膜と LGN という離れた 2ヵ所をつなぐ．筋肉に運動指令を出す大脳のニューロンの軸索は，脊髄の下の方まで届いている．長さ 1 m に達するニューロンもある．また，たとえば海馬には backprojection interneuron という 100 mm 以上もの長い軸索を持つニューロンがある[12]．

なお，化学シナプスがスモールワールド・ネットワークを導くとは限らない．進行波や側抑制が見られる領域では特にそうである．たとえば，網膜 → LGN → V1 の範囲では，側抑制によって棒刺激の向きが検出されているので，信号が図 3.13(b)，(c) のようにあちこちに飛んではいないかもしれない．ニューロンが主に近いものどうしで結合していることがパターン認識のためには必要である．

線虫のニューラルネットワークの結合はすべて調べられていて，スモールワールドである．ただ，線虫は，約 300 個のニューロンしか持たず，個体依存性がなく，脳もない．線虫の知見を，ネコやヒトにそのままあてはめることはできない．

3.4.3 モ チ ー フ

多数のニューロンの間の結合を実験で調べることは難しい．しかし，数個のニューロンからなる簡単なネットワークについては，つながり方が系統的に調べられ始めている．

ニューロン数を固定したときに可能なつながり方の型を，パターンと呼ぼう．もちろん，パターンは何種類もありうる．化学シナプスで 2 つのニューロンがつながっているとき，1 つのニューロンから他方のニューロンへはたかだか 1 個しか化学シナプスがないとすると，可能なパターンは図 3.2 の 2 通りである．3 個のニューロンがつながっているときのパターンは図 3.14 のような例があり，列挙すると 13 種類ある．

ラットを用いた研究によると，2 ニューロンの場合，図 3.2(a) にある片方向のパターンよりも図 3.2(b) にある両方向のパターンの方が多い[13]．ここでの多寡は，

12) G. Buzsáki, C. Geisler, D. A. Henze and X.-J. Wang, *Trends in Neurosci.*, **27**, 186 (2004).
13) S. Song, P. J. Sjöström, M. Reigl, S. Nelson and D. B. Chklovskii, *PLoS Biology*, **3**, e68 (2005).

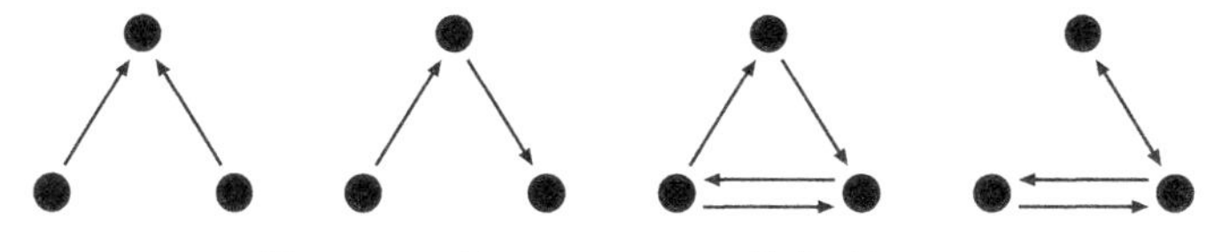

図 **3.14** 3個のニューロンの結合パターン

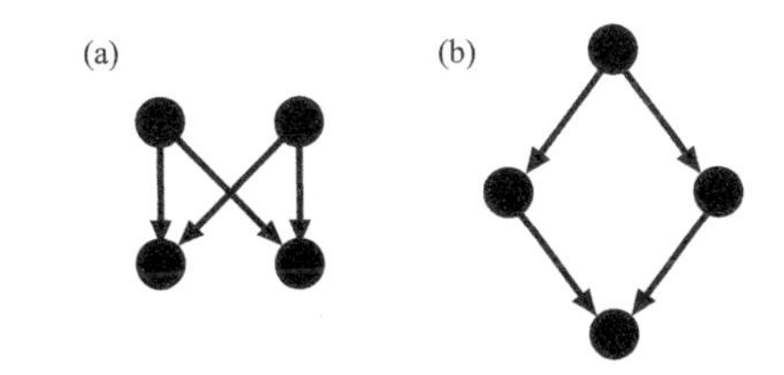

図 **3.15** 線虫のモチーフ

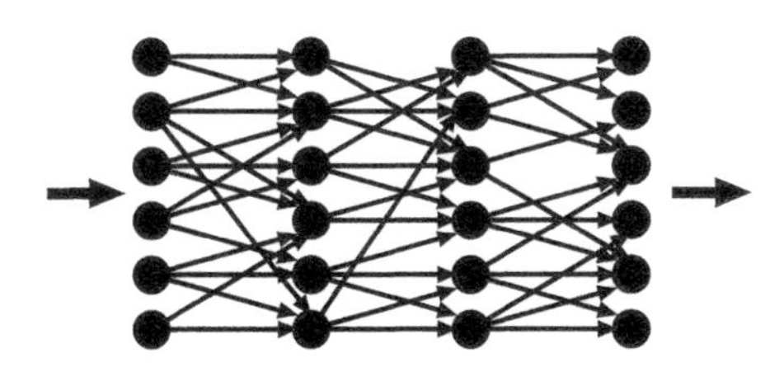

図 **3.16** 4層からなるフィードフォワード・ネットワーク
層内の結合を許すこともある．

ランダムにシナプスをつなぎ直してみたニューラルネットワークの中に見つかるパターンの数（統計検定の帰無仮説に相当）と比較しての話である．ランダム化したネットワークの場合と比べて多く見つかるパターンを，そのネットワークのモチーフという．3ニューロンの場合は，シナプスの方向はともかくとしてどの2ニューロンも結びついた三角形のパターン（図3.14では右から2番目）が多く見つかった．

線虫でもモチーフが調べられている．4ニューロンの場合は，図3.15のパターンがモチーフである[14]．これは，層状にニューロンが並んだ，図3.16のようなフィードフォワード構造を示唆する．つまり，図3.15(a)はニューラルネットワークの中に埋め込まれている2層にまたがる小さい基本単位，図3.15(b)は3層にまたがる基本単位と見なせる．もちろん，線虫の4ニューロンの研究結果を拡大

14) R. Milo, S. Shen-Orr, S. Itzkovitz, N. Kashtan, D. Chklovskii and U. Alon, *Science*, **298**, 824 (2002).

解釈してはならないが，我々の脳も多くの部分でフィードフォワード構造となっていることが示唆されている[15]．

3.5 脳領野のつながり

最後に，もう少し大雑把な解析を簡単に紹介する．脳は機能分化に基づく領野に区切ることができる．このようにして作られる脳領野の地図は1909年のK. Brodmannまで遡る．彼は大脳皮質を約50の領野に分ける番号づけを提案し，この記法は現在でもよく用いられている．V1はBrodmannの17野である．

領野をまたいでも，ニューロンは同期発火することがある．そもそも，脳はたとえば視覚入力と過去の経験を統合することができ，これら2つが異なる領野で担当されていると考えれば，領野間の結びつきが存在するはずである．そこで，個々のニューラルネットワークのみならず，このような領野間の結合も大切である．異なる領野にあるニューロン間のシナプスを計測するのは困難なので，もう少し粗視化して，各領野間の結合の有無が調べられた．その結果として，ネコとサルの領野ネットワークは，スモールワールドとなる[16]．

以上，2種類のシナプスの話から出発して，ニューロンの集団挙動，それに関連するニューラルネットワークの形について紹介した．複数のニューロンから同時記録できるような計測技術は日進月歩である．これらの発展によって，ニューラルネットワークの詳細がより明らかになり，理論も進展していくことが期待される．

---

15) M. Abeles, *Corticonics*. Cambridge University Press, Cambridge (1991); S. Thorpe, D. Fize and C. Marlot, *Nature*, **381**, 520 (1996); T. P. Vogels and L. F. Abbott, *J. Neurosci.*, **25**, 10786 (2005).

16) O. Sporns, G. Tononi and G. M. Edelman, *Cerebral Cortex*, **10**, 127 (2000); K. E. Stephan *et al.*, *Phil. Trans. R. Soc. Lond. Ser. B*, **355**, 111 (2000).

第II部

脳の理論を求めてII
——計算論的神経科学

第4章 知能の計算論

複雑な環境と複雑な生命体内部の出会いは時々刻々変化しており，個々の出来事は生命の歴史の中で本質的に一度限り，最初で最後のできごとの連続と言ってよい．内的にも外的にも二重に変動する中で生き続けようとする活動において展開しているのが，生命固有の知能である．未規定の環境の中で環境と個体の関係から新たな情報を創り出す原理，それを生物から取り出すこと，それが生命システムの知能の研究の目指すところである．

脳は物質的構造として見ると，生体の中でも特に複雑で，構造化して一様性を失った系である．さらに構造ができたり失ったりする自由度が残っている．一方で，構造化された回路の中に即時的に現れる時間空間パターンが，時々刻々変化する環境と個体の関係をどのようにコードし，どのような情報を生成するのか，さらに，その時間空間パターンが脳の構造をどのように変化させていくのか，それが実は知能の即時的で適応的な働きを可能にするさまざまな知見が知能へのこうしたアプローチの可能性を照らし出してきている．

脳という物質の構造とダイナミクスを読み解くことで知能さらには心の働きに迫ることができるだろうか．物質と心の間に横たわるはずの隔たりを埋めることが脳科学に求められている．以下では基本的な問題と原理に触れた後，研究例を示すことで，脳科学の展開の新たな可能性について考えたい．

4.1 脳研究におけるさまざまなレベル

脳の計算論とは，脳の働きを計算に見立てて，その計算を解明する研究である．脳は他の生物システムと同様，固有の生物学的構造を持ち，物理化学的原理に従い作動している．一方私たちが使いなれた計算機は任意のプログラムで自在に計算ができる．計算の働きを脳に求める必要があるのだろうか．計算機のように脳は情報を処理しているのだろうか．

そもそも脳の研究は，分子，細胞，神経の回路，そして脳のイメージングや神経心理学など，さまざまなレベルで進んでいる．脳研究における理論の役割もさまざまである．脳の計算論と，これらさまざまな研究とは，どんな関係にあるのかをまず整理してみよう．

脳の研究における計算論の必要性を説いた重要な著書はD. Marrの『*Vision*』[1)]である．この本で彼は光の情報が網膜に入るところから大脳皮質の神経活動に至るまでの過程を“物の形を見る”計算として，膨大な実験事実を整理したうえで，脳の働きを視覚の計算の理論として提示した．同著の冒頭で情報システムの研究一般について次のような異なる3つのレベルに分けることの必要性を述べている．

1) 計算論：計算の目的（ゴール）は何か，なぜその目的が適切であるか，それを実行する方策の論理は何か
2) その計算のための入出力の表現と変換のアルゴリズムは何か
3) その表現とアルゴリズムの物理的実現は何か

それぞれのレベルは連関しているものの1つを決めても他は決まらない．神経回路理論の研究は，一般には計算の目的を特定しないという意味で2のレベルでの研究として展開してきた．また神経の電気生理学的研究や解剖学的研究は物としての特性に注目している限りは3のレベルの研究ということができる．3つのレベルを横断するような研究は，情報システムとしての脳の働きを真に理解するために不可欠である．

脳の働きを単に計算と割り切ってしまうことには大きな限界があるが，そうでなく，物質のレベルから計算のレベルまでを整理することで，意味を持つ情報の世界と物質の世界の接点が見えてくる．

Marrがこのような提案をしたのは，彼の小脳パーセプトロンモデルの提出においてではなく，その後，彼の遺稿となった『*Vision*』の中であったことは注目される．小脳モデルにおける計算は，実際の出力と正しい出力との誤差を求めて学習するパーセプトロンモデルの提唱である．この研究で計算の目的に迷いがあった様子がない．その後，彼が大脳のモデル化に取り組んだ段階で，計算の目的の設定の大切さと困難さに出合ったと思われる．大脳の各部位の計算は入力と出力がそもそも明らかではない．彼の著書『*Vision*』では，見ることを理解するために“形”を計算の目的に設定したのは神経心理学的な知見の考察に基づいている．

---

1) D. Marr, “*Vision: A Computational Investigation into the Human Representation and Processing of Visual Information.*” W. H. Freeman and Company (1982).

それがさらに脳の解釈学として，心の理解への扉を開く示唆ともなった．網膜入力から形の認識に至るさまざまな実験事実を取り上げながら，計算論の筋道を描いてみせた．物の形，特に3次元物体の認識は，現在でも未解決であり，Marrの示した計算論がどの程度最終的な答えに貢献するのかは未定といえる．しかしながら，高次の認知機能にまで及ぶ脳の研究に対して1つの指標をたててみせた功績は大きい．

脳の生物学的特性を考慮した心までも理解できる脳の計算論的研究が望まれる．

4.2 非線形システムとしての脳

4.2.1 非線形非平衡系の自己組織現象

生命現象の自律性を物理現象からアプローチする手がかりとしては，物質系の持つ時間空間パターンの自己組織現象がある．物質やエネルギーの代謝のある系(非平衡系)では，物質の一様で静止した巨視的状態が不安定化して，さまざまな秩序化したパターンが自律的に生み出される[2)]．系に課せられた境界条件が拘束条件となることで，同じ系から多様なパターンが生まれるのである．生物でこのような原理が働きうることは1950年代のA. Turingの拡散不安定性で理論的に取り上げられた．一様から構造化へ，無から有への発展は，ミクロな要素の動きが時間的に相関を獲得することに起因しており，当初は生物の形態形成のしくみとして関心をもたれた．しかし，Turingの提案したチューリングマシンが現在の電子計算機へと驚異的に発展したのに対し，非線形現象としての生命原理は，すぐには大きな展開には至らなかった．

さて脳において非線形な時間軸上の振る舞いは古くから脳波として知られている．非線形振動子の集団で起きる現象から脳波のパワースペクトルの特徴が理解できることに注目したのはN. Wienerだ．個々の神経細胞の活動が非線形非平衡系の特徴から理解できることは，イカ軸索から得られた神経の興奮現象において，数理モデルとしても，測定から得られる現象の特質としても知られている．神経活動の非線形特性が，神経集団に固有の協力現象をもたらす結果，神経集団において実行される計算のアルゴリズムも非線形システムの原理に従うことになる．非線形力学系の理解が，脳の計算論に必須となる．非線形振動子の同期現象が，脳

---

2) H. Haken, "Principles of brain functioning: a synergetic approach to brain activity, behavior and cognition." Springer (1996) ［奈良重俊・山口陽子訳『脳機能の原理を探る——非平衡協同現象としての脳神経活動・行動・認識』Springer Tokyo (2000)］.

波だけでなく，神経細胞のリズム活動としても広く測定されるようになり，脳の計算に果たす役割が注目されている．神経活動集団のリズムの原理を理解したうえで，それに基づいて可能になる脳のアルゴリズムと計算論を考えることは脳科学で必須の問題になってきた．

4.2.2 集合リズムを記述する基本方程式

脳神経系のモデルを記述する場合，ユニットの方程式としてしばしば使われるものにホジキン－ハクスレイ方程式，マッカロック－ピッツ素子などいろいろある．これらの選択は，注目する現象，特にそのタイムスケールに注意して選ばなければならない．ホジキン－ハクスレイ方程式が実験的に詳細な電気生理学から得られた式だからといって，どんな場合でも正しいわけではない．神経活動の振動現象に注目する場合，さまざまな速さの振動があり，振動数ごとに働く分子過程や神経細胞の作る回路は異なっているようである．ところが幸いなことに，振動という現象の要素と集団の間の関係に注目すると，より簡単化した共通の数理モデルが有効となることが知られている．それが，各振動子の運動を単位円の一定角速度の運動と簡単化してみなして位相角度を変数として記述する，位相振動子モデルによる記述である．簡単な例を1つ示す．N 個の位相振動子（位相 θ_i）がさまざまな自然周波数 ω_i で分布しており，振動子相互の結合の強さを A（非負）とする．

$$\frac{d\theta_i}{dt} = \omega_i + A\sin(\theta_0 - \theta_i)(i = 1 \sim N), \tag{4.1a}$$

$$\frac{d\theta_0}{dt} = \omega_0 \tag{4.1b}$$

$$\text{with} \quad \omega_0 = \tfrac{1}{N}\sum_j \omega_j.$$

振動子の間の相互作用を，簡単のために集団の自然振動数の平均の速さの振動子と相互作用することとした．この集団で何が起きるかを理解するために平均の振動子と任意の振動子との位相差 $\phi_i = \theta_i - \theta_0$ を新たな変数とすることにする．

個々の振動子が集団としてそろった振る舞いをするかどうかは位相差 ϕ_i の時間発展を調べることでわかる．式 (4.1a)，(4.1b) より

$$\frac{d\phi_i}{dt} = \Delta\omega_i - A\sin\phi_i \tag{4.2}$$

$$\text{with} \quad \Delta\omega_i = \omega_i - \omega_0.$$

式 (4.2) が平衡点を持つ必要十分条件は $\Delta\omega_i$ の絶対値が A より小さいことであ

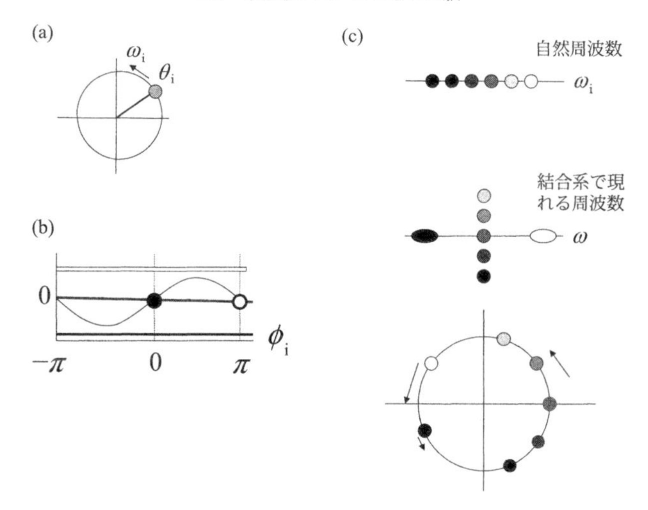

図 4.1 位相振動子結合系のダイナミクス

(a) 単位円上での位相角度の運動として表現した非線形振動，(b) 式 (4.2) の平衡点の有無を調べるための模式図．第 2 項の sin 関数と第 1 項の値 $\Delta\omega_i$ とが交わる点が平衡点の ϕ_i の値を与える．異なる色の横線はさまざまな値の $\Delta\omega_i$ に対応する．$\Delta\omega_i = 0$ の場合について安定平衡点（黒丸）と不安定平衡点（白丸）を示した．白と黒の線は交点がない場合．(c) 自然周波数 $\{\omega_i\}$ の分布の例（上）と，結合がある場合に結果として生ずるそれぞれの振動数 $\left\{\frac{d\theta_i}{dt}\right\}$（中），結合がある場合の位相 $\{\theta_i\}$ の分布（下）．この例では黒丸と白丸で示された振動子以外は結合によって同じ振動数になり一定の位相差が維持される状態（位相固定）が実現する．

る．2 つある平衡点のうちの 1 つが安定平衡点となる（図 4.1）．位相差が安定平衡点にあることを「位相固定」と呼ぶ．それぞれの振動子が集団の振動に対して一定の位相差をアトラクターとして安定に保持しながら同じ振動数で振動する状態が実現する．位相固定での位相差は $\Delta\omega_i$ の値と A の値で決まり，$\Delta\omega_i$ がゼロなら位相差もゼロとなる．$\Delta\omega_i$ の絶対値が A より大きく平衡点をもたない状態とは，対象の振動子が平均の振動と関係を作らないで固有の振動数で振動する状態である．結果として，振動子は集団の中で一定の位相差で同じ振動数を示すものと，異なる振動数でばらばらに振動するものとに分かれる．

脳の中の膨大な数の神経の作用を制御するために位相固定ができたり失われたりすることは，文字どおり“周期回路の自律制御”として機能することが期待される．

4.3　大脳海馬のリズムのモデル

4.3.1　ラット海馬シータリズムと記憶

ラットが走り回るなどの運動をする状態において大脳海馬で見られる4〜12 Hzの脳波（局所場電位）はシータリズム（θ波：θ rhythm）と呼ばれ，神経細胞集団が固有のリズム活動を共有していることを意味している．θ波が行動に依存して変化することは1970年代から広く知られているものの[3)]，明確な機能への関与を示す報告は30年間ほとんど現れなかった．一方，海馬は動物のシナプス可塑性を示す電気生理実験や学習行動実験，さらにヒトの神経心理学的知見から記憶に関与することが知られている．さまざまな記憶の中でも陳述記憶，特に個人の歴史などのエピソード記憶に関与する．また，いったん短期記憶に入ったものが長期記憶へ移行する中間の時期の記憶（中期記憶，近時記憶）として蓄えられるところに海馬の関与があると考えられている．

筆者らは，神経活動の同期/非同期を視覚認識における図と地の分離の実現を基に，その上位システムである海馬においても，θ波上での位相同期/非同期が記憶の自律的な生成において寄与する可能性を検討した．しかし，実際に計算機実験を行ってみると，これだけのダイナミクスでは時間軸上の発展であるエピソードの記憶を作る困難が解決できない．新たなリズムのダイナミクスが質的に異なるものであることが予想され，実験からのヒントをまたなければならなかった．

個々の神経活動レベルで行動依存的な活動の研究が進んでいるものとしてラットの空間探索課題がある．O'Keefe and Nadel (1978)[4)]の「認知地図仮説」に基づくものである．ラットがある環境内を空間探索するとき，海馬錐体細胞は特定の場所で選択的にスパイク頻度を上昇させる．このような性質をもつユニットを場所ユニット (place unit) と呼び，各場所ユニットの選択的に活動する場所の範囲をその細胞の place field と呼ぶ．場所ユニットの集団では場所野 (place field) はある空間を覆いつくすので，ラットの居場所は場所ユニット集団の活動の分布で表される．また，ラットが走る場合は，これら場所ユニット集団の活動のパターンの時系列として表現されることになる．解剖学的に見ると海馬への神経投射は

3) R. Miller, "*Cortico-Hippocampal Interplay and the Representation of Contexts in the Brain.*" Berlin: Springer Verlag (1991).

4) J. O'Keefe and L. Nadel, " *The hippocampus as a cognitive map.*" Oxford: Clarendon Press (1978).

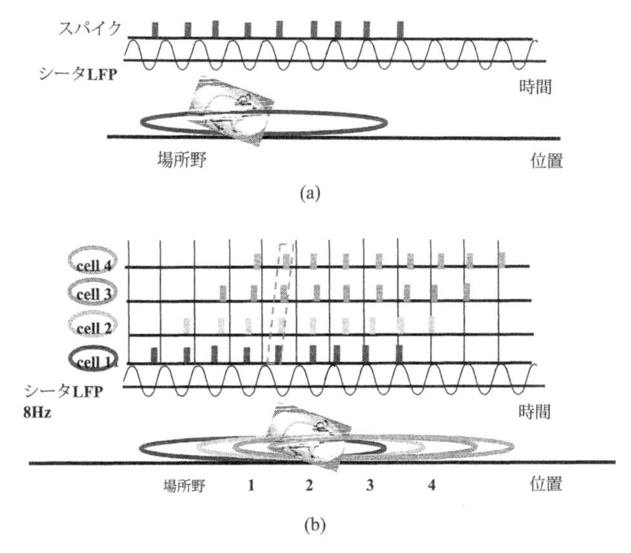

図 4.2　場所ユニットの θ 位相歳差模式図

(a) ラットが一定の場所を通りすぎるとき海馬の場所ユニットの発火が活発になる．発火活動のタイミングは θ 波の周期に対して遅い位相から早い位相へと徐々にシフトする．(b) place field が重なる複数の場所ユニットを同時測定した場合の集団としてのシータ位相歳差模式図．シータ 1 周期の中ではスパイクが 1 から 4 の順で並び，ラットの空間移動の経験の時系列が θ 波に圧縮されていることになる．

大脳新皮質，皮質下のさまざまな部分に由来しており，さまざまな入力が統合されて場所情報が生まれている．

O'Keefe and Recce (1993)[5] はラット空間探索時に，海馬場所ユニットの発火に図 4.2(a) に示すような「θ 位相歳差」と呼ぶ特徴的な現象があることを示した．ラットが place field 内を走りぬける間，その場所ユニットのスパイクのタイミングを θ 波に対する位相として求めると，スパイクの位相は徐々に進み側にシフトする．彼らは位相と空間座標が線形関係にあるとし，位相コードにより，より詳細な空間情報がコードされると考えた．

さらに，Skaggs ら (1996)[6] はテトロードと呼ばれる電極を用いた同時多点記録より，複数の細胞の間に位相歳差がどのような関係で起きるかを調べた．その結

5)　J. O'Keefe and M. L. Recce, "Phase relationship between hippocampal place units and the EEG theta rhythm." *Hippocampus*, **3**, pp. 317–330 (1993).

6)　W. E. Skaggs, B. L. McNaughton, M. A. Willson, C. A. Barnes, "Theta Phase Precession in Hippocampal Neuronal Populations and the Compression of Temporal Sequence." *Hippocampus*, **6**, pp. 149–172 (1996).

果は，図4.2(b)に模式的に示す．各場所ユニットの位相歳差活動は広く安定に見られるものであり，互いに一定の位相差を維持するような相関を持つ．ここでラットの空間的な位置の移動を1–2–3–4として，それぞれの位置の周辺で活動する場所ユニットのスパイクを見ると，θ波1周期上での場所ユニットのスパイクの時系列として1–2–3–4が圧縮して埋め込まれており，それがシータの周期ごとに繰り返されることになる．このような空間探索行動においては，経験される情報は1回限りのものであり，それを時々刻々記憶していくことはラットが迷わないために必須である．時系列が海馬に入って時間的に圧縮されθ波で繰り返されることは，1回限りの出来事を記憶として貯えるのに有効に働くのではないかと考えられる．

4.3.2 海馬のシータリズム位相コード仮説

海馬は海馬閉回路と呼ばれる，ループを作る多層構造をしている．O'KeefeらとSkaggsらのデータをこの閉回路の上で整理してみることは，その神経機構を考える上で有用である．海馬の部分野である歯状回(DG)とCA1で観察された位相歳差の結果をまとめ，領野間投射により予想される活動の時間遅れを考慮すると，閉回路全体の活動を時間空間パターンとして推定することができる．さらにその時間空間パターンをよく見ると一見並列的な現象相互の因果関係が見えてくる．その結果を述べると，第1に，一様な位相シフトとしての位相歳差の起源は内嗅野II層を起点としており，それが他の領野に伝わる．第2に，別の位相依存性をもつ活動がCA3以降で発生し，CA1，EC深層へと伝わる．つまり2つの異なる成分が別々に発生して伝播していることが推定される．以上より，図4.3に示すような，合理的でもっとも単純な海馬閉回路のダイナミクスとして以下のような作業仮説に至った[7]．

仮説：位相歳差は海馬への入力部である内嗅野で神経集団の振動の引き込みとして生成され，その時間パターンがCA野の各層へと伝達され，位相差に由来した神経活動が海馬内の連想記憶回路のシナプス可塑性を選択的に起こして時系列の記憶貯蔵をもたらす．

この仮説を実現する神経回路として，各部に以下のような仮定を設ける．

---

7) Y. Yamaguchi *et al.*, "A unified view of theta-phase coding in the entorhinal-hippocampal system." *Current Opinion in Neurobiology*, **17**(2), pp. 197–204 (2007).

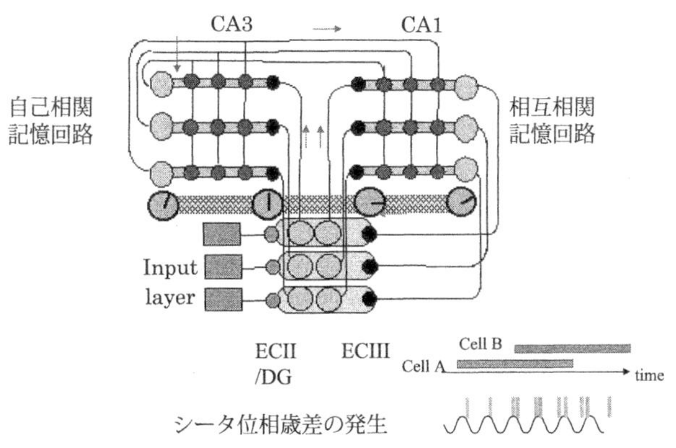

図 **4.3** シータ位相歳差により位相コードする海馬神経回路モデル

a. 内嗅野での位相歳差の時間パターンの生成

内嗅野はII層 (ECII) への，行動依存的に変化するベクトル入力であるとする．活性化入力を受けるとECIIの細胞集団は自励振動状態に入るとする．パラメータがラットの走る速度に依存して単調増加するパラメータを通して固有振動が増加すると仮定する．さらに振動子は局所場電位の θ 波を通して全体と結合しているとするので，非線形振動子結合系が形成される．

ユニット集団が相互作用する結果，位相固定によって発火の位相が一定になるが，さらに固有振動数が変化するのでその変化に合わせ，発火の位相が徐々に位相進み側にシフトする．活性化するユニットはラットの移動に伴い次々と交代するが，活動中のユニットどうしの位相差は相対的に保たれる．以上が θ 位相歳差を再構成する基本原理となる．

b. CA3 における時間パターンの回路への貯蔵

シナプス増強ルールとして海馬錐体細胞で知られている非対称LTPルールを考慮することにより，前と後の発火がある特定の時間差の範囲にある場合にシナプスは選択的に増強されるとする．CA3で入力を受けたユニットはその活動開始の時間差に従ってある位相差を保ちながら周期的活動を繰り返す．この時，錐体細胞の任意の対では，前シナプスと後シナプスの発火の時間差が位相差で与えられている．上記ルールより，時系列入力に由来する活動が時間順序に従った方向性のある結合を持つ神経回路に置き換えられる．

c. CA3 から CA1 への投射の可塑性の制御

位相特異的な活動が1対1で内嗅野 III 層から CA1 に投射されることにより CA3-CA1 の結合についても，プレとポストの位相で選択的に決まることになる．海馬に対して入力部であり出力部である内嗅野において，コラム単位で閉ループを完成させることになる．貯蔵された情報を想起して海馬の外に出力した活動が活動の経験最中の活動と整合性を持つために働くことができる．

図4.4に計算機実験の例を示す．このような回路をさまざまな条件で調べた結果，行動にかかる数秒のスケールで起きる出来事を1回の経験だけで記憶として貯蔵するためには，θ 位相歳差で出来事の順番の情報が θ 波の位相にコードされることが必須であることがわかった．θ 位相歳差は，当初海馬の神経で見つかって，内嗅野では知られていなかったが，最近になってようやく内嗅野 II 層に多くみられることが報告されてきた．さらに内嗅野の細胞の活動はグリッド細胞とよばれる活動の空間依存性が報告されている．ラットにとっての認知地図はこのような興味深い空間情報表現と θ 位相コードの双方によって計算されており，記憶の神経機構解明は大きな前進の時期に入っている．

神経細胞は振動子として働くことが，一定の集団ではなく，行動に伴い常に要

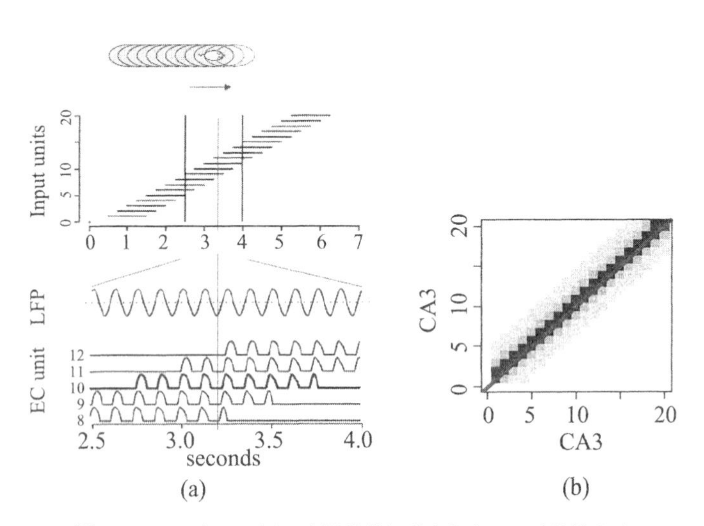

図 4.4 ラットの1回の空間移動経験を想定した計算機実験

(a) 内嗅野への入力の時系列と，それを受け取って発生した内嗅野の位相歳差．(b) 1回の経験後に形成された CA3 連想記憶回路の結合行列の値．黒が強い結合を表し，時間順序が非対称結合に保存されるのがわかる．

素が交代して遷移する集団である．さまざまな行動のスケールで，限られたタイムスケールの窓の中に利用できる情報として位相コードが使用されている．このような多重な時間構造は，脳のダイナミクスをさらに解明するうえでも，数理的な問題としても注目すべき点である．

4.4　脳の大域的回路のダイナミクスと計算論

4.4.1　ヒトの脳のシータリズム

ヒトの頭皮脳波では，4〜8 Hz の成分を θ 波と呼ぶ．計算や図形の問題により速く，より正確に取り組んでいるときに，前頭中心部に θ 波が増加することが石原らにより 1971 年に報告され，特に Frontal Midline theta（fm θ）と呼ばれる．その発生源は，前部帯状回またはその周辺に分布すると推定されている．ヒト fMRI や動物の電気生理実験において同部位は，特定の行為ではなく，さまざまな行為の実行状態のモニターに関係して活動するもので，中央実行機能とみなされている．我々は，振動同期の仮説の立場から，もし fm θ の活動がモニター機能に参加されるのであれば，モニターする部位とモニターされる部位の間で，シータでの同期が発生するはずであると考えた．このことを検証するためには，頭皮の一部に限定されて見える θ がどんな回路形成に関わるのか，脳全体の活動と合わせて測定する必要がある．fm θ の出やすい典型的な課題である暗算課題について，脳波と fMRI との同時測定実験を行った．解析は脳波のある量をインデックスとして，その時系列から期待される fMRI のゆっくりしたシグナル expected BOLD を計算し，これと実際に測定された脳の各部位の BOLD との間で相関があるかどうかを判定する方法を採った．任意の電極の対で，同じ周波数成分の位相の時系列を取り出し，2 電極間で位相差が一定に保たれる程度，すなわち位相同期の変数を求め，その変数が課題依存的に大きくなるような電極対集団を取り出したところ[8]，前頭から後頭にわたる離れた部位の電極で，7 Hz（θ 波）において位相同期する電極対を複数見出した．これらの電極対をさらに 2 つのクラスターに分け，クラスターごとの位相同期を脳波の指標として，図 4.5 に示す結果を得た．頭皮上の位相同期のクラスターをそれぞれに対応した解析をした結果，空間の作業記憶系の部位および小脳を含む運動に関連する部位と交互に現れた．2 つの回路は fm θ のソースとされる部位でリンクしている．同期を用いて複数のモジュールが

8)　H. Mizuhara, Y. Yamaguchi, “Human cortical circuits for central executive function emerge by theta phase synchronization.” *NeuroImage*, **36**(1), pp. 232–244 (2007).

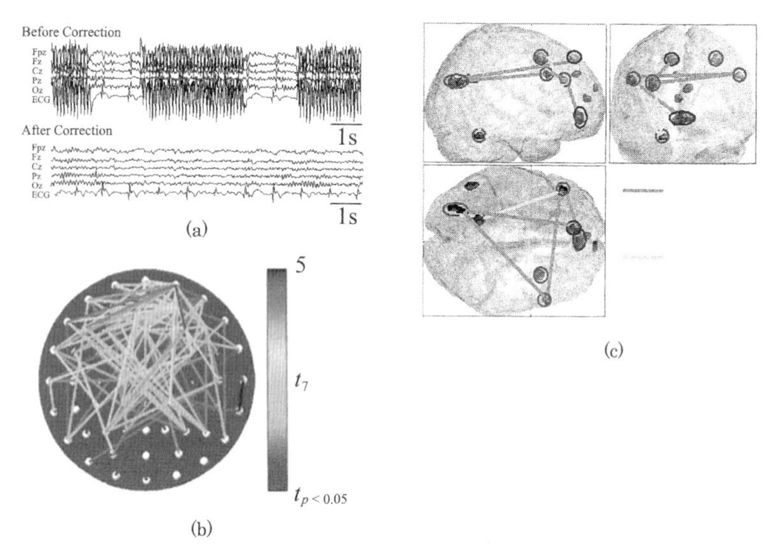

図 4.5　脳波—fMRI 同時測定で得られた脳の周期回路

(a) ノイズを消去して得られた連続的な脳波と心電図の例．(b) 暗算（連続的な引き算）の課題時に 7 Hz での位相同期の課題依存的増加を示す電極対は前頭から後頭にかけて分布している．(c) θ 位相同期とともに現れる脳のネットワーク．丸印の部位は活動が脳波位相同期と相関を持つことを示す．線は，部位間が相関を持つことを示す．

動的にリンクする脳の柔軟な作動方式が，高次の精神活動も含めた認知的機能の制御を担当することが，こうした実験で解明されつつある．

4.4.2　大域的な回路のダイナミクスから計算論モデルへ

脳のリズム同期をもとに脳の働きを探ると，特に θ 波のような遅いリズムにおいて，外界に反応する脳ではなく，内的な自律性としての活動が直接に見えてくる．このことは，精神が本来自律性であることを考えれば精神活動の根源としてのリズムの役割は非常に興味深い．リズムの同期という観測量と脳の自律的な活動とを計算論として解明していくことは今後の脳科学における有効なアプローチとなると期待される．

我々は以前，視覚におけるパターン認識の過程を解釈の問題と捉えて，記憶と見えの情報のそれぞれの神経回路がリズムの同期現象により情報を統合するモデ

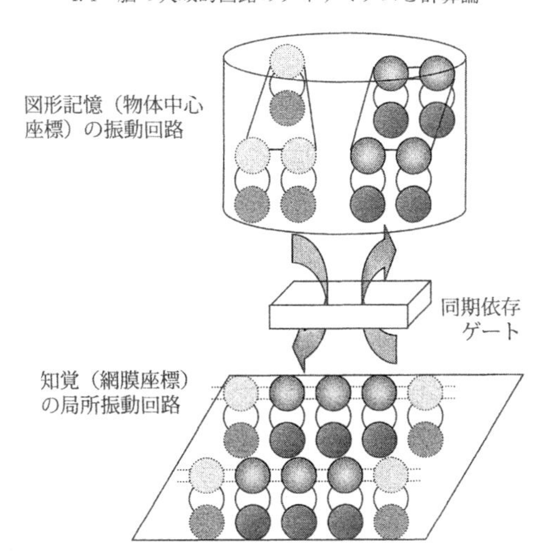

図 4.6 神経回路の間での同期により図と地を分離する視覚パターン認識のモデル (Yamaguchi and Shimizu, 1994)

ルを提出した[9)]．このモデルでは異なる情報を同期性で評価して動的にゲートすることにより，曖昧な図形でもさまざまな形として認識できる．このような同期による異なる情報のモジュールの間の動的リンクは前頭部を中心とする θ 波の回路としてそのまま機能する可能性を指摘することができる．脳科学の知見に基づいた心と知性への研究はさまざまな興味とさまざまなアイディアでの挑戦が待たれる．

9) Y. Yamaguchi and H. Shimizu, "Pattern recognition with Figure-Ground Separation by generation of coherent oscillations." *Neural Networks*, **7**(1), pp. 49–63 (1994).

第5章 視覚情報処理入門

5.1　物を見るということの奥深さ

筆者が物を見ることの不思議さを最初に感じたのは，床屋の前の白と青と赤の3色に彩られたバーバーポールを見たときだった．この例ほど，物を見るということの奥深さを，誰にでもわかりやすく伝える例は存在しないだろう．水平に回転しているはずのポールが，上または下に動いているように見えてしまう．このような，ものを見るときの錯覚を錯視と呼ぶ．我々の視覚情報処理能力があまりにも高度なので，つい我々は外界の物理世界をあるがままにそのまま見ることができると思ってしまう．バーバーポール錯視は，これがまさに錯覚に過ぎないことを教えてくれる．我々は，あるがままの物理世界をそのまま見ているわけではないのである．

こうして物を見ることが単純ではないことに気づくと，我々の周りにいくらでも，物を見る奥深さを教えてくれる例が存在することがわかる．この例の1つが，パターン認識である．パターン認識とは，写真などの画像に何が写っているか，画像がどのような意味を持つかを認識することである．文字認識もその例の1つである．我々は，瞬時に手書き文字を認識することができる．見ているシーンから人の顔を切り出して，ときとして顔の表情から，その人の心のうちを読み込むことができる．人が行うこのような高度なパターン認識を，計算機に行わせようと試みることは，計算機を手に入れた人類が最初に思いつくことであり，人工知能の課題の1つである．最近では，かなりの精度で手書き文字を認識することができるし，写真の中から人の顔を切り出す機構がプリンターにも搭載されている．しかし，それらは制限された状況を設定しており，人が行うほど柔軟にパターン認識を行っているわけではない．パターン認識は，いまなお人工知能の重要な課題の1つでありつづけている．

本章では，視覚情報処理の神経基盤を概説するとともに，筆者の最近の研究を

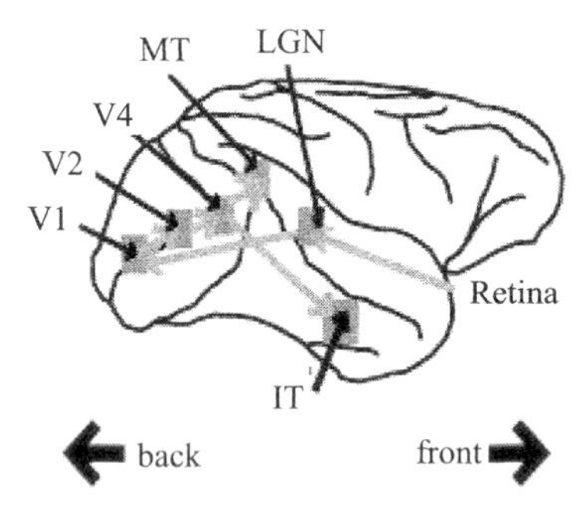

図 **5.1**　視覚情報処理の流れ

紹介して，脳におけるパターン認識機構の解明に向けての私見を述べる．

5.2　視覚情報処理の流れ

図5.1はサルの脳を横から見たときの概略図である．入力画像を見ると，目の水晶体がレンズとなり，画像が網膜の上に映し出される．ここで光の信号は電気信号に変換されてその信号は視床の一部である外側膝状体 (LGN: Lateral Neniculate Nucleus) に送られる．LGN を経由した信号は，脳の後ろ側（後頭葉）にある第一次視覚野 (V1) に到達する．視覚情報処理には，大きく分けて 2 つの並列的な経路が存在する．1 つは V1 から V2，MT を経由し頭頂葉にいたる背側経路である．背側経路は物体がどのような場所にあるかなどの位置情報の処理を行っているとされている．もう 1 つの経路は V1，V2，V4 を経由し側頭葉 (Inferior Temporal Cortex, IT) にいたる腹側経路である．腹側経路はパターン認識の処理をしているとされている．側頭葉からの出力は，いろいろな感覚情報処理を取り扱う領野に送られるので，腹側経路の最終段階の側頭葉は，視覚情報処理の最終段階であると考えられている．サルの側頭葉を破壊すると，そのサルは物体認識が行えなくなる．それらの知見から，側頭葉はパターン認識にとって重要な領野であるとされている．それでは腹側経路でどのような視覚情報処理が行われるか順にみていこう．

5.3　受　容　野

目の構造はカメラの構造と対応させることができる．カメラのレンズが水晶体に対応し，フィルムの部分が網膜である．網膜の視細胞は光を膜電位に変換する．

視細胞の出力は，双極細胞やアマクリン細胞を経由して神経節細胞に入力される．神経節細胞は，活動電位（スパイク発火）を発生し，網膜の出力を担う．神経節細胞は何も刺激を受けなくても，ある程度のスパイクを発射している．これを自発発火という．

5.3.1　受容野とは

ここで受容野の定義をしておこう．脳の視覚研究のもっとも重要な概念の 1 つが受容野である．視野上のある場所を刺激すると，神経節細胞の活動が変化するとする．その視野上の領域を受容野とよぶ．受容野のある場所に，点刺激を提示する．このとき，スパイクの発火率が上昇すれば，その場所に + と書くことにする．反対にスパイクの発火率が低下した場合，− と書くことにする．このような実験手続きを経ると，受容野の構造を決定することができる．神経節細胞の受容野は図 5.2 のような，+ と − の領域が同心円状に並ぶ構造を持つ．中心部分が + の場合をオン中心型とよび，− の場合をオフ中心型とよぶ．神経節細胞の出力の一部は外側膝状体に投射される．図 5.2 に示すように，外側膝状体のニューロンの受容野は，神経節細胞と同じ，オン中心型やオフ中心型である．

ここでオン中心型やオフ中心型の受容野がどのような情報処理を行うかを考えよう．これらの受容野構造は以下のように，ガウス関数の 2 階微分に対応する，ラプラシアンガウッシャンで記述される．ここで議論を簡単にするために，1 次元で考える．

$$F(x) = \frac{d^2}{dx^2} G(x, \sigma). \tag{5.1}$$

ここで x は，受容野の中心からはかった位置ベクトルであり，$G(x, \sigma)$ は平均 0 分

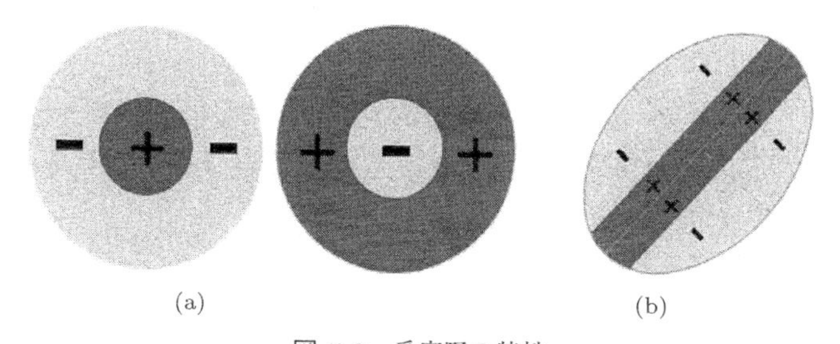

図 5.2　受容野の特性

受容野の + の領域に点刺激が入ると，神経細胞の発火率は上昇し，− の領域に入ると発火率が減る．(a) 網膜神経節細胞と外側膝状体の神経細胞の受容野．左図がオン中心型受容野であり，右図がオフ中心型受容野である．(b) V1 の単純型細胞の受容野．

散 σ^2 のガウス分布である．$F(x)$ はオフ中心型と定性的に同じ形をしていることがわかる．このような受容野はメキシカンハットに似ているので，メキシカンハット型とよぶ．網膜の構造から明らかなように，隣り合った神経節細胞の受容野の中心は隣り合っている．外側膝状体の神経細胞も同じように，隣り合った神経細胞の受容野は隣り合っている．この性質をレチノトピーとよぶ．レチノトピーがある場合，受容野の中心と神経細胞は1対1で対応しているので，個々の神経細胞を受容野の位置で定義することができる．網膜上の場所 x での光の強度を $I(x)$ とする．場所 x' の入力 $I(x')$ により，ニューロン x の発火率 $r(x)$ は $F(x'-x)I(x')dx'$ だけ変化する．発火率 $r(x)$ に対して，この $F(x'-x)I(x')dx'$ が線形に寄与すると仮定する．さらに，発火率には負がないので，抑制がかかりすぎると発火率は0になる．これらの条件を加味して，ニューロン x の発火率 $r(x)$ に関して以下の式で与えられるモデルを考える，

$$r(x) = \left[\int dx' F(x'-x)I(x') - r_0\right]_+ . \tag{5.2}$$

ここで $[u]_+$ は，$u \geq 0$ のとき u となり，$u < 0$ のとき0となる関数である．r_0 は自発発火を表し，入力が存在しない場合，$r(x) = r_0$ となる．式(5.2)の積分操作をフィルタリングと呼ぶ．

メキシカンハット型受容野を情報処理の観点から議論する．式(5.1)を(5.2)に代入すると，

$$r(x) = \left[\frac{d^2}{dx^2}\int dx' G(x'-x,\sigma)I(x') + r_0\right]_+ \tag{5.3}$$

を得る．この式は，画像 $I(x)$ をガウス関数 $G(x,\sigma)$ でフィルタリングし，それを2階微分したものが神経節細胞や外側膝状体のニューロンの出力 $r(x)$ を決めている．簡単のために，$I(x)$ がステップ関数 $I(x) = \Theta(x)$ である場合を議論しよう．この場合，式(5.3)のフィルタリング結果は，ガウス関数の微分になる．その値が正から負または，負から正のような変化をともなって0になる点をゼロ交差とよぶ．このモデルの場合は，ゼロ交差は原点 $x = 0$ に存在する．ここから，画像のエッジがゼロ交差に対応することがわかる．

5.3.2　Marr の3つのレベルと受容野

この機能的な意味を考えるために，D. Marr の3つのレベルを紹介しよう[1]．Marr は脳の研究を，計算理論，アルゴリズム，ハードウェアの3つのレベルに分

1) D. Marr, "*Vision: A Computational Investigation into the Human Representation and Processing of Visual Information.*" W. H. Freeman and Company, (1982)

けた．計算理論とは，脳で行われる計算の目的は何かを議論することである．これまでの議論に基づけば，神経節細胞や外側膝状体のニューロンが行っている計算の目的は，画像のエッジを抽出することである．この際に，画像には光の検出過程でノイズが重畳される可能性がある．この計算理論を実現するアルゴリズムは，このノイズに対してある程度の耐性が必要である．そこで式(5.3)にあるように，まず入力画像$I(x)$をガウス関数でフィルタリングする．ガウス関数でフィルタリングするということは，周りの画素値の値を少しずつ足し込むということである．画像に重畳されるノイズが独立であれば，独立なノイズが足し込まれるために，ガウス関数によるフィルタリングにより，ノイズの効果は減る．これを平滑化とよぶ．平滑化の結果，$I(x)$の値に飛びがある，つまりエッジがある場合，その飛びの部分は平滑化され，関数の変極点になっている．そこで，この変極点を抽出するために，平滑化された関数の2階微分を取り，その点が0になるゼロクロスを見つけて，そこを画像$I(x)$のエッジとする．このアルゴリズムでは，エッジの情報を表現するのはゼロクロスである．このアルゴリズムを実装するハードウェアはメキシカンハット型の受容野である．ここで説明したように，メキシカンハット型の受容野構造は，計算理論，アルゴリズム・情報表現，ハードウェアのMarrの3つのレベルのパラダイムを使って，見事に説明することができる．言い換えると，メキシカンハット型の受容野はMarrの3つのレベルを理解するための，最もよい例になっている．

Marrの提案した3つのレベルの戦略が，網膜や外側膝状体でうまく働いた理由を考えてみよう．その理由を一言で言うと，考えている問題が，初期視覚とよばれる視覚入力に近い問題を議論していたからである．我々をとりまく視覚入力は，ほとんど一様な面とその境界であるエッジで構成されていることに容易に気づく．その点を認めれば，視覚計算の目的の1つとして，入力画像からのエッジの抽出を考えるのは自然であろう．つぎにハードウェアレベルで，網膜神経節細胞と外側膝状体のニューロンの発火率が，受容野を使ってほぼ線形で記述できることが現象論的にわかり，さらにレチノトピーが存在することがわかった．このハードウェア的な知見を式(5.3)の形で数理的に記述して，先ほどの計算理論を頭におけば，エッジ情報の表現とエッジ抽出のアルゴリズムに関しても，察しがつくというわけである．初期視覚を取り扱っているために，計算理論とハードウェアにめどがついて，上下のレベルから真ん中のアルゴリズム・情報表現が決まるという仕組みになっている．

5.3.3 単純型細胞の受容野とガボールフィルター

D. Hubel と T. Wiesel は，LGN のニューロンの出力先である第一次視覚野 (V1) の 4 層の神経細胞が，特定の向きの線分に応答することを発見した[2]．この神経細胞を単純型細胞と呼ぶ．単純型細胞の受容野構造は，以下の式のガボールフィルターでよく近似できることが知られている．

$$F(\boldsymbol{x}) = G(\boldsymbol{x}, \sigma) \cos(\boldsymbol{k} \cdot \boldsymbol{x} + \phi). \tag{5.4}$$

この式のガウス関数の分散 σ^2 は受容野の大きさを決めている．式からわかるように，ガボール関数は三角関数を，ガウス関数を使って受容野の大きさに閉じ込めたような形をしており，局所的な三角関数と考えてよい．ニューロンが応答する線分の傾きは，式 (5.4) の $\boldsymbol{k}$ に直交している．V1 の 4 層のニューロンも LGN のニューロンと同様にレチノトピーを持ち，右目もしくは左目の入力に選択的に応答する．V1 の 4 層のニューロンは，レチノトピーだけでなく，皮質上で近いニューロンはよく似た性質を持つ．似た性質を持つニューロンはかたまって存在しており，それをコラムとよぶ．V1 のコラムには，右目と左目のどちらに応答するかで決まる眼優位性コラムや，どの方位の線分に応答するかで決まる方位選択性コラムが存在する．これらのことから，V1 の 4 層のニューロンは左右の目に入力された画像を，式 (5.4) のガボールフィルターでフィルタリングする働きを持つことがわかる．ガボール関数は，画像の圧縮に使われる JPG の規格の 1 つである，JPG2000 に使われているウェーブレットの一種である．このことより，画像を効率よく圧縮することが V1 の単純型細胞の計算理論であると考えることができる．

5.3.4 高次視覚野へのアプローチ

これまでの議論から，網膜神経節細胞，外側膝状体のニューロン，単純型細胞の受容野は，入力画像を情報圧縮し，入力画像を再構成するのに都合がよい構造をしていることがわかった．網膜神経節細胞と外側膝状体の神経細胞および単純型細胞に関して，Marr の 3 つのレベルの研究がうまく行えた理由を復習してみよう．それはエッジ抽出や画像の圧縮などの画像工学的な知見と受容野の構造がよく対応していたからである．このためには，受容野の同定が問題なく行えることが必須である．しかしながら，フィルタリングに基礎をおく受容野戦略は単純型細胞の次の段階の複雑型細胞ですでに破綻する．V1 の単純型細胞は，同じ V1 の

2) D. Hubel and T. Wiesel, "Receptive fields of single neurones in the cat's striate cortex." *Journal of Physiology*, **148**, 574–591 (1959).

第 II，III 層へ出力を送る．V1 の第 II，III 層のニューロンは，多くの場合，複雑型細胞である．複雑型細胞は，単純型細胞のように最適な線分の傾きを持つが，その線分の位置をある程度ずらしても複雑型細胞の応答はほとんど変わらない．複雑型細胞は，同じ方位選択性を持ち，少しずつ受容野の位置が異なる単純型細胞から入力を得ている．そのため複雑型細胞は，線分の位置のずれに対して，不変な特性を持つ．

これまでと同様の方法で，複雑型細胞の受容野を測定すると．式 (5.4) のガボールフィルターとは似ても似つかない，等方的なガウス関数のような受容野が得られる．これは複雑型細胞が線分の位置のずれに対して不変な特性を持つことからも推測される．しかしながら，等方的な受容野からは，複雑型細胞が特定の傾きの線分に応答することは予想できない．つまり，複雑型細胞の特性は式 (5.2) のような線形の範囲では捉えきれない[3)]，非線形特性に基づいている．実際に，受容野内に点を 2 点同時に見せると，その 2 点が最適方位上に並ぶときに，複雑型細胞の発火率は上昇する．つまり複雑型細胞は，2 点の関数で決まる，二次の受容野で記述されていることがわかる．二次の受容野を決定するには，受容野内の 2 点を組み合わせて入力し，その入力に対する細胞の応答を調べる必要があり，線形フィルターで記述される一次の受容野を調べる手間の 2 乗の手間が必要になる．この事実は，複雑型細胞が出力を送る，視覚二次野以上の高次視覚野の特性を決めるには，より高次の受容野が必要であり，その手間は指数的に増えていき，組み合わせ論的な爆発を招くことを意味する．神経細胞の測定時間を増やすことが難しいことから，現状では二次の受容野までを求めるのが普通である．この困難を回避する方法は，現状では 3 つあると考えられる．

単純型細胞と複雑型細胞の関係を考察することから，1 つ目の方法を提案できる．単純型細胞は，ガボールフィルターで線分を抽出する，特徴抽出機と考えることができる．複雑型細胞は，単純型細胞が抽出する線分が入力されたときに特性が際立つ．このことから，まず受容野を同定したい神経細胞に出力を送る神経細胞が抽出する特徴を決定して，その特徴をいろいろな場所に提示したり，その特徴の組み合わせを入力することが考えられる．あらかじめその細胞にとって適切な特徴だけに的を絞り，探索空間を狭めて組み合わせ論的な爆発を避けるわけである．この方法の欠点は，入力側の細胞が抽出する特徴の決定が不完全であればあるほど，その分だけ受容野の同定が不確実なものになることである．つまり，

3) K. Sasaki and I. Ohzawa, "Internal spatial organization of receptive fields of complex cells in the early visual cortex." *Journal of Neurophysiology*, **98**, 1194–1212. (2007).

この方法はV2などの比較的に低次の高次視覚野に向いている．

2つ目は，単純型細胞と複雑型細胞が線分の方位という特徴を抽出していたことから，受容野として神経細胞の発火率を最大にする最適刺激を考え，その最適刺激を探すという方法である．一般には最適刺激を探すことは高次の受容野を決定するのと同じだけの計算量を必要とするので，近似的な手法を提案する必要がある．その1つが，Takanaらによって提案されたリダクション法である[4]．リダクション法は，側頭葉のような高次視覚野によく適用されている．リダクション法では，以下のような手続きを踏む．まず，サルにトラの頭などの複雑な画像または3次元物体を見せて，神経細胞が反応する複雑な画像を決定する．次に，その神経細胞の発火率が大きくなるように，その複雑な画像を徐々に単純化していく．画像の単純化の仕方は，いろいろあるので，どのように単純化するかは，いろいろな単純化を行い，試行錯誤的に決めていく．Fujitaらは，リダクションの方法を用いて，側頭葉にもコラム構造があることを示した[5]．リダクション法の欠点は2つある．1つは単純化の操作に実験者の主観が入ることである．もう1つは，神経細胞の発火が，最適刺激からのずれに対してどのように依存するかを完全に知ることができないことである．

3つ目の方法は，外界の情報が神経細胞の集団ベクトルにどのように埋め込まれているかを探る方法である．同じ受容野の位置を持ち，異なった方位選択性をもつ神経集団を考えよう．これは方位選択性コラムが集まったものなので，ハイパーコラム (HC) と呼ぶこともある．そのハイパーコラムの各神経の発火率をベクトルとする，（神経）集団ベクトルを考えよう．ある方位の線分が，そのHCの単純型細胞に入力されたとしよう．その場合，その方位を最適方位とする神経細胞を中心に，最適方位のずれに応じて徐々に発火率が減少していく，山状の発火パターンが観測されるであろう．この山状の発火パターンは，さきほどの集団ベクトルのベクトル空間の1点に対応する．そこから入力する線分の方位を徐々に回転させると，その山は徐々に動き始め，線分が1回転すると，もとの山に戻る．その軌跡を，さきほどのベクトル空間の上で見ると，ちょうど円になっているはずである．この円はベクトル空間を，後に述べる主成分分析法などで次元圧縮すれば，可視化できる．さらに線分の位置を少しずらして同じことをすると，ベクトル空間上での点は，円柱状の軌跡を描く．線分の回転と移動という情報が，円

4) K. Tanaka, "Inferotemporal cortex and object vision", *Annual Review of Neuroscience*, **19**, 109–139 (1996).

5) I. Fujita, K. Tanaka, M. Ito and K. Cheng, "Columns for visual features of objects in monkey inferotemporal cortex.", *Nature*, **360**, 343–346 (1992).

柱の形でベクトル空間に埋め込まれているわけである．複雑型細胞に同じことをすると，線分の位置のずれに関する不変性があるので，先ほどの円柱のずれ方向がつぶれて，線分の回転と移動が円として表現されるはずである．このように，神経細胞の発火率から定義されるベクトル空間に外界の情報が埋め込まれている．これらの埋め込まれた部分空間・多様体を見ることで，脳における視覚情報の表現や処理の進み方をみることができる．このような解析を集団ベクトル解析とよぶ．集団ベクトル解析では，個々の刺激に対する集団ベクトルの間の距離関係を議論する．集団ベクトル解析では，画像セットに含まれる構造がどのように集団ベクトル空間に埋めこまれているかをみるので，入力画像セットを適切に選ぶことが最も重要である．つぎの節では，3つ目の方法の例として，我々が側頭葉の顔応答性細胞の集団ベクトルを解析した例を紹介する．

5.4 集団ベクトル解析

5.4.1 側頭葉とパターン認識

図5.1に示す側頭葉は，パターン認識の最終ステージであると考えられている．側頭葉の一部の神経細胞は顔に応答することが知られている．このように顔に応答する神経細胞を顔応答細胞と呼ぶ．Sugaseらは覚醒状態にあるサルに，図5.3に示す画像セットを見せて，側頭葉の顔応答細胞の応答を測定した（実験条件等の詳細は，文献[6)]を参照のこと）．ここではSugaseらが測定したデータを集団ベクトル解析した結果を述べる．

この画像セットは階層構造を持っている．この画像セットは，まず顔画像と顔以外の単純な画像に分類することができる．顔画像はサルとヒトの顔画像に分類することができる．サルの顔画像は4匹のサルの顔画像から構成されている．横方向には異なった表情を持つ同じサルの顔画像が並んでいる．サルの表情は，典型的と思われる顔画像が選んである．縦方向には，同じ表情を持つ異なったサルの顔画像が並んでいる．これらのサルの顔画像のセットに，2通りの階層構造が埋め込まれている．1つは，先にサルの表情を分類してから，その表情を持つ個々のサルに分類するものである．もう1つは，まず個々の表情にサルの顔を分類し，その表情ごとにどのサルであったかを分類するものである．サルの場合と同様に，

6) Y. Sugase, S. Yamane, S. Ueno, and K. Kawano, "Global and fine information coded by single neurons in the temporal visual cortex." *Nature*, **400**, 869–873 (1999); Y. Sugase, "Dynamic encoding of facial information represented by neuronal responses in the primate temporal cortex." 東京大学医学研究科博士論文 (1999).

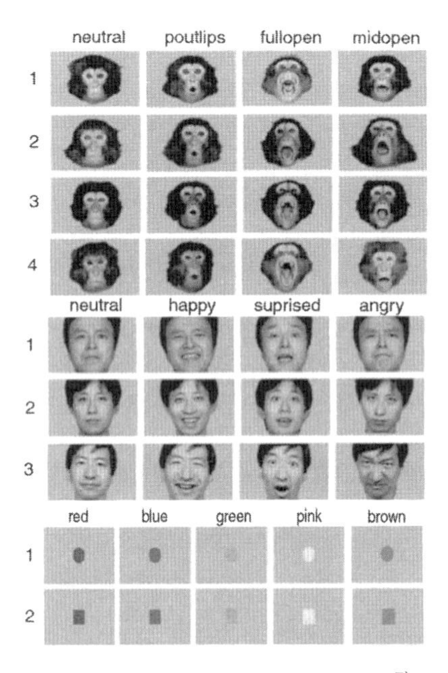

図 5.3　Sugase らが用いた視覚刺激[7)]

16 のサルの顔（4 匹の 4 種類の表情）と 12 の人間の顔（3 人の 4 種類の表情）と 10 の図形（長方形と円の 5 種類の色）で視覚刺激が構成されている．これには大分類と詳細分類の階層性が存在する．

ヒトに関しても 2 種類の階層構造が存在する．サルの顔とヒトの顔のそれぞれに関して，これらのうちどの階層構造が，脳の中の神経の集団ベクトルに情報表現されているかを探ることは，パターン認識の脳内メカニズムを探るうえで，とても重要であることが明らかであろう．

この画像セットの情報表現を探ることは，パターン認識の脳内メカニズムを探る以上の意味を持つ．我々が外界を認識するさいには，事物を階層的に認識している．たとえば，生物を考えるときには，まず生物と無生物を分類し，生物を動物と植物に分類する．さらに生物を脊椎動物と無脊椎動物に分類し，脊椎動物を哺乳類や爬虫類などに分類する．我々がこのように外界を階層的に理解する理由は，そもそも外界が階層的であるか，もしくは我々の脳がメモリ容量の観点などから，外界を階層的と理解する傾向があるかのどちらかであると考えられる．この例からも，この画像セットに含まれるような階層的構造がどのように脳に情報

7)　Sugase et al. (1999)（前出）．

表現されているかを探ることは，視覚パターン認識の枠組みを超えたより広い意味で興味深いことがわかる．

5.4.2 主成分分析による可視化

我々は画像セットに含まれる階層構造が，どのように神経集団ベクトルによって情報表現されているかを以下の方法で探った[8]．実験では，1つの神経細胞に対して先ほどの画像セットに含まれるすべての画像に対する応答を調べた．このとき，画像1枚につき，図5.4の左側にあるような，時間変化する発火率を1つ決めることができる．今回の解析では45個の神経細胞のデータを用いた．発火率の時間変化を平滑化するために，我々は50 msの時間幅を用意し，その時間幅内で発火率の平均を取った．この操作を各神経細胞ごとに行うと，1つの画像から45次元の集団ベクトルが得られる．さらに，この時間幅を1 msずつずらしていくと，つぎつぎと45次元ベクトルが得られる．これらのベクトルを連続につなぐことで，1つの画像は45次元の集団ベクトルの空間上の1本の軌跡に変換される．この操作を図5.3の38枚の画像にすべて行うと，38枚の画像セットは45次元空間上の38本の軌跡に変換される．図5.5にその概略を示す．サルに画像を見せるまでは，サルのニューロンは自発発火状態にあるので，それぞれの画像に対応する集団ベクトルは同じ位置にいるはずであり，その状態は図の原点に対応す

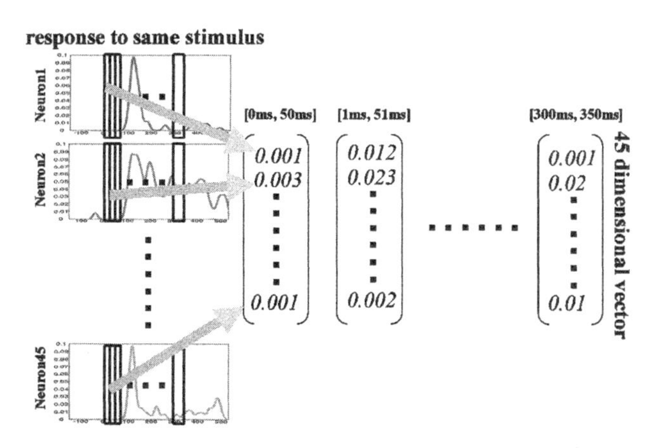

図 5.4　ニューロン集団からベクトルを生成する方法[8]

8) N. Matsumoto, M. Okada, Y. Sugase-Miyamoto, S. Yamane and K. Kawano, "Population dynamics of face-responsive neurons in the inferior temporal cortex." *Cerebral Cortex*, **15**, 1103–1112 (2005).

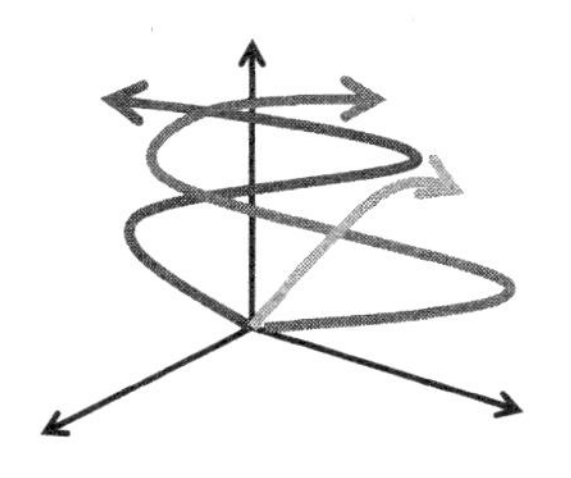

図 **5.5**　集団ベクトルの軌跡

る．入力画像の信号が側頭葉に達すると，各々ニューロンは活動を開始し，それぞれの画像の集団ベクトルは，図 5.5 のように異なった軌跡を描く．

これらの軌跡が各時刻において，どのような配置をとるかをみれば，画像セットのどの階層構造が，集団ベクトルの空間に埋め込まれているかが一目でわかるはずである．しかし集団ベクトルの空間は 45 次元という高次元なので，そのままでは配置を見ることはできない．そこで主成分分析を用いて，45 次元の構造をできるだけ保持する 2 次元部分空間を抽出して，画像セットの情報表現を可視化し，サルがこの画像セットをどのように観ているかを可視化するのである．これはサルが外界である世界をどのように観ているかを可視化することに対応し，サルの視覚的な世界観を可視化したことになる．主成分分析では，各ベクトルがガウス分布により生成されたと仮定して，その共分散行列を求めて，その固有値の大きい順に固有ベクトルを取る．その固有値が大きい固有ベクトルから順に，第 1 主成分，第 2 主成分と名づける．人が見てベクトルの位置関係が最も理解しやすいのは 2 次元平面であるので，さきほど求めた時間幅ごとに主成分分析を行い，第 2 主成分までで張られる 2 次元平面を求めた．その 2 次元平面に，各画像に対する集団ベクトルをプロットしたのが図 5.6 である．図の (a)，(b)，(c) はそれぞれ “0–50 ms”，“90–140 ms”，“140–190 ms” の時間幅での結果である．サル，ヒト，単純図形の 3 つの分類は，画像セットを大きく 3 つに分けているので，大分類と考えることできる．

この分類の下に，個体別や表情などの詳細分類が存在する．これらの詳細分類を示すために楕円を以下の方法で描いた．我々は，どの点がどの画像に対応するかあらかじめ知っている．さきほどの大分類の下位の分類に関して，まず同じ表情のサルの顔画像の点を集めて，それらの点を包むように主成分分析で求めた平面上で楕円を書く．より正確に述べると，これらの点が主成分分析で求めた平面上で，ガウス分布に従って分布していると仮定して，その共分散行列から決まる楕円を描いた．サルの 4 つの表情に対応して，図 5.6 には 4 つの実線の楕円が描

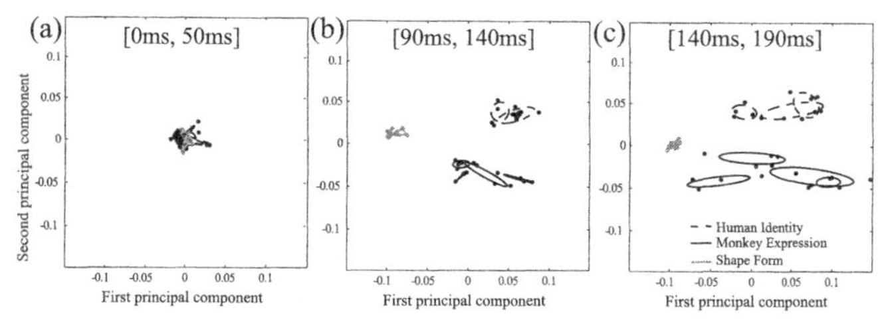

図 **5.6** 主成分分析の結果[9)]

(a) は "0–50 ms", (b) は "90–140 ms", (c) は "140–190 ms" の時間幅での主成分分析の結果である. "90 ms, 140 ms" では大分類が行われ, "140 ms, 190 ms" では詳細分類が行われていることがわかる.

かれている. 同様にして, ヒトの顔画像に関しては個人別に 3 つの点線楕円を描いた.

"0–50 ms" の時間幅では, 側頭葉のニューロンはほとんど反応せず, ほとんどのニューロンは自発発火状態にある. これが図 5.6(a) において, どの点も同じ場所に集まっていることに対応している. "90–140 ms" の時間幅では, 点が大分類に対応する 3 つのグループに分かれ, 先ほど説明した楕円は重なっていることがわかる. これは, 集団ベクトルを使って, サル・ヒト・図形の大分類を行うことはできるが, 表情や個体の分類のようなより下位の詳細な分類は行えないことを意味している. つぎの "140–190 ms" の時間幅では, 重なっていた楕円が分離している. これは, この時間幅での集団ベクトルを使って, サルの表情とヒトの個体の分類を行うことができることを意味する. 一方, サルの個体分類やヒトの表情などの分類は, この集団ベクトルには情報表現されていないことがわかった. まとめると, サル・ヒト・図形の大分類に関する情報が神経応答の比較的初期に含まれており, 後に続く神経応答に詳細分類の情報が含まれていることがわかる. これは Sugase らによって行われた相互情報量解析で得られた知見と一致する[10)]. 図 5.3 の画像セットに含まれている階層構造が, 神経細胞集団のダイナミクスに表現されているのである.

5.4.3 クラスタリング

ここまでは, 画像がどの集団ベクトルに対応しているかがわかったという条件で解析を行ってきた. 集団ベクトルに, どの画像であるかというラベルがついた

9) Matsumoto et al. (2005) (前出).
10) Sugase et al. (1999) (前出).

状況を考えていたわけである．これまではラベルがある状態で，集団ベクトルの集まり具合を楕円を書いて表していた．これをラベルつきクラスタリングとよぶ．一方，ラベルがない状態で集まり具合を調べることを，ラベルなしクラスタリングとよぶ．ラベルなしクラスタリングを議論する理由はいくつかある．1つ目の理由は，実際の脳内での情報処理では，いまどの画像を処理しているかがわからないからである．また，ラベルなしクラスタリングでは，我々が想定していないクラスター構造を見つけることができる可能性がある．これが，もう1つの理由である．たとえば，ラベルつきのクラスタリングを主成分分析した低次元空間上で行うと，主成分分析で捨てた空間の中に埋め込まれていた構造を見逃してしまう可能性がある．

我々は，集団ベクトル空間の45次元のデータのすべてを使って，混合ガウス分布解析を用いてラベルなしクラスタリングを行った．この方法では，集団ベクトル $\boldsymbol{v}$ は平均が $\{\boldsymbol{\mu}_i\}$ であり，分散が $\{\sigma_i^2\}$ である M 個の45次元の等方的なガウス分布の線形和で記述される混合ガウス分布から生成されたと仮定する．

$$pp(\boldsymbol{v}|\{\boldsymbol{\mu}_i\},\{\sigma_i^2\},\{\nu_i\}) = \sum_{i=1}^{M} \nu_i \left(\frac{1}{2\pi\sigma_i^2}\right)^{\frac{d}{2}} \exp\left(-\frac{(\boldsymbol{v}-\boldsymbol{\mu}_i)^2}{2\sigma_i^2}\right). \tag{5.5}$$

ここで $i = 1, \cdots, M$ である．$\{\nu_i\}$ は混合比と呼ばれ，$\sum_{i=1}^{M} \nu_i = 1$ を満たす．混合比 n_i は，集団ベクトル $\boldsymbol{v}$ が i 番目のガウス分布から生成される確率である．i 番目のガウス分布が選ばれたとすると，$\boldsymbol{v}$ を平均が $\boldsymbol{\mu}_i$ で分散が σ_i^2 のガウス分布から生成する．

ガウス分布の数 M は，集団ベクトルの空間でのクラスターと解釈できる．クラスター数 M をいくらでも大きくしてもよいとすると，集団ベクトル1つごとにガウス分布を割り当てることができる．これは，クラスター数 M が大きければ大きいほどデータを再現できることを意味する．しかし，それでは集団ベクトルをクラスタリングしたことにならない．クラスタリングするためには，集団ベクトルの分布の具合をある程度再現する，適切な数のガウス分布の数 M を選ぶことが必要である．そのためには我々は変分ベイズ法を用いた．本書の範囲を超えてしまうために，変分ベイズ法の詳細には，これ以上は立ち入らないが，その定性的な意味だけ説明しておこう．変分ベイズ法では，最終的には自由エネルギーとよばれる関数を導出する．自由エネルギーは2項からなる．

$$\text{自由エネルギー} = \text{データフィットのよさ} + \text{単純さ} \tag{5.6}$$

1つ目の項は式(5.5)の混合ガウス分布で，データがどれだけうまく説明されるかを示す量であり，データに対するフィットがよければよいほど値は大きくなる．クラスター数 M が多いほど，データへのフィットはよくなり，1つ目の項は大きくなる．2つ目の項はモデルの単純さを表す項であり，クラスターの数が少ないほど大きな値を取る．これら2つの項は相反する項であり，自由エネルギーを最大化することで，データの再現性がよく，クラスター数が少ないモデルが選ばれる．

今回，我々は自由エネルギーを最大にするクラスター数 M を以下の手順で求めた．まず，M を1から10まで変化させて，それぞれの M についての自由エネルギーを求めた．つぎにそれらの中で自由エネルギーを最大にする M を求め，その値をクラスター数とした[11]．図5.7に，“90–140 ms”，“140–190 ms” のそれぞれの時間幅でのクラスターの構成を示す．(a)と(b)の左側の図は，さきほど主成分分析で求めた2次元空間であり，各集団ベクトルはその空間上に射影されている．各ガウス分布の分散から，クラスターがどの程度広がっているかがわかるので，それに応じた大きさの円でクラスターの広がりを表している．右列の図はクラスターの構成要素を視覚刺激画像を用いて表示したものである．1つの画像のかたまりが1つのクラスターに対応する．

“90–140 ms” の時間幅では以下の6個のクラスターが形成されている．単純な図形は3個のクラスターを形成している．それぞれのクラスターは，図形の形に関した分類に対応している．図5.7(a)の左の図では，3個のクラスターを割り当てるのは適当でないように思われる．しかしそれは，次元圧縮された空間のみを観察しているからで，この空間に直交する空間では，3個のクラスターは分離している．これは，集団ベクトルの次元を圧縮せずに混合ガウス分布解析を行うことで，はじめて得られる結果である．ヒトの集団ベクトルは1個のクラスターで表されており，サルの集団ベクトルは2個のクラスターで表せている．サルの右側のクラスターはfullopenの表情を中心に，サルが口を大きく開けている画像から構成されている．これは，サルが相手が怒っているか否かを，瞬時に判断するのに好都合である．主成分分析とラベルつきクラスタリングだけでは，このような知見を引き出すことは容易でなかった．これはラベルなしクラスタリングの利点の1つを表している．

“140–190 ms” の時間幅では以下の7個のクラスターが形成されている．単純な図形は2個のクラスターを形成している．“90–140 ms” の時間幅との差はそれほど

11) Matsumoto et al. (2005)（前出）．

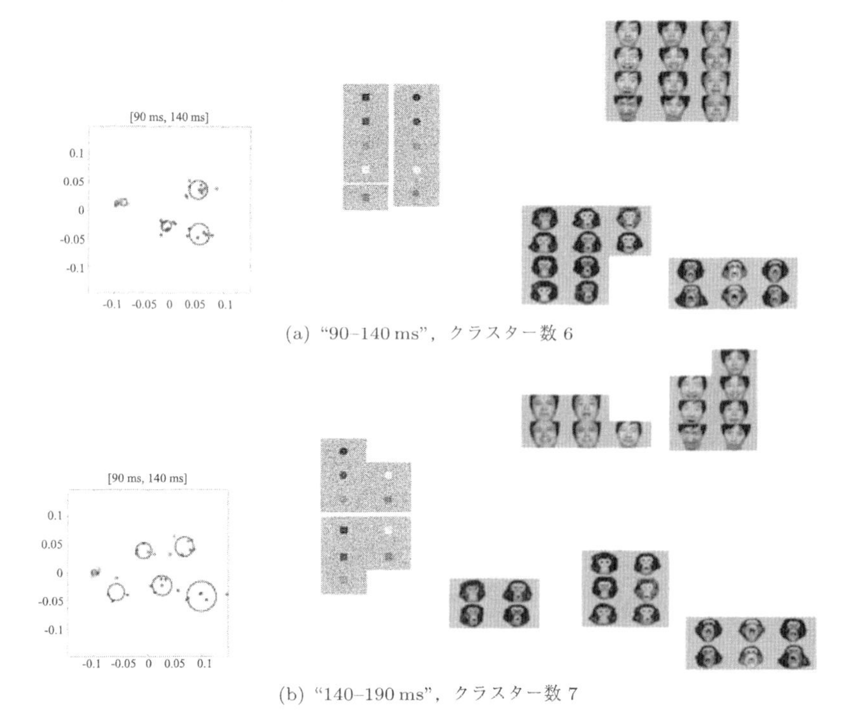

(a) "90–140 ms", クラスター数 6

(b) "140–190 ms", クラスター数 7

図 5.7 混合正規分布解析によって決められたクラスターの構成要素[12)]
左列の図の点は, 45 次元の集団ベクトルを主成分分析で求めた 2 次元空間上にプロットしたものである.

ないので, 図形の形に関して分類は "90–140 ms" の間にほぼ終わっていると推測できる. "90–140 ms" の時間幅では 1 個のクラスターで表されていたヒトの集団ベクトルは, "140–190 ms" の時間幅では 2 個のクラスターに分離する. 左のクラスターのヒトは, サルによく接しているヒトである. そのため, このクラスターが他のクラスターから分離したと考えられる. サルの集団ベクトルは 3 個のクラスターで表せている. クラスターの構成要素を, "90–140 ms" と "140–190 ms" の 2 つの時間幅で比較すると, "90–140 ms" の左側のクラスターが 2 個のクラスターに分離したことがわかる. 分離した左側のクラスターの構成要素の 4 画像のうち 3 画像は poutlips の表情である. poutlips はサルが声を出して仲間を呼ぶときの典型的な表情である. ある意味, poutlips は寂しいサルの表情とも考えることができ, この知見はなかなか味わい深い.

12) Matsumoto et al. (2005) (前出).

5.5 脳におけるパターン認識機構の解明に向けて

本章ではまず，初期の視覚情報処理に関係する網膜，LGN，V1のニューロンの特性について概説した．ここでは受容野の概念が中心的役割を果たし，この概念を用いるとMarrの3つのレベルに立脚した研究パラダイムが有効であることがわかった．受容野の概念に基づけば，初期視覚は入力画像のノイズを減らしたり，画像に含まれている冗長性を取り去ったりする画像の前処理段階に相当する働きをする．しかしながら，高次視覚野に進めば進むほど，受容野を同定することが難しくなり，他の戦略を考える必要が生じてくる．その戦略の1つとして，側頭葉の顔応答細胞の集団ベクトル解析を紹介した．その結果，側頭葉においては画像セットに含まれる階層構造が，神経集団のダイナミクスを用いて情報表現されていることがわかった．

側頭葉は視覚情報処理の最終段位に位置する．その視覚情報処理の流れは，網膜から始まりLGN，V1，V2などの領野を何段階も経て側頭葉に到達する．先ほども述べたように，V2以降の神経細胞に関しては，受容野などの詳細な特性はまだまだ研究段階である．したがって，それらよりさらに上位に位置する側頭葉を，LGNやV1の神経細胞のようにモデル化するのは難しい．領野の特性と知見に応じた，別の切り口が必要である．

Matsumotoらは，連想記憶モデルとよばれる神経回路に基づき，側頭葉での階層的構造を動的に情報表現する神経メカニズムを提案した[13]．連想記憶モデルは，記憶パターンを連想記憶モデルのダイナミクスのアトラクターとして覚える．Matsumotoらは，前節の階層的な情報表現を真似るために，階層構造をもつパターンを記憶パターンとして連想記憶モデルに覚えさせた．この連想記憶モデルでは，記憶パターンだけでなく，似た記憶パターンを重ね合わせてできる混合状態もアトラクターになる[14]．混合状態は似たパターンの重ね合わせに対応するので，それら似たパターンの1つ上の概念を表すと考えることができる．そこでAmariはこの現象を概念形成と呼んだ[11]．このモデルでは，系はまず概念に相当する混合状態に近づいたのちに，個々の記憶パターンに収束する．この現象は，

13) N. Matsumoto, M. Okada, Y. Sugase-Miyamoto and S. Yamane, “Neuronal mechanisms encoding global-to-fine information in inferior-temporal cortex.” *Journal of Computational Neuroscience*, **18**, 85–103. (2005).

14) S. Amari, “Neural theory of association and concept-formation.” *Biological Cybernetics*, **26**, 175–185 (1977).

前節で述べた側頭葉でのダイナミクスを定性的に説明することができる．そこでMatsumotoらは，連想記憶モデルに基づき，より現実に近いモデルでも，同様の現象が得られることを示した[15)]．このモデルでは，興奮性ニューロンとそれら興奮性ニューロンの発火率をコントロールする抑制性ニューロンからなる，バランスネットワークが用いられている．バランスネットワークは，大脳皮質のいたるところに普遍的に観られる．このモデルでは，発火率を表現するアナログニューロンモデルを用いているので，実際の生理実験データとの対応を議論することが可能になる．Matsumotoらは，このモデルが生理実験データをよく説明することを示すとともに，モデルの性質を用いて新たな実験を提案している．

本章での事例から，実験結果を最新の手法で解析することで，脳内情報表現の新たな知見を蓄積すること，さらにそれをモデル化し新たな実験を提案することがいかに重要かを理解できたのではないだろうか．この実験と理論のループを何回も繰り返すことにより，脳におけるパターン認識機構が解明されていくと筆者は強く信じている．

謝辞

5.4節と5.5節で紹介した内容は，(独) 産業技術総合研究所　脳神経情報研究部門の松本有央博士，菅生 (宮本) 康子博士，山根茂博士 (現前橋工科大学教授)，河野憲二博士 (現京都大学教授) との共同研究に基づいています．ここに共同研究者の方に深く感謝いたします．

とくに菅生 (宮本) 博士と山根教授には，貴重な実験データを快く提供していただき，さらには今回の本の執筆にあたり貴重な顔画像の使用を快くご許可いただきここに深く感謝いたします．

この研究は，松本博士の修士論文および博士論文の成果です．松本博士の努力と熱意なしには，この研究は成り立ちませんでした．ここで松本博士に，深く感謝いたします．

15) Matsumoto et al. (2005) (前出)．

第6章

視覚的意識

我々は文字通り，世界を「見る」ことができる．ではロボットはどうだろうか．いまどきのロボットであれば，視覚情報を頼りにボールを捕らえるくらいのことは，いとも簡単にやってのける．しかしこのとき，ロボットに「見る」感覚は生じているだろうか．その頭脳にあるのは0か1の状態をとるメモリと，それを一定のルールに従って書き換えるCPUのみだ．「見る」感覚は狭義の「意識」ともいえ，人工物への実装は夢のまた夢である．

一方，我々の脳はどのような仕組みで世界を「見て」いるのだろうか．脳は，ニューロンが電気スパイクを交換することによって情報処理を行う．ニューロンのスパイク出力の有無をメモリの状態に見立てれば，ノイマン型コンピュータとはまったく異なる仕組みではあるが，ニューロン間のシナプス結合強度に埋め込まれたルールに従って，0か1の書き換えを行っているに過ぎない．「見る」感覚を生ずる神経メカニズムを解き明かすことは，半導体の塊であるロボットの頭脳に意識を宿すこと以上に難解な問題といえよう．

有史以来，「意識」は哲学の領分とされてきたが，近年，視覚的意識 (visual awareness) の名のもと，「見る」感覚を担う神経メカニズムの解明が脳科学の重要命題となりつつある．いかなる脳活動によって視覚的意識が生ずるかとの根源的な問いは世界中の脳科学者を惹きつけ，電気生理実験，心理物理実験，脳イメージングなどの実験的手法を中心に精力的に研究が行われている．先の問題，いわゆる「意識のハードプロブレム」の解明には未だ程遠いが，科学のまな板にのせられたことによって得られた知見は数多く，どれも興味深い．本章では視覚的意識の解明に向けた近年の歩みを紹介するとともに，脳の計算理論が不可欠となるであろう今後の展望につなげたい．

6.1 脳の視覚的意識とは

視覚的意識といわれてもピンとこない読者も多いだろう．逆説的ではあるが「見る」ことの実感をつかむために，まずは「見えない」状態を体験してもらいたい．眼球から脳へと視覚信号が入っているにもかかわらず「見えない」状態だ．

図6.1は両眼分離呈示によって，2つの異なる傾きをもつ縞模様を左右の眼球入力として与えるための刺激である．交差法もしくは平行法を用いて，左右の眼の焦点が隣り合う別の縞模様に合うように見てほしい．ある瞬間においてどちらか一方のみの縞模様が見え，数秒おきに切り替わるのが感じられないだろうか．これは両眼視野闘争 (binocular rivalry) と呼ばれる知覚交代現象の一種であり，2つの像がきちんと一致した状態では，切り替わりの過渡期を除いて2つの像は混ざり合うことなく，左右いずれかの視覚刺激が単独で知覚されることが知られている．ここで注目すべきは「見えない」方の刺激だ．視覚信号が脳に入力されているにもかかわらず，通常生ずるべき「視覚的意識」が存在しない状態にある．はたして「見えている」縞模様に関連する脳活動と「見えない」縞模様に関連する脳活動の違いは何だろうか？　これこそが視覚的意識研究の基本的な問いである．

視覚的意識に関する最新の知見を紹介する前に，その準備として脳の情報処理の基礎について述べよう．

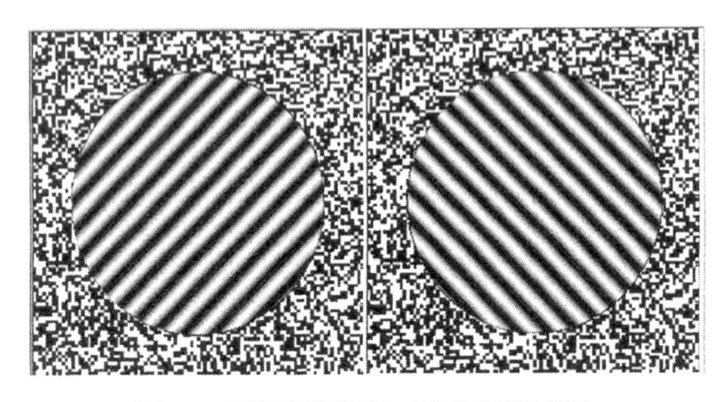

図 6.1　両眼分離呈示による両眼視野闘争

6.2 脳の情報処理の基礎

6.2.1 基本構成要素：ニューロン

人間の脳は数百億のニューロンと呼ばれる細胞から構成される．個々のニューロンは樹状突起，細胞体，軸策の3つの部分からなり，入力信号は樹状突起にある結合部を通して細胞体に伝えられ，そこでの演算結果は出力部である軸策を通して他のニューロンへと伝達される（図6.2）．ニューロン間を飛び交う信号の実体は，数ミリ秒の幅を持つ電気スパイクであり，1つのニューロンは数千のニューロンから入力を受け，数千のニューロンへと出力している．個々のニューロンが平均数Hzで電気スパイクを発していることを考えると，実に毎秒数万発以上もの電気スパイクを受け取っている計算になる．では，ニューロンの中でどのような演算が行われているのだろうか？ 次にその電気的挙動をみてみよう．

ニューロンは多様なイオンを含む電解液に囲まれ，その細胞膜は内と外を隔てるコンデンサの働きを持つ．細胞膜の内側の電位は，細胞膜にあるイオンポンプの働きによって，外側に比べて$-70\,\mathrm{mV}$程度に保たれている．ここへ他のニューロンからの電気スパイクがくると細胞膜のイオン透過性が変化し，ニューロン内の電位の上昇もしくは下降が生じる．受け手のニューロンに電位上昇をもたらすものを興奮性ニューロン，下降をもたらすものを抑制性ニューロンと呼ぶ．2種類の入力を受け，ニューロンは絶えずアクセルとブレーキを同時に踏まれたような状態にある．ここで入力のバランスがプラス側に振れてニューロンの内部電位が$-50\,\mathrm{mV}$程度（閾値）まで上昇すると，電位に依存して開閉するイオンチャネルのはたらきによって一気に電位が上昇し，数ミリ秒のうちに再び静止状態($-70\,\mathrm{mV}$)

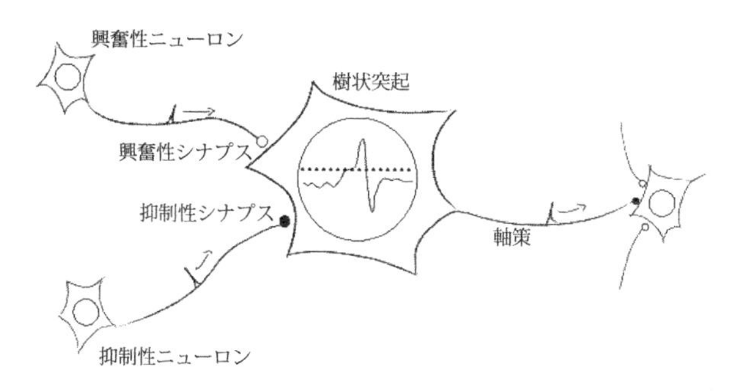

図 **6.2** ニューロン

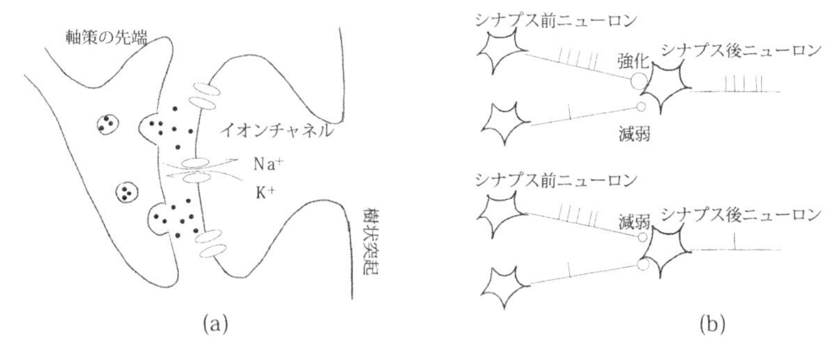

図 6.3　シナプス

に戻る．この急激な電位変化は，出力部である軸策を伝播して結合している他のニューロンへと伝えられる．これがニューロンの発火もしくは興奮であり，生じた急激な電位変化こそが脳を飛び交う電気スパイクである．ニューロンによる演算を一言で説明するなら，「多数のスパイク入力を時間的に足し合わせ，合計値が閾値を超えているか否かを識別する」ということになる．時間を離散化してニューロンの挙動を定式化する．

$$x_i(t+1) = f\left(\sum w_{ij}x_j(t) - \theta\right). \tag{6.1}$$

ここで $x_i(t)$ はニューロン i の時刻 t における出力（発火時に1，非発火時に0をとる），θ は閾値である．関数 $f(s)$ は，s が0以上のとき値1をとり，それより小さいときは値0をとるステップ関数である．また w_{ij} はニューロン j からニューロン i への結合強度であり，j 番目のニューロンが興奮性もしくは抑制性であるかによってその符号が決まる．

上記の定式化により，個々のニューロンが行っている基本的な演算は，脳が実現しているきわめて高度な情報処理と比較すると拍子抜けするほど簡単なものであることがわかる．実際の生体ニューロンは，振動などの複雑な特性をもつことが知られており，これらが脳の情報処理において重要な役割を担っている可能性が近年取り沙汰されているが，詳細については他章に譲ることとする．本章ではニューロン間の結合様式に着目して，神経回路網としての機能を考える．

6.2.2　シナプス

脳の情報処理の鍵はニューロン間をつなぐシナプスである（図6.3）．シナプスにはシナプス間隙と呼ばれる微小なすき間が空いており，電気スパイクが到着すると軸策の先端から化学物質（神経伝達物質）が放出される．この神経伝達物質が受容側のニューロンに取り込まれることによって周辺の細胞膜のイオン透過性が増大し，電位変化が生ずる．

シナプスが脳の情報処理にとって重要であるのは，電気スパイク 1 つ当たりに生じる受容側ニューロンの電位変化が増減する特性を持つためである．本特性はシナプス可塑性と呼ばれ，ニューロン間の結合強度，式 (6.1) でいうところの w_{ij} が変化することに相当する．シナプス可塑性の特性およびメカニズムについてはいまだ謎が多いが，古典的なシナプス変化則である “ヘブ則” では，シナプス結合部の前にあるニューロン（シナプス前ニューロン）と後にあるニューロン（シナプス後ニューロン）の活動のみに依存して結合強度が変化するとしている（図 6.3(b)）．シナプス後ニューロンの発火率が高いときは，多くの電気スパイクを与えたニューロンとの結合が強められ，反対にほとんど発火しなかったシナプス前ニューロンとの結合は弱められる．反対にシナプス後ニューロンの発火率が低いときには，強く活動しているシナプス前ニューロンとの結合が弱められる．

6.2.3 脳の視覚情報処理——単純から複雑へ

つぎに脳の中の視覚情報の流れをみてみよう（図 6.4）．眼球に入った光は角膜を通して網膜にとらえられる．1 つの網膜細胞に注目すると，それは視野全体のわずかな空間領域を担当し，その微小部分の光の明暗によって発火頻度を変化させる．ここで発せられた電気スパイクは視床とよばれる部位を経由して，視覚情報の大脳皮質への入り口である第一次視覚野 (V1) へと送られる．視床からの神経

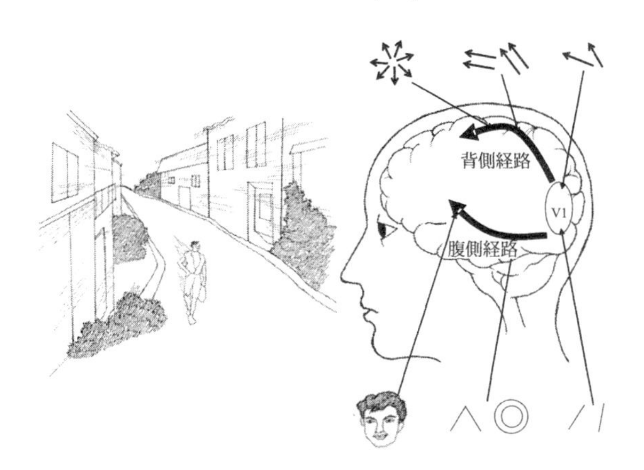

図 6.4　2 つの視覚経路

線維がもたらす情報は，暗いドーナツ状の領域に囲まれた明るい点（オン中心），もしくは明るいドーナツ状の領域に取り囲まれた暗い点（オフ中心）の有無であり，依然として“点”の情報に過ぎない．第一次視覚野においてはじめて，“点”情報から“線分の傾き”という特徴が抽出される（図 6.4）．

ここでニューロンによる特徴抽出とはいかなるものか考えてみよう．図 6.5(a) は，傾き選択性ニューロンを発見してノーベル賞を受賞した D. Hubel，T. Wiesel らの 1962 年の論文の図である．第一次視覚野の傾き選択性を示すニューロンが視床のオン中心細胞と直線状に結合する様子が示されている．その当時は仮説にすぎなかったこれらの結合が，近年になって実験的に検証され，特徴抽出の基本原理と位置づけられるようになった．すなわち，脳における特徴抽出は，下位ニューロンが表現する特徴を，上位ニューロンが空間的広がりをもった結合を通して統合することによって達成される．

ニューロンが自身に結合するシナプス前ニューロンに対して最適な活動パターン（テンプレート）を持ち，シナプス前ニューロンの活動がテンプレートに一致したときに発火率が最大となる特性（刺激選択性）は，ニューロンのごく基本的な特性から説明することができる．ここで式 (6.1) の簡単な書き換えを行う．

$$x_i(t+1) = f(\boldsymbol{w}_i \cdot \boldsymbol{x}(t) - \theta). \tag{6.2}$$

$\boldsymbol{w}_i$ はニューロン i に結合しているシナプス前ニューロンからのシナプス結合強度を要素とするベクトル，$\boldsymbol{x}(t)$ は同様に時刻 t におけるシナプス前ニューロンの出力を要素とするベクトルである．また，離散時間の刻みを個々のスパイクの時間オーダーである数 ms 秒から数十～数百 ms 秒に広げることによって，単位時間ステップ当たり複数の発火を許容することとする．それに伴い $f(s)$ はシグモイド関数などの非線形な増加関数とする．

式 (6.1) の重み付き足し合わせ項が $\boldsymbol{w}_i$ と $\boldsymbol{x}(t)$ の内積となっていることからシナプス前ニューロンの出力強度の 2 乗和が一定という制約条件のもとでは，2 つのベクトル $\boldsymbol{w}_i$ と $\boldsymbol{x}(t)$ の方向が一致するときにニューロン i の出力が最大となる．ここで結合ベクトル $\boldsymbol{w}_i$ がシナプス前ニューロン活動のテンプレートに相当することに注意してほしい．特徴抽出は下位領野のニューロンの一部に対して，上位ニューロンがそれぞれ異なるテンプレートを持つことによって実装することができる．

より複雑な特徴抽出は基本原理を積み重ねることによって可能となる．文字認識を例にその様子をみてみよう（図 6.5(b)）．第一次視覚野のニューロンは，小さな節穴から世界を覗いているような格好にあり，自身の担当する網膜部位に入っ

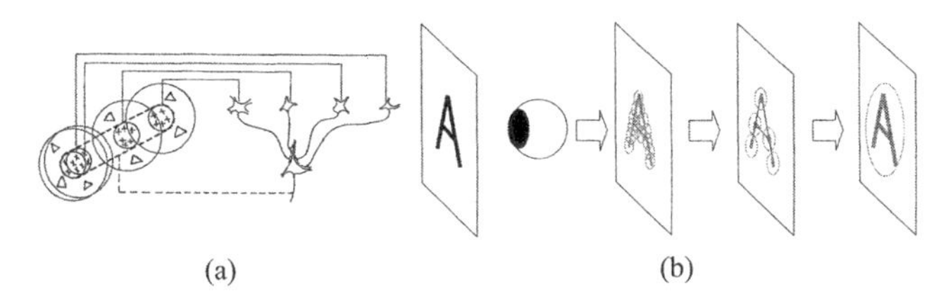

(a) (b)

図 **6.5** 刺激選択性[1)]

てくる線分の傾きに応答する．個々のニューロンはもっとも好む線分の傾き（最適刺激）を持ち，実際の傾きがそこから離れるに従って，時間当たりの発火数が減少する．その上位に位置するニューロンは，線分の傾きを抽出する下位ニューロンと空間的な広がりをもって結合することにより“十字型”，“T 字型”，“線終端”などの部分的な特徴を抽出する．そしてさらに上位のニューロンが，部分特徴を統合することによって最終的に“A”という文字に応答するのである．ここでは刺激自体が静的な場合を例に説明したが，ニューロン間の電気スパイクの伝達遅れを利用することにより，動きや明るさの変化などの動的な特徴の抽出にも適用可能だ．

脳の特徴抽出が上記の基本原理の積み重ねによって行われるとすれば，視覚経路を上るにつれて，より複雑な特徴に反応するニューロンがみられるはずである．実際そのような刺激選択性の変化がみられるのだろうか？

第一次視覚野で抽出された傾き情報は上位に送られ，第二次視覚野では鍵型や円などの図形特徴に反応するニューロンが出現する．また，このあたりから視覚系情報処理は大きく 2 つの経路に分かれる．形態知覚をつかさどる腹側経路ではニューロンの反応する図形がさらに複雑になり，最終領野である TE 野では顔をみせたときにのみ活動する“顔ニューロン”などが知られている．もう一方の背側経路は運動知覚をつかさどる経路であり，上位にいくにしたがって，ニューロンはより大きな視野空間を占める動きに反応するようになる．背側経路上位の MST 野では，身体運動に伴って現れる視野全体の回転，放射状の縮小，拡大などの複雑な運動に反応するニューロンがみられる．このような階層構造は皮質一般にみられる構造であり，聴覚，触覚など他の感覚系や運動系にもあてはまることが知られている．

以上をもって脳の情報処理の解説を終えて，視覚的意識に話を戻そう．

---

1) (a) は D. H. Hubel and T. N. Wiesel. “Receptive fields, binocular interaction and functional architecture in the cat’s visual cortex.” *J. Physiol.* **160**, pp.106–154 (1962).

6.3 両眼視野闘争下のニューロン活動

近年の視覚的意識研究の発展のきっかけとなったのは，N. Logothetis らの行った電気生理実験である．彼らは，先述の両眼分離呈示の手法を用いてサルのさまざまの視覚系領野のニューロン活動を記録した．実験ロジックは素直であり，両眼視野闘争下において知覚交代に応じてニューロンの発火頻度が変動するようであれば，そのニューロンは視覚的意識を担うシステムの一部である可能性が高く，逆に知覚にまったく依存せず，刺激が物理的に呈示されている限りニューロン活動が維持されるのであるならば，視覚的意識とは関連が低いというものだ．Logothetis らは，さまざまな視覚系脳部位のニューロン活動を記録し，知覚交代に伴って有意に活動が変動するニューロンの割合を調べ上げることによって視覚的意識の座を求めた．

図 6.6(a) はニューロン活動の一例である．サルは時々刻々と見える刺激が切り替わるのに合わせてレバー操作によって知覚を報告するように訓練されている．サルがヒトと同様の知覚交代を経験しているのか，さらにいうならば，サルにそもそも意識はあるのかと疑問に思う読者もいるだろう．1つ確かなことは，知覚交代時に一方の刺激が見えつづける時間間隔の分布がヒトとサルで見事に一致するこ

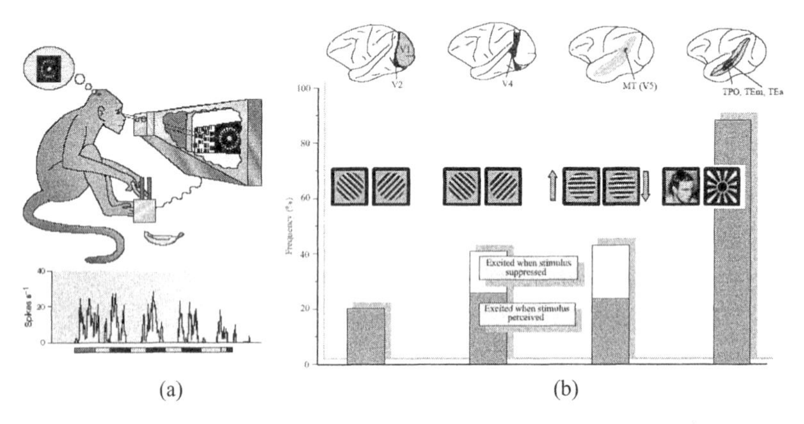

図 **6.6** 両眼視野闘争下でモジュレートされるニューロン活動[2)]

2) (a) Randolph Blake and Nikos K. Logothetis "Visual Competition." *Nat. Rev. Neurosci.* **3**. pp.13–23 (2002), (b) Nikos K. Logothetis, "Single units and conscious vision." *Phil.Trans. R. Soc. Lond.* **B353** pp.1801–1818 (1998).

とである．興味深いことに，この分布は γ 分布もしくは対数正規分布でよく近似できることが知られている．また図 6.6(a) をよく見ると，サルの報告に数十 ms ばかり先んじてニューロンの発火頻度が変動している様子がわかる．ここでの遅れは視覚野のニューロン活動に変化が生じて，サルの見る像が変化してからレバーを押すまでの神経伝達遅れによるものと考えられており，感覚系で生じた変化が報告行動の発端となっていることがわかる．

はたして Logothetis らは視覚的意識の座を特定することができたのだろうか．図 6.6(b) に示すのは，低次から高次のそれぞれの視覚系脳領野において，知覚交代に応じて統計的に有意に活動が変動したニューロンの割合である．視覚信号の大脳皮質の入り口となる第一次視覚野などの低次脳領野では有意に活動が変化するニューロンの割合は少なく，高次にいくにしたがって増加することがわかる．脳の視覚情報処理の階層性のなかで，あるレベルまでは視覚的意識とは一切関係なく視覚処理が行われ，あるレベルから先は視覚的意識と脳活動が完全に対応するといった単純な描像にはなっていなかったのである．

6.4 Crick，Koch の仮説——第一次視覚野は視覚的意識に関係しない

視覚的意識の座を巡る議論が過熱する中で，DNA の二重らせん構造の発見で有名な F. Crick とその共同研究者である C. Koch は，「第一次視覚野は視覚的意識を担わない」との大胆な仮説を提案した．視覚的意識の機能を「行動を決定する脳部位に対して視覚世界のコンパクトな表現を最適な形式で提供すること」と位置づけ，下記の知見より，第一次視覚野は「見る」ことに必要ではあるけれども，視覚的意識を形づくる神経活動には含まれないと主張したのである．

1) 第一次視覚野には我々が知覚することのない視覚情報が存在する．(Logothetis らの実験において，知覚交代によって活動が変動しないニューロンが存在する)
2) 第一次視覚野には単眼性のニューロンが存在するにもかかわらず，両眼分離呈示下において，どちらの目に与えられた視覚像であるかを報告することができない．
3) 第一次視覚野は意思決定の座といわれる前頭前野への直接の神経投射をもたない．

本仮説は多くの議論を呼び，その是非をめぐってさまざまな実験が発案された．視覚的意識を担うシステムに第一次視覚野が含まれるか否かは，単なる一脳部位

の話ではすまされない．第一次視覚野がシステムに含まれないと結論づけられれば，視覚的意識の座を脳の片隅に追い込むことが可能となり，意識の局在説が現実味を帯びてくる．反対に視覚情報の大脳への入り口である第一次視覚野までもが重要となれば，視覚的意識は系すべてを含むグローバルなプロセスが担うということになる．かくして第一次視覚野は視覚的意識の在り方が問われる重要な「前線」となったのである．

6.5　視覚的意識の操作的定義

CrickとKochの主張する視覚的意識の役割については認めるにしても，それに沿って第一次視覚野を視覚的意識から除外した根拠についてはいくつかの疑問が残る．1と2については一部に知覚されない情報を表現するニューロンが存在したとしても，領野全体が視覚的意識と無関係とはいえず，必要条件と十分条件が混同されているように思える．また3については，ニューロン間の直接結合によって影響がもたらされる場合（単シナプス性相互作用）と複数のニューロンを経て影響がもたらされる場合（多シナプス性相互作用）とで決定的な差があるとは考えにくい．

ここで注意しなければならないのは，第一次視覚野が「見る」ために必要であることに関して疑問の余地はなく，損傷すれば視野欠損が起きることは症例研究によって明らかであることだ．しかし，眼球も然りである．眼球がなければ脳が視覚信号を受け取るべくもない．CrickとKochはこの問題に対して，視覚的意識に「必要な」部位と「本質的に重要な」部位というような使い分けを行うことによって対処している．問題は両者の定義が曖昧で釈然としないことである．うまい定義はないだろうか．

以下は後述の研究を参考にした操作的定義である．図6.7に示されるように，短時間呈示される視覚刺激を考える．これが眼球に入って網膜の視神経の活動が誘発された直後に，眼球と脳を結ぶ神経束を切断してしまったらどうだろうか．はたしてこの刺激は「見える」だろうか．おそらく多くの人が「見える」と答えるに違いない．脳から眼球への逆向きの投射が存在しないことからもおそらくこれは正しい．同様に，ある脳部位が「見る」ことにとって本質的に重要であるかを定める方法として，当該部位の初期応答の後に他から切り離しても「見え」が生ずるかを問うことができる．

上記の操作的定義は思考実験としては成立すれども，現実には到底実施するこ

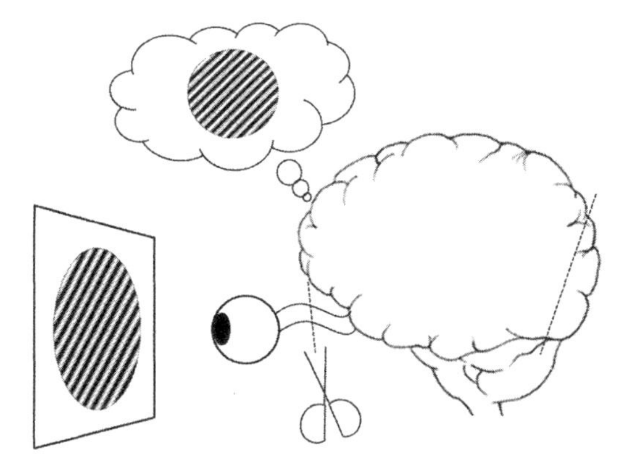

図 **6.7**　視覚的意識の操作的定義

とはできないと考える読者が多いだろう．ところが P. Leone らは，2 つの「飛び道具」の助けを借りて，ほぼ同じ論理で実験を行ってしまったのである．

6.6　高次視覚野から低次視覚野へのフィードバック投射の重要性

近年，心理学の世界に革命を起こす手法が登場した．脳磁気刺激法 (Transcranial Magnetic Stimulation: TMS) である．脳内で瞬間的に磁場を発生させ，その際に生じる誘導電流をもってニューロンを直接刺激してしまうものだ．TMS で運動野を刺激すれば腕や足などが意に反して動き，第一次視覚野を刺激すれば閃光 (phosphene) が幻覚として表れる（図 6.8(a)）．また運動知覚の高次視覚領野である MT 野を刺激すると，閃光の中にみられる細かいテクスチャに動きが観測される (motion phosphene) ことが知られている（図 6.8(a)）．V5 のニューロンは動きに反応することが知られており，損傷すると世界が紙芝居のように静止画像の連続として知覚されることが報告されている．また，TMS は興奮性の作用を示す一方で抑制性の効果もあり，第一次視覚野を刺激すると同時に視覚刺激を呈示すると視覚像の中に小さな穴があく（図 6.8(b)）．脳の視覚野の一部欠損により出現する視野欠損 (scotoma) にちなんで，脳磁気刺激誘発視野欠損 (TMS induced scotoma) と呼ばれる現象である．

お膳立てが整ったところで Pascual-Leone らの実験について説明しよう（図 6.9(a)）．V5 への TMS 刺激によって生じる motion phosphene が 1 つ目の飛び道具となる．通常の視覚体験では，光刺激が眼球を通して第一次視覚野に入り，処

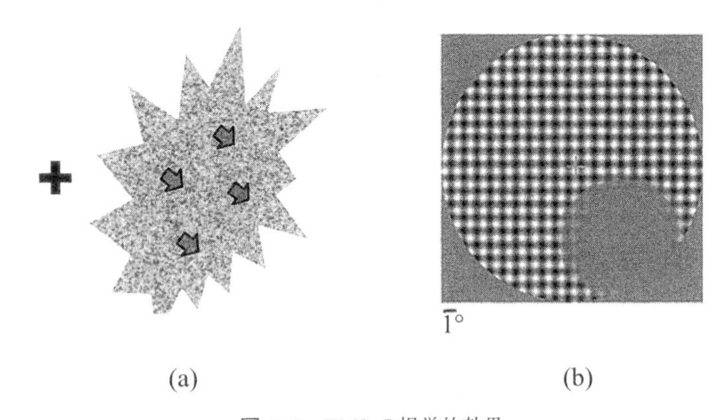

図 **6.8**　TMS の視覚的効果
(a) V5 へ刺激：motion phosphene, (b) 視覚刺激とともに V1 を刺激：scotoma[3].

理された後により高次の V5 へと送られる．Motion phosphene ではこれらの経路をバイパスして，V5 への直接刺激によって知覚が生じたことになる．ここで先の操作的定義に従えば，V5 より前段の視覚処理は中継処理の役割のみを担い，視覚的意識に本質的な寄与はしないということにならないだろうか．

しかし，そうは問屋が卸さない．脳の階層構造にあって，隣り合う領野どうしは必ず双方向性の神経投射があることが知られている．つまり TMS 刺激によって高次の V5 が直接刺激された場合にも，トップダウンの神経投射の作用により第一次視覚野にも活動が生じるのである．問題は，この活動が「見る」ことに本質的な役割を担っているのかということだ．

この疑問に答えるために彼らは，V5 への TMS 刺激のタイミングの前後に，第一次視覚野に対して scotoma を生じるような TMS 刺激を与えた．もし視覚的意識の発生に V5 以上の活動で事足りるのであれば，第一次視覚野に TMS 刺激を加えても知覚に何ら変化は起きないはずである．一方で，第一次視覚野が「見る」ことにとって本質的に重要，つまり，それを切り離してしまっては視覚的意識が生じないのであれば，V5 を TMS 刺激後に第一次視覚野を刺激する条件において，motion phosphene の知覚が抑制される方向に変化するはずである．

結果は見事，V5 を刺激後数十 ms 後に第一次視覚野を刺激した場合に知覚が抑制されることを示した（図 6.9(b)）．しかも影響が最大となるタイミングが，V5 から第一次視覚野への神経伝達遅れにぴたりと一致する．以上の結果をもって，V5

3)　Kamitani and Shimojo, “Manifestation of scotomas created by transcranial magnetic stimulation of human visual cortex.” *Nat. Neurosci.* **2** pp.767–771 (1999).

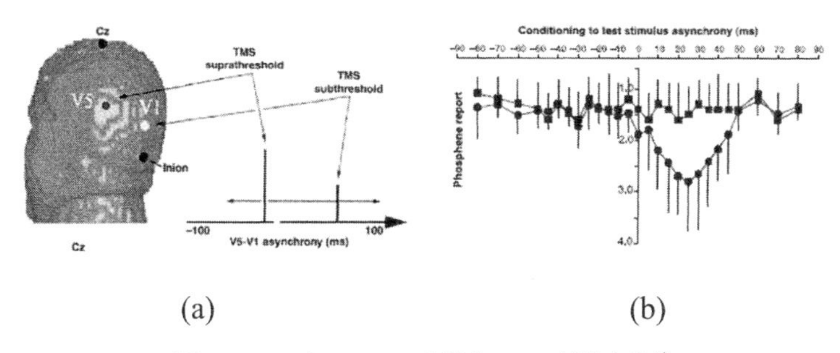

(a) (b)

図 **6.9** V5 と V1 への時間差 TMS 刺激実験[4)]

からトップダウンフィードバックによって生じる第一次視覚野の活動が視覚的意識にとって不可欠であると主張した．

「見え」に対して第一次視覚野の重要性を支持する臨床例は多い．高次視覚野の脳損傷によって引き起こされる障害は，顔失認や動き知覚障害など限定的なものであるのに対して，第一次視覚野の損傷はそのまま見えないことにつながる．興味深いことに，第一次視覚野の損傷によってまったく「見え」の生じない場合にも，光点呈示のもとでその位置を強制的に答えさせると偶然以上の確率で正答する患者が報告されている．これは「盲視」と呼ばれる現象であり，第一次視覚野を通らない視覚経路が存在し，運動制御等の視覚信号として用いられていることを示唆するものと考えられている．

現在，視覚的意識における第一次視覚野の役割に関して最終的な結論は出ていないが，それが本質的に重要であるとの仮説を支持する実験結果が数多く報告されている．次節以降，フィードバックに関する理論モデルを絡めて，今後の展望について議論したい．

6.7 理論モデルの必要性とフィードバックに関する従来仮説

視覚的意識に高次視覚野から第一次視覚野へのトップダウンフィードバックの重要性を認めたとして，次に問題となるのはその機能である．上位からいかなる信号が流れてくるのだろうか．そして下位の活動状態は如何様に変容して「見え」につながるのだろうか．まずはトップダウンフィードバックに関する脳のモデルを2つほど紹介したい．

---

4) A. Pascual-Leone and V. Walsh, "Fast backprojections from the motion to the primary visual area necessary for visual awareness." *Science*. **292**(5516) pp.510–512 (2001).

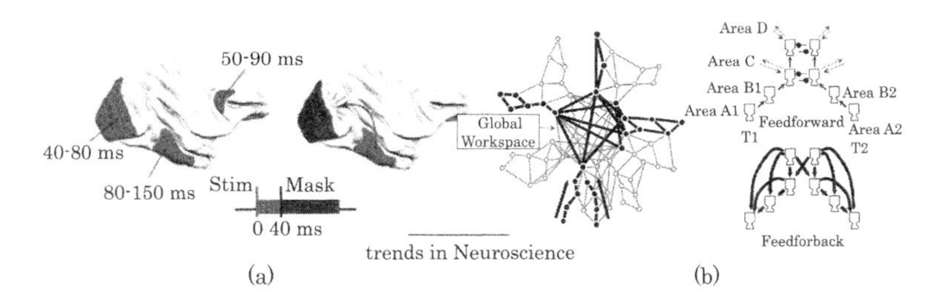

図 **6.10**　興奮性ループによるバックワードマスキングの説明 (a) と Dehaene らによるグローバルワークスペースのモデル (b)[5)]

第1は興奮性のトップダウンフィードバックを仮定し，活動の維持に機能しているとするものである（興奮性ループ仮説）．もっとも簡単な形態として，6.2節で解説した特徴抽出のためのボトムアップ結合が，そのまま双方向性の対称結合となることを考えればよい．本仮説に絡めて，視覚刺激が知覚されるためには神経活動が数百 ms 以上持続する必要があるとの仮説が提案され，実際に視覚刺激が数十 ms とごく短時間しか呈示されない場合にも，対応するニューロン活動が数百 ms のオーダーで持続することが実験的に確かめられている．またバックワードマスキングと呼ばれる錯視の機序を興奮性ループによって解釈することが可能だ（図 6.10(a)）．単独であれば十分知覚に達するだけの長さで呈示されたターゲット文字の直後に，かぶせるような形で同じ位置に他の視覚刺激（ディストラクタ）を呈示すると，ターゲット文字が見えなくなる現象である．興味深いのは時間を遡って影響がおよぶ点である．Lamme らは興奮性ループ仮説を用いて次のように説明している．文字単独の場合にはその文字が消えた後にも脳活動が持続するのに対して，バックワードマスキング時には文字の処理がボトムアップに進み，いざ高次からフィードバックされたときには，すでにディストラクタに対応する神経活動が陣取っている形となる．これによりターゲット文字の神経表象の持続が妨げられることから知覚に至らないとしている．

興奮性ループ仮説に関連する意識の神経機序として，Barrs はグローバルワークスペース仮説（別名 access consciousness 仮説）を提案している．ここでは，視聴覚などの感覚モダリティや体運動に特化した神経回路網の相互結合性が重視さ

---

5)　(a) は V. A. F. Lamme and P. R. Roelfsema “The distinct modes of vision offered by feedforward and recurrent processing.” *Trends Neurosci.* **23**, pp.571–579 (2000), (b) は S. Dehaene, C. Sergent, and J. P. Changeux “A neuronal network model linking subjective reports and objective,” *physiological data during conscious perception.*” *PNAS* **100**(14), pp.8520–8525 (2003).

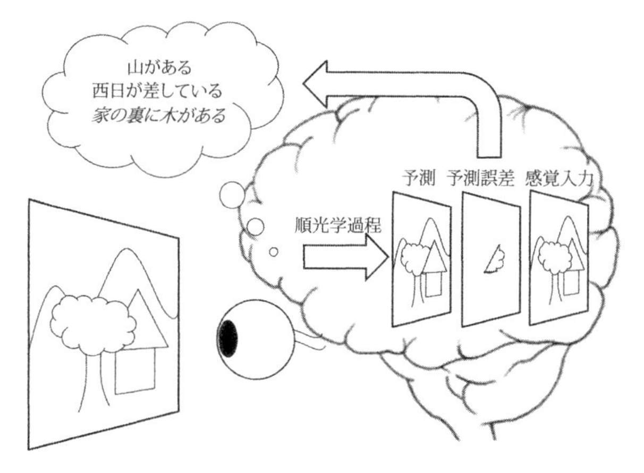

図 6.11　生成モデルとその概念図

れ，ある瞬間には 1 つの “内容” が独占的に表現されるとしている．独占的に表現された “内容” が脳の大部分にまたがることになり，それゆえ，感覚系から運動系への情報の受け渡しが実現する．本仮説ではこの受け渡し機構こそが「意識」であると主張している．Dehaene らは数理モデルを用いてグローバルワークスペース仮説を検証しており，視覚領野間の直接の相互結合とともに，視床を介した結合による興奮性ループを考えて，意識の働きと電気生理学的な性質を解析した（図 6.10(b)）．この種のモデルとしては，生体ニューロンに近いモデルニューロンが使われており，興奮性ループを通して活動が維持される状態 (ignition state) において 40 Hz 程度で遠隔のニューロンが同期発火し，それが脳波の γ 波となって表れることを予見している．

トップダウンの神経投射の機能に関する仮説として，もう 1 つ有力なのは生成モデル (generative model) である．生成モデルによる外界の認識は 6.2 節のボトムアップ処理とはだいぶ趣が異なる．鍵となるのはトップダウンの神経投射が外界の順光学過程をシミュレートする点である．順光学過程とは対象物に光が当たり，表面の凹凸に応じて陰影がつき，さらに 3 次元的な遮蔽関係の影響を受けて 2 次元的な網膜像が結ばれる過程である．生成モデルでは，高次に存在するオブジェクトレベルの外界表現（「山がある」，「家がある」，「家の前に木がある」，「西日が差している」等）からトップダウンの順光学過程によって予測・生成された低次視覚表象と，感覚入力をもとに得られた実際の低次視覚表象とがつきあわされ予測誤差が低次で計算される．ここで計算された予測誤差は，ボトムアップの神経投射を通して上位に伝えられ高次表現の更新に使われる（図6.11）．

上記の生成モデルの動作をごく簡単に定式化すると以下のようになる．高次のオブジェクトレベルの表象を表すニューロンの出力を$r_1, r_2, ..., r_i, ..., r_M$とし，これらのニューロンから低次表象への結合係数ベクトルをそれぞれ，$\boldsymbol{u}_1, \boldsymbol{u}_2, ..., \boldsymbol{u}_i, ..., \boldsymbol{u}_M$とする．ここで$M$は高次表象の総数である．簡単のため，低次表象を大きさ$n \times n$の2次元濃淡ピクセル表現とすると，$\boldsymbol{u}_i$は1つのオブジェクトの画像表現（n^2次元ベクトル）を表す．大きさ変化や位置ずれを考慮せず，さらに遮蔽などを考えずに線形足し合わせを仮定すると，高次表象による予測低次視覚表象は$\sum_{i=1}^{M} r_i \boldsymbol{u}_i$となる．視覚入力由来の低次表象も同じく$n^2$次元のピクセル濃淡によるベクトル$\boldsymbol{I}$として，高次予測による表象との二乗誤差を$E = \left| \boldsymbol{I} - \sum_{i=1}^{M} r_i \boldsymbol{u}_i \right|^2$とする．視覚認識の目標は，用いる高次のオブジェクト表象を駆使して，外界からの視覚情報を正しく認識することであり，これは$r_i (i = 1, ..., M)$を調節して先の二乗誤差を最小化することに他ならない．そこでr_iの時間変化を求めるために二乗誤差に対して最急降下法を適用すると，モデルの動作を以下のように書き下すことができる．

$$
\begin{aligned}
\frac{\mathrm{d}r_i}{\mathrm{d}t} &= -\frac{k}{2}\frac{\partial E}{\partial r_i} \\
&= k(\boldsymbol{I} - \sum_{i=1}^{M} r_i \boldsymbol{u}_i) \cdot \boldsymbol{u}_i
\end{aligned}
$$

ここでkは小さな正の値をもつ更新パラメータであり，また簡単のためニューロンの出力関数は線形であると仮定している．上式より下位領野で計算された予測誤差が高次のオブジェクト表象に戻されるときに，もともとトップダウンのシナプス結合強度であった$\boldsymbol{u}_i$との内積をとる，つまりn^2次元の予測誤差ベクトルから1つのオブジェクト表象へのボトムアップのシナプス結合強度も同様に$\boldsymbol{u}_i$と仮定すること（式(6.1),(6.2)参照）によって，個々のオブジェクト表象の活動強度変化量が計算できることがわかる．

以上，脳のトップダウンフィードバックに関する仮説を2つほど紹介したが，これらは次の意味で内容が大きく異なる．興奮性ループを仮定するモデルでは，トップダウンフィードバックはその名のとおり興奮性の作用，つまり「正」の結合となる．一方で生成モデルにおいては，感覚入力由来の低次表象との誤差をとるためにその符号は「負」である．ゆえに，上位のオブジェクト表象と脳の高次のオブジェクト表象とがぴたりと一致したときには下位の活動は最小となり，逆に齟齬が残る状況ではその活動が上昇することになる．

6.8 錯視下における第一次視覚野の活動の見直し

上位から下位へのトップダウン投射に関する仮説を踏まえて，近年の脳イメージングによる視覚的意識の研究を紹介したい．図 6.12 に挙げるのは，ネオンカラースプレッドと呼ばれる錯視である．実際には存在しない「主観的輪郭」が知覚され，それに囲まれた円形部分がほのかに明るく色づくのが感じられないだろうか．脳の高次において，模様の描かれた 4 つの円盤が偶然図のように配置されたと捉えるよりも，1 つの半透明の大きな円盤が 4 つの小さい円盤の上に乗っているとの解釈が自然であるために引き起こされると考えられている．ボストン大学の佐々木と渡辺はこの錯視を用いて初期視覚野の fMRI 計測を行った．fMRI とは，神経活動の結果生じる局所的な酸化・還元ヘモグロビンの割合の変化を利用して，ミリメートルスケールの空間解像度で脳活動を非侵襲的に計測する手法である．視覚系の初期領野では，あたかも視覚世界が映写機で脳に映し出されるかのように，注視点を中心として網膜座標系の上下左右が脳のなかで位相保存されることから，図 6.13 のネオンカラースプレッド刺激上の物理的輪郭，主観的輪郭の皮質上の対応点を解析することができる．

実験結果は，不思議なことに，第一次視覚野のみが主観的な知覚に対応する活動を示した．より高次の第二次，第三次視覚野においても主観的輪郭に対応する活動はみられるが，中がほんのりと明るく感じる現象を脳活動として再現してい

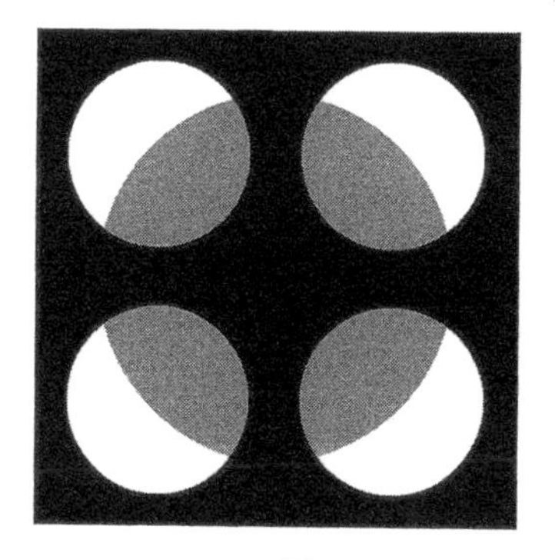
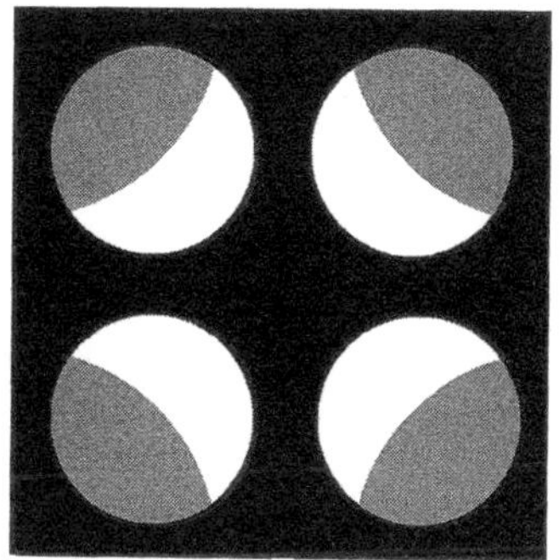

図 **6.12** ネオンカラースプレッド[6)]

6) Y. Sasaki and T. Watanabe, “The primary visual cortex fills in color.” *PNAS*, **101**(52), pp.18251–18256 (2004).

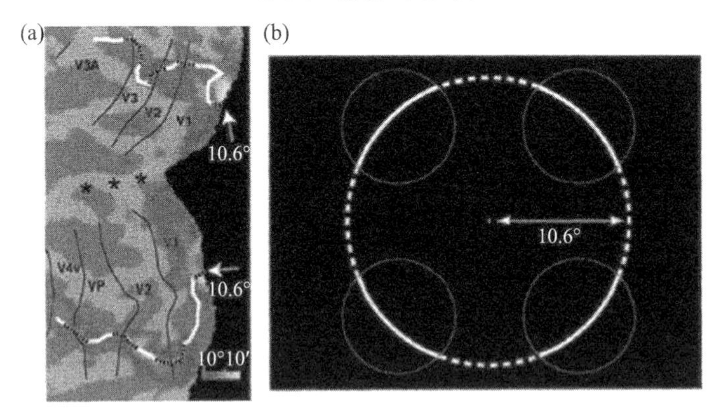

図 **6.13** 佐々木と渡辺らの fMRI 計測の結果 (a) と対応する刺激の主観的輪郭（点線）と物理的輪郭（実線）(b)

るのは，第一次視覚野のみである．

他にも似たような活動上昇が報告されている．Tong らは，間隔をあけて配置された上下 2 つの縦縞模様が連動して左右に動くときに，縞模様の間にもやもやとした動きが感じられる visual phantom 錯視を用いて，同様の結果を報告している．すなわち，本来存在しないものが空間的文脈ゆえに知覚される条件において，それに対応する第一次視覚野領域の活動上昇がみられたのである．

上記の 2 つの研究における第一次視覚野の活動は，眼球由来の感覚入力が存在しないため，高次からのフィードバックによるものと考えるのが自然だ．それでは，上記 2 つの研究でみられた第一次視覚野の活動上昇は，どちらのフィードバックモデルで解釈するのが妥当だろうか？ 興奮性ループ仮説によれば，高次視覚野に「大きな円」の表象が存在し，フィードバックによって第一次視覚野にその低次表象が出現して活動が上昇したことになる．一方で生成モデルは，同様に高次視覚野に「大きな円」の表象を仮定し，これによる予測「大きな円がある」と実際の感覚入力「何もない」の齟齬による予測誤差の増大によって，これまた活動上昇を正しく予見する．すなわち，「実際には視覚刺激がないのに見える」錯視を用いる限り，初期視覚野の活動上昇が興奮性ループによって生じたものか，生成モデルが仮定する予測誤差によって生じたものかを解離することができない．

我々は，この問題を解決するために「視覚入力が存在するのに安定的に見えない」錯視を開発して，第一次視覚野の活動の fMRI 計測に取り組んでいる（理研の田中，Kang らとの共同研究）．図 6.14 の視覚刺激は Tsuchiya & Koch らの CFS (continuous flash suppression) を拡張することにより，動的刺激を長時間にわたっ

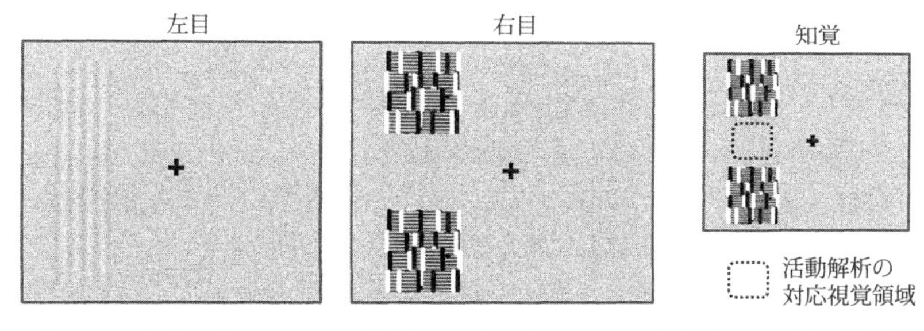

図 6.14 視覚入力があるのに「見えない」錯視と fMRI 活動解析の対応視覚領域

て見えなくする我々の手法[7]を応用したものである．ポイントはターゲットとなる動的縦縞が単眼領域もろとも視覚的意識から消失することであり，本特徴によって，単一ニューロン記録と比較すれば空間解像度の粗い fMRI 計測を用いながら「見えない視覚対象」に対する脳活動を単独で計測することが可能となった．ここで，錯視条件では予測誤差による活動上昇要因のみが存在し，反対に統制条件（視覚刺激が存在し，それが見える通常の状態）では興奮性ループによるもののみが存在する．よって，両者の脳活動を比較することにより，フィードバックの機能として生成モデル的なものと興奮性ループ仮説的なもののどちらが支配的かを検証することができる．

ただし，ここでいかなる結果が出るにせよ，視覚的意識におけるフィードバックの役割を決定づけるようなものにはならないと考えている．大脳皮質の 6 層構造と，それにまつわる領野間の複雑な投射関係をみるにつけ，フィードバックが興奮性ループ的か生成モデル的かというのはよくて第一次近似に過ぎない．しかしながら，従来仮説を叩き台として，実験的検証とモデルのリファイン，ときにはスクラッチ&ビルドを繰り返すことによって，視覚的意識の神経機序に迫れるものと信じている．

6.9 ま　と　め

本章を読んでどのような感想を持っただろうか？　脳科学の進歩に対する驚きとともに，脳がまだまだ未開拓の研究対象であることを感じとっていただければ幸いである．本章でとりあげた視覚的意識は，脳科学にあって未だ多くの謎が残

7) K. Maruya, H. Watanabe & M. Watanabe, “Adaptation to invisible motion results in low-level but not high-level aftereffects.” *JOV*, (in press).

された領域であり，冒頭の問題意識からすれば，わずかながらその外堀が埋められたにすぎない．Crick，Kochの提案をきっかけにらせん階段を1周昇って，トップダウンフィードバックの重要性が注目されるなか，次なる一歩を踏み出すためには，理論モデルの構築およびその実験的検証が不可欠であると感じている．また，視覚的意識の解明までの道のりは遠いが，その過程で得られた研究成果は，人工網膜などの医工学技術の開発に多大な寄与をするに違いない．

最後に，数々の錯視の発見によって脳科学に多大なる貢献をし，また『脳の中の幽霊』の著者としても有名なV. S. Ramachandranの含蓄ある言葉を紹介したい．科学誌*Current Biology*のインタビュー記事からの抜粋である．「自身が得たアドバイスの中でもっとも感銘をうけたものは何か」との問いに対してCrickの言葉を挙げている．「10の自明な研究課題に取り組み，そのすべてを解明するよりも，10の本質的な課題に取り組み，うち1つでも解き明かすことの方がはるかに科学的価値がある．ここで，後者が前者と比べて必ずしも難解であるとは限らない．また，衆多の研究者に認められることを望むのではなく，自身の尊敬する一握りの研究者を感心させることに尽力すればよい．私自身(Crick)の発見が，当時，生物学の第一人者であったE. ChargaffとW. Braggによる“DNA構造の追究など無駄である”との言葉をはね除けた結果であることを忘れないでほしい.」

第III部

脳の働きを探る

第7章

昆虫で探る脳——適応行動の設計

昆虫の多くがこの地球に登場したのは，古生代石炭紀（3億6700万年前から2億8900万年前）の頃である．その後，多様な進化を経て，現在の生物種の実に70%以上を占め，あらゆる環境で生活するようになった．地球が「虫の惑星」といわれるゆえんである．

昆虫の感覚や脳を対象とする研究の目的・方向性は，大きく2つある．1つは，昆虫の脳もヒトの脳も同じ構成素子である神経細胞からなり，神経系の構築も同じ遺伝子に支配されていること，さらには匂いの識別にみられるように共通の機構を持つことから，ヒトを含めた生物に普遍的な脳機能を理解するためのモデルとしての研究である．

一方，昆虫は我々の想像を超えた不思議な能力をもつことがよく知られている．たとえば，触角でかすかな匂いをかぎわけ，何kmも離れたパートナーを探り当てることができる．複眼を使って障害物を検知し，アクロバット飛行でそれをかいくぐる．これまでに，昆虫のように6脚で歩行するロボット，コオロギのオスが鳴き声でメスを呼び寄せる仕組みを使った音源を探し出すロボット，昆虫が複眼を用いて障害物を回避する仕組みを使った障害物回避ロボット，さらにはオスのガがメスをフェロモンといわれる匂いをたよりに探し出す仕組みを使った匂い源探索ロボット（図7.17）などが試作されている．もう1つの昆虫の脳研究の目的・方向性は，このような昆虫の優れた感覚や行動の仕組みを神経や脳の働きとして理解することで，環境に適応できる「かしこい機械システム」の設計指針を得ることである．

この章では，昆虫の感覚や脳・行動の特徴を広く紹介するとともに，昆虫の環境適応能について解説する．

7.1 環 境 世 界

7.1.1 感 覚 世 界

昆虫の脳や環境適応能の解説に先立ち，ぜひ再確認しておいてもらいたいことがある．それは，たとえ同じ空間で生活している生物でも，光，匂い，味，音，触覚など環境のなかの物理化学的な情報の捉え方（意味）は，生物それぞれで違っていることの認識である（図7.1）．たとえば，我々が見ることのできる光の波長は，400～800 nmの範囲，青から緑，赤の範囲に限られる．では，私たちの身近にいる犬はどうかというと，色を識別できる光受容細胞が少ないので，私たちのようには明確に色を区別できない．ところが，ミツバチやチョウは，複眼を使って300～700 nmの範囲の光を区別できる．可視波長の範囲が私たちよりも100 nmだけ短波長側にずれた結果，300 nmという私たちには見ることのできない紫外線も検知できる．昆虫はこの紫外線を使って，花の蜜のありかを捜すことができる．蜜のある部分が紫外線をよく吸収するため，花びらと区別できるからである．さらには，私たちには区別できない偏光を検知する．これを利用して，ミツバチは巣箱と太陽と餌場の位置関係を知覚し，8の字ダンスで仲間に餌場の方向と距離を伝えるのである．

環境のなかにはたくさんの物理化学的な信号があるにもかかわらず，私たちを含め生物は，生物ごとに異なる信号を知覚しているのである．このような生物が知覚できる世界のことを，J. Uexküllは「環境世界」とよんでいる（図7.1）[1]．

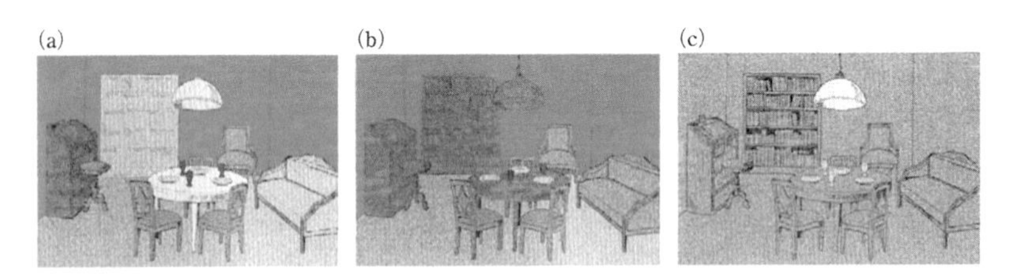

図 7.1　Uexküllが示した環境世界

(a) ヒトの世界，(b) イヌの世界，(c) ハエの世界．ヒトでは，家具，電灯，食器などすべてが知覚され，意味をもつが，イヌでは，ソファやイス，食器が，ハエでは，電灯と食器のみが知覚され，意味をもつ．

1) J. v. Uexküll, “Streifzüge durch die Umwelten von Tieren und Menschen.” Springer (1934) ［日高敏隆，野田保之訳『生物から見た世界』新思索社 (1995)］.

7.1.2 時 間 世 界

環境世界の違いは，このような色や音，匂いなどの感覚だけではなく，時間の感じ方（時間の解像度）についてもいえる．たとえば，蛍光灯は私たちには連続して光っているように見えるが，じつは1秒間に100回（または120回）点滅している．この蛍光灯の光は，ミツバチにははっきりと点滅して見えている．ミツバチは300回以上の光の点滅を見分けることができる．ミツバチの羽ばたき（約250 Hz）は，私たちには目にも留まらない速さだが，ミツバチには，1回1回の羽ばたきもまるでスローモーションビデオのように見えていると考えられる．

光の点滅頻度を増やしていくと，ある頻度以上から連続と感じられるようになる．このときの頻度を臨界融合頻度 (critical fusion frequency: CFF) という．光の強度にもよるが，ヒトでは15～30 Hz，ハエで150 Hz程度である．カタツムリでは0.25 Hzである（表7.1）．

表 7.1 さまざまな動物の CFF[2)]

	CFF (Hz)
哺乳類	
人間	15～60（網膜中心）
	2～20（網膜周辺15度）
ネコ	15～60
モルモット	10～40
鳥類	
ハト	150
魚類	
コイ	14～18
スナキュウリウオ	67
昆虫	
ミツバチ	60～310
ハエ（クロバエ）	60～260
チョウ（ミドリヒョウモン）	150
コオロギ	5～40
頭足類	
タコ	20～70
腹足類	
カタツムリ	0.25

照明弱～強．値が1つのものは照明強．

2) 鈴木光太郎『動物は世界をどう見るか』新曜社 (1995).

7.1.3　サイズ世界

もう 1 つ重要なことは，サイズの問題である．ヒトはメートルサイズの生物である．私たちの物の見方や感じ方は，生まれながらにこのサイズに束縛されている．しかし，昆虫サイズの世界になるといろいろな物理量の割合がメートルサイズと異なり，私たちの直感や経験がほとんど役に立たなくなってくる．物体の体積は寸法の 3 乗に比例し，表面積はその 2 乗に比例するので，寸法が小さくなると表面力の影響が体積力の影響よりも大きくなるからである．これを「スケール効果」という．つまり，小さくなるに従い，支配する力が体積で利いていた慣性力から，面積で利く摩擦力や粘性力に変わるのである．この慣性力と粘性力の比はレイノルズ数によって表される（図 7.2）．小さくなるに従い摩擦力や粘性力も大きくなり，空気もねばねばした状態になってくる．小さな昆虫にとっては，空気も蜂蜜のように感じられるのである．サイズの小さな生物は，私たちとはまったく異なる力関係の世界に生きていることになる．

このように私たちから見ると同じ環境であると思っていても，生物によってその感覚の世界，時間の世界，そして支配する力の世界はみんな違うのである．私たちは，自分の感覚や感性を信じて生活をし，それを基準にさまざまな判断をくだす．しかし，生物によって環境世界はまったく異なるので，その点をまずよく理解しておく必要がある．たとえその生物には非常に有効なやり方でも，私たちの世界ではまったく役に立たなかったり，またそれを私たちの世界で使おうとするとどうしても無理が生じ，環境とのよりよい関係を保てなくなることもある．以

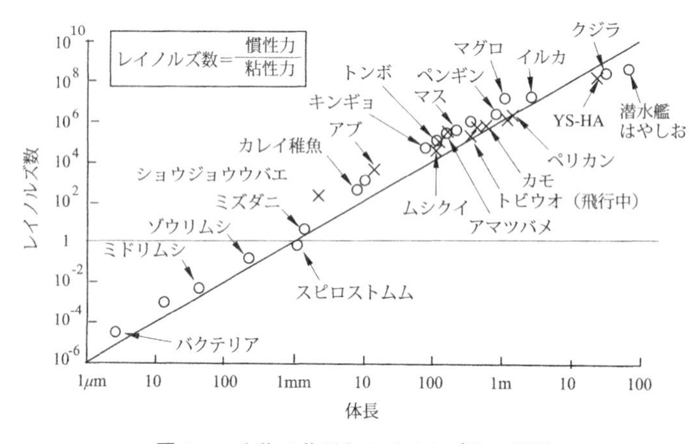

図 7.2　生物の体長とレイノルズ数の関係

下，このような環境世界をよく認識したうえで，昆虫の脳の世界に迫っていこう．

7.2 昆 虫 の 脳

昆虫の繁栄は翅による高い移動能力，変態による効率的な資源利用，そして花をもつ植物との共進化が大きな理由であるといわれる．このような昆虫の繁栄の背景には，常に昆虫の感覚と行動を支配する神経系，とくに脳が重要な役割を果たしていることは明らかである（図 7.3）．動物の系統進化の道筋を振り返ると，先カンブリア紀の初期に新口動物と旧口動物が分かれ，前者の頂点にヒト（哺乳動物）が，そして後者の頂点に昆虫が到達した（図 7.4）．基本的な神経系の構造と機能はこの分岐点より前の刺胞動物（散在神経系）でもみられ，進化発生学の最近の研究から，昆虫と哺乳動物の神経系の形成に関して共通の遺伝子群（たとえば Hox 遺伝子群など）が使用されていることもわかってきた[3)4)5)7)]．

しかし，一方で哺乳動物は多数の神経細胞により構成される脳を，そして昆虫

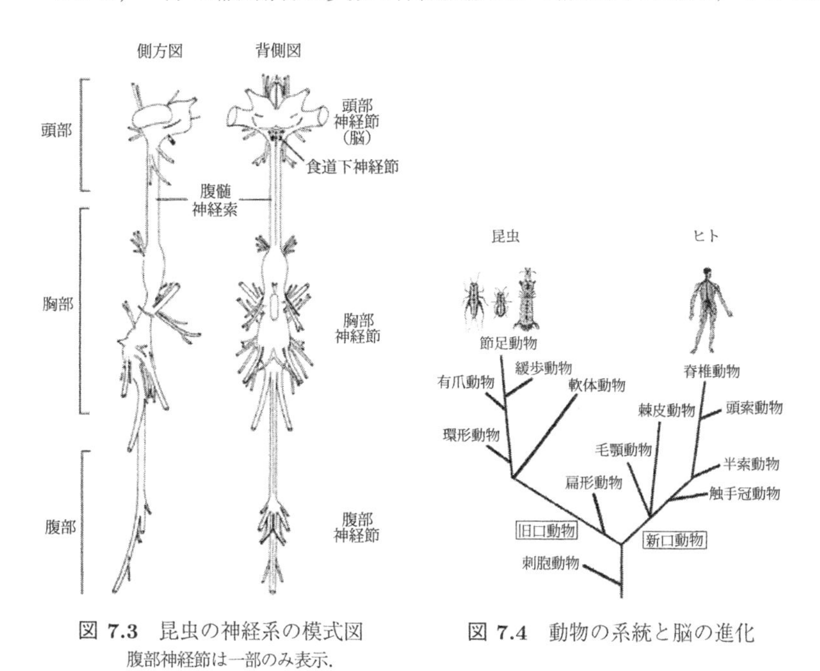

図 7.3 昆虫の神経系の模式図
腹部神経節は一部のみ表示．

図 7.4 動物の系統と脳の進化

3) 立田栄光・三村珪一・冨永佳也・小原嘉昭『昆虫の神経生物学——行動から見た昆虫 2』培風館 (1979).

はきわめて少数の神経細胞からなる脳を獲得し，それぞれ環境に適応した行動を進化させてきた．共通の素子と共通のボディプランを用いながら，まったく違った2つの脳へと適応進化したのである．以下では，まずこのような昆虫の神経系の基本構造について見てみよう．

7.2.1 分散構造

昆虫の神経系は，頭部の頭部神経節（脳という）と食道下神経節，胸部の胸部神経節，そして腹部の腹部神経節からなる．それぞれの神経節は，腹髄神経索（あるいは縦連合）といわれる1対の神経線維の束によって連絡されており，「はしご状神経系」といわれる（図7.3）．このように昆虫の神経系を理解するうえでまず重要な点は，その分散構造にある．このような構造的に分散した神経系は機能的にも分散し，各神経節が局所的な感覚情報処理，運動出力制御を行っている．

a. 頭部神経節（脳）

頭部神経節（脳）は統合中枢として機能する．脳は複眼や単眼からの視覚，触角からの嗅覚など，頭部の感覚器官からの情報を処理し，行動を選択して，その運動指令（コマンド）を胸部以下の神経節へ伝達する．また，胸部以下の神経節からの体性感覚や行動に伴って発生する上行性信号も処理する．

ミツバチやコオロギ，ゴキブリでは，古典的条件付け（パブロフの犬の条件付けに対応）やオペラント条件付け（スキナーボックスのネズミのレバー押しに対応）といった連合学習が成立するが，この機能を担っているのが脳である．

脳につづく食道下神経節は，口部の機械感覚や味覚情報の処理，さらに摂食行動の制御情報を生成する．

b. 胸部神経節

昆虫の胸部には3対の脚と2対の翅があり，歩行や遊泳，飛行が発現する．これらの運動器官は胸部神経節により制御され，運動に伴う脚や翅の周期的な運動パターンはすべて胸部神経節の神経回路で形成され，運動神経を介して筋肉へ伝達される．この周期的運動パターンは，神経回路によって形成される．このようなパターンを生成する神経回路は，中枢パターン発生器(CPG)とよばれ，動物全般で運動パターンの生成の基本機構となっている．昆虫では，これらの運動系がすべて胸部に集約されているので，頭部と腹部を切り離し，胸部だけの状態でも，羽ばたきや歩行が生じる．

また，胸部神経節にも学習能力があり，断頭したゴキブリで，脚がある高さまで下がると電気ショックを与えるトレーニングを繰り返すと，次第に脚を下げなくなる．これは感覚–運動系のみならず，記憶学習系が神経節ごとに分散して存在することを示している．

c. 腹部神経節

腹部神経節は，呼吸，消化，排泄，交尾，産卵などの制御を行う．ゴキブリやコオロギでは尾部の尾葉に感覚毛といわれる高感度の風検知器があり，天敵であるカエルなどの接近を検知し，逃避行動を起こすが，その信号処理が腹部の最終神経節で行われる．接近する天敵を検知するだけでなく，接近する方向を算出する．この信号が胸部神経節に伝達され，適切な方向への逃避行動が発現する．

d. 分散構造をとる理由

なぜ昆虫の神経系は分散構造をとるのだろう．水に小さなプラモデルの戦艦を浮かべたとき，船の揺れが異様に速いのを感じた経験を持っていることだろう．一般に，飛行や遊泳，歩行に必要な制御系の応答は $1/L$（L は寸法）の割合で小さなものほど速くなることが要求される．プラモデルの戦艦が異様に速く揺れるのもその理由による．したがって昆虫のような小さな寸法の生物の制御系では制御の遅れを生じないようにする必要がある．昆虫は寸法が小さいので神経活動の伝導距離は短くはなるが，無髄神経なので伝導速度は有髄神経に比べ 1/10 から 1/100 と遅くなる．そこで，ハエは飛行制御に関わる感覚器官，たとえば翅のたわみや位置，体の平衡感覚を検出する器官（平均棍）からの感覚情報は，胸部神経節内で直接もしくはごく少数の介在神経を介して運動神経に伝達することで適切な姿勢制御を行う．小さなサイズになるほど分散構造が運動を制御するうえで有利になり，昆虫の運動系がすべて胸部神経節に集中するのも同様の理由によるものと考えられる．

7.2.2　脳の基本構造

昆虫（成虫）の脳は，幼虫期の頭部の 3 つの体節の神経節が融合したものである．それらは，脳の最前部中央の前大脳，その後方に続く中大脳，そして後大脳である（図 7.5(a)）．前大脳は，複眼からの視覚情報を処理する視葉（視葉板，視髄，視小葉）と，他のモダリティの感覚情報の統合処理，記憶学習，行動の決定を行う中枢である．中大脳は，触角で受容された嗅覚情報を処理する触角葉と，風の感覚，あるいは触角の動きに伴う機械感覚を処理する背側葉からなる．後大脳は，上顎の接触感覚情報や，頭部の感覚毛からの風感覚情報の統合処理を行う[4),5)]．

---

4) 冨永佳也編『昆虫の脳を探る』（共著）共立出版 (1995).
5) 冨永佳也・桑沢清明・山口恒夫編『もうひとつの脳——微小脳の研究入門』培風館 (2005).

昆虫の脳は 10 万から 100 万個の神経細胞から構成される．神経細胞の形態を図 7.8 に示した．神経細胞の細胞体（核のある部分）は脳の表層部（皮層）に存在し，そこから伸びた神経線維（軸索）や樹状突起が集まって脳内にニューロパイル（神経叢）といわれる構造体を形成する（図 7.5，7.6）．このニューロパイル

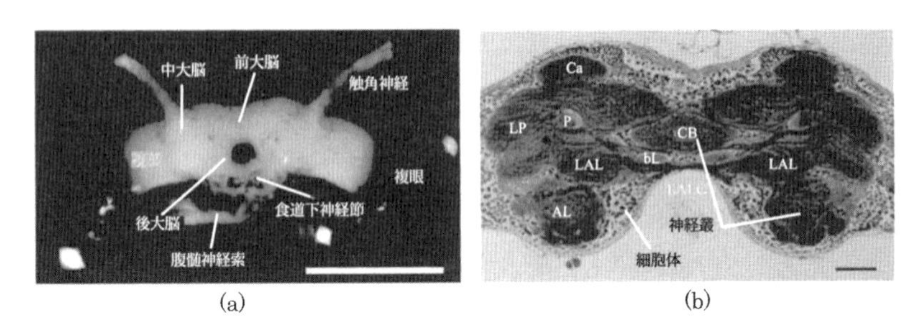

図 **7.5**　昆虫の脳

(a) カイコガの脳の正面像，(b) 脳の組織切片．銀染色により神経細胞を染色した．細胞体は脳の周辺部に，内部にニューロパイルが見られる．スケール：1 mm (a)，0.1 mm (b)．

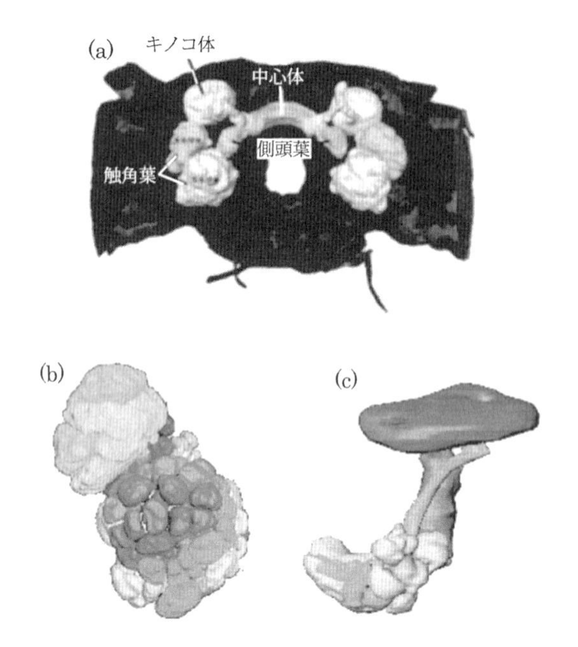

図 **7.6**　脳の基本構造

(a) カイコガの脳内のニューロパイル．(b) 触角葉．(c) キノコ体．

内部で多数の神経細胞がシナプスを形成し，実質的な情報処理を行う．脳内には，その構造が明瞭な密集ニューロパイルが複数存在し，それらは神経路 (tract) により連絡されている．密集ニューロパイルは，規模こそ小さいものの，脊椎動物の脳の層，核，領野にあたるといえる．

図 7.6(b)，(c) には，触角葉とキノコ体を密集ニューロパイルの例として挙げた．触角葉は匂い情報を処理する第一次中枢である．哺乳類の嗅球と類似の構造と機能をもつことから，匂い識別のモデル領域となっている．キノコ体は，まさにキノコのような傘と柄からなる特殊な構造体で，昆虫の匂い学習，嗅覚と触覚（機械感覚）・視覚などの異種の感覚情報を連合する領域でもある．キノコ体が欠損したショウジョウバエでは，学習行動は成立しないが，性フェロモンによって生じる本能行動である配偶行動は影響を受けないことが知られている．

昆虫の脳では，信号処理がこのような構造体を介して階層的に行われ，最終的に脳から運動指令情報（コマンド）が運動中枢である胸部神経節に伝達されることになる．昆虫が処理する感覚情報の経路として，次のような少なくとも 3 つのものが明らかになっている（図 7.7(b)）．

1）感覚中枢から直接胸部神経節に伝達される反射的な経路（例：ゴキブリの頭部への風刺激に対する逃避行動）．

2）感覚中枢から脳内の運動指令情報を形成する前運動中枢を介して胸部神経節にプログラム化された本能（定型）的行動パターンを伝達する経路（例：カイコガのフェロモン源探索行動（後述））．

3）感覚中枢からキノコ体，前運動中枢を経由する多種感覚情報の統合経路，あるいは記憶学習が関与する経路（ゴキブリ，ミツバチの学習行動）．

昆虫の脳では，このように反射，本能（定型）的行動，学習行動を解発する神経情報が，相互に関連しつつも，比較的明瞭に並列階層的に生成されるようであり，進化的により簡単な行動から次第に複雑な行動が獲得されてきたものと考えられる．このような神経系の階層的構造は脊椎動物にもみられる．P. MacLean は脊椎動物の脳の進化について 3 つの領域が階層的に積み重なってできたものと推定している（図 7.7(a)）．すなわち，反射や本能的な行動に関与する脳領域（脳幹，爬虫類脳といわれる），情動に関わる領域（大脳辺縁系，哺乳類原脳といわれる），そして認知や思考を行う脳領域（大脳新皮質，新哺乳類脳といわれる）である．これらの脳領域が階層的に系統進化の異なる段階で構築され，三位一体的に機能することを推定している．このように脳の構築過程については，脊椎動物，昆虫を問わず共通する仕組みがあるものと思われる．

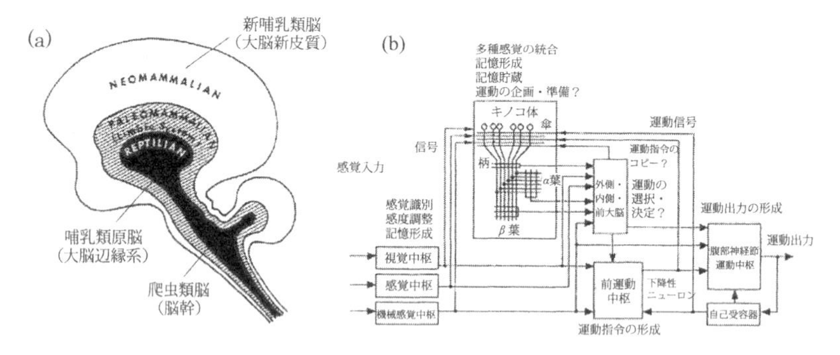

図 7.7　脳の階層的構造

(a) MacLean の三位一体脳[6]．(b) 昆虫の脳内の階層的経路[7]．

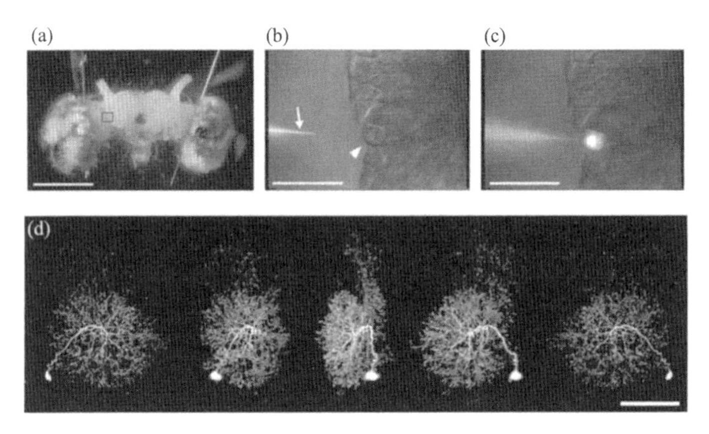

図 7.8　昆虫（カイコガ）の脳を構成する神経細胞

微分干渉顕微鏡によって脳の一部（(a) の四角）の神経細胞の細胞体を可視化した様子 (b)．特定の神経細胞（(b) の矢頭）に計測プローブ（(b) の矢印）を挿入し，蛍光色素を注入する (c)．(d) 蛍光染色された個々の神経細胞の 3 次元構造（共焦点レーザ走査型顕微鏡像）．スケール：1 mm (a)，100 μm ((b)–(d))．

7.2.3　少数ニューロン系と同定ニューロン

昆虫や哺乳動物をはじめ，生物の脳は神経細胞（ニューロン）により構成される．神経細胞の構造や機能は生物種間で共通している．しかし，一方で，昆虫の脳は，ヒトの脳（1000 億）に比べ桁違いに少ない数の神経細胞（10 万〜100 万）から作られている（これを「少数ニューロン系」とよぶことにする）．この少数

---

6)　P. D. MacLean, "*Triune brain in evolution: role in paleocerebral functions.*" Plenum Pub Corp (1990) ［法橋登編訳『三つの脳の進化』工作舎 (1994)］．
7)　水波誠『昆虫——驚異の微小脳』中公新書 (2006)．

ニューロン系は，昆虫の神経系の重要な特徴となる．

哺乳動物の脳は，一般にカラムや層（レイヤー）を構成する多数の神経細胞が機能単位となっている．それに対して昆虫の神経系では個々の神経細胞がその形態と機能から特徴付けられるものが多く，それらは「同定ニューロン (identified neuron)」といわれる．昆虫の脳では，同定ニューロンあるいは同定可能な少数の神経細胞グループが機能単位として情報処理に関わっている．昆虫の神経系の研究は，このような「少数」と「同定」という特徴を活かし，神経系を構成する要素（神経細胞）レベルからその素性を明らかにしつつ，神経系を理解しようとする方法論がとられてきた (図 7.8).

7.3 感覚と行動

ここで昆虫の環境情報の入力装置である感覚器の特徴を哺乳動物と比較しながらまとめておこう．まず，我々は環境下の感覚情報として視覚，嗅覚，味覚，聴覚，触覚の五感（外部感覚という）を使っているが，それぞれを感覚の「種類（モダリティ)」という．感覚の種類，たとえば我々は視覚では，400 nm から 800 nm の光の波長を青から赤の色として知覚するが，これを感覚の「質」という．そして，光の強さを「量」という．このように感覚は，種類と質・量で表すことができる．一般に，哺乳動物の感覚受容器はさまざまな感覚の質に広く応答する性質をもっている．このような性質をもつ感覚器を「ジェネラリストタイプ」という．したがって，哺乳動物の脳は感覚受容器が捉えた感覚の多くの質の情報から必要な特徴を抽出し，それらの組み合わせや一致検出などの処理により外界を知覚する必要がある．

一方，昆虫の感覚受容器はきわめて狭い範囲の感覚の質に対してのみ応答する．このような受容器を「スペシャリストタイプ」という．つまり受容器レベルで主要な感覚の特徴抽出を行い，膨大な外界情報から重要な情報のみを鍵情報として中枢に伝達している．これにより脳の負荷を軽減しているものと思われる．

また，昆虫は寸法が小さいことから「スケール効果」を活かして，多数の感覚器を体表に配列している．つまり，寸法が小さくなるほど体積に対して表面積の比が相対的に大きくなることから，昆虫のような小さな生物はこの性質を利用すれば体表面に多くの感覚器を張り巡らすことができる．たとえば，多数の個眼を配列して複眼を構成したり，匂いや味，触覚の感覚毛を多数体表に配置できる．その結果，昆虫の脳を構成するニューロン数が 10 万～100 万であるのに対して，それにほぼ等しい数の感覚受容細胞（嗅覚：10万，視覚：50万）が体表面に配置されている．これに対して哺乳動物では，感覚受容細胞の数（嗅覚：600万，視覚：1億2000万）は脳を構成するニューロン数（1000億）の1%にも満たないのである．

このように昆虫の情報処理の特徴の1つとして，感覚器に重点を置いた設計を挙げることができる．このような設計は，昆虫の行動のさまざまな面に見ることができる．以下に，視覚，聴覚，嗅覚を例に昆虫の感覚と行動の事例を挙げてみよう．

7.3.1 複　　眼

昆虫は視覚情報の受容器として左右1対の複眼を持つ（図7.9）．それぞれの複眼には，数千～1万個程度のレンズ（直径20～30 μm）と視細胞（通常8個程度）からなる個眼と呼ばれるユニットが配列されている．それぞれの個眼は1画素に相当する情報を得ている．1画素の視野角は，1～2° である．視力でいうと0.01以下である．

“8の字ダンス” によって餌場の方角と距離を伝達されたミツバチは，森の中や草の隙間をぬって飛行して餌場へと到達する．我々が利用する飛行機では，ジャイロや速度計，高度計といったさまざまな航法装置を用いるが，ミツバチの場合その多くは視覚に依存する．ミツバチの複眼上部には偏光受容に特化した視細胞（偏光受容器）があり，太陽を取り巻くように存在する偏光パターンに合致した配列のテンプレートをもち，天空の偏光パターンとテンプレートから太陽の方向を捉える．これにより適切な進路を得ることができる．また複眼の視細胞の一部は紫外線を受容できるが，花の蜜源の紫外線反射もしくは吸収部位をこの紫外線受

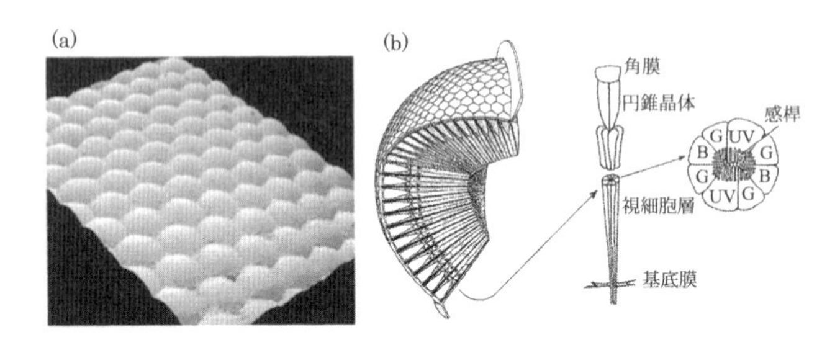

図7.9 昆虫の複眼

(a) マルハナバチの個眼．個眼の大きさは，20～30 μm．(b) 複眼と個眼の構造の模式図．個眼は通常8個の視細胞から構成され，受容する特徴波長によって紫外線受容細胞 (UV)，青色光受容細胞 (B)，緑色光受容細胞 (G) に分類される．

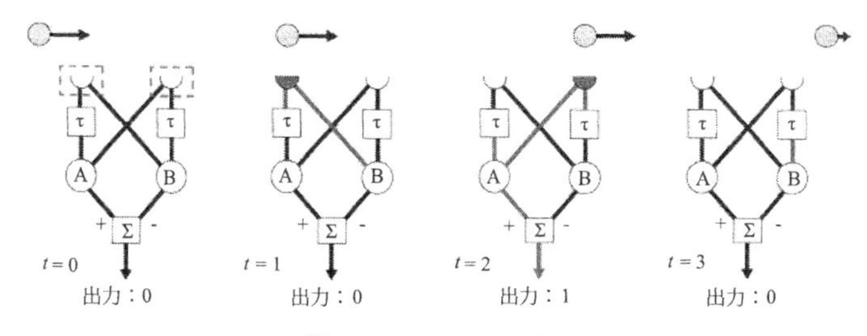

図 7.10 EMD モデル
本文参照.

容細胞により識別し，確実に蜜源に到達する.

しかし，多くの昆虫は立体視をすることができないので，複眼によって得られる外部世界は2次元的な情報となる．したがって，このような視覚情報から空間的な情報を得るためには，自己の運動により生じる網膜上の相対的な風景の流れ (optic flow) が重要となる.

a. 複眼による背景の流れ (optic flow) の検出

観察者が移動した場合，近い物体は速く流れ，遠い物体や背景はゆっくり流れるように見える．昆虫はこのような背景の流れ (optic flow) の情報を利用して，(1) 地上との距離，(2) 左右の壁との距離，そして (3) 自己の速度の情報を得て，これをもとに行動（飛行）制御を行っている.

この複眼の背景の流れに特化した信号処理については，W. Reichardt が構築した EMD (elementary movement detector) モデルがよく知られている．EMD モデルは隣り合う個眼の光受容から物体の動きの方向を検出する方法である．図 7.10 に示すように，$t = 1$ で左から右に移動する物体が左の個眼に，そして $t = 2$ で右に隣接する個眼で検知される．$t = 1$ で左の個眼から視覚情報は2つの経路で次の神経細胞 (A，B) に伝達される．一方は時間遅れ (τ) をもって，他方は時間遅れなしに伝達される．時間遅れをもって伝達される神経細胞 (A) は，隣接する右の個眼からは時間遅れなしに情報が伝達される．A は，2つの神経細胞から同時に興奮情報を受け取るとき発火する．このように隣接する個眼からの信号と τ だけ遅れて到達した信号を掛け合わせ (AND)，さらにそれらの差分から物体の動きの方向を検出するのである．このような特性の神経細胞が，視葉の視髄に存在することが，ハエを用いた神経生理学的研究から明らかにされている.

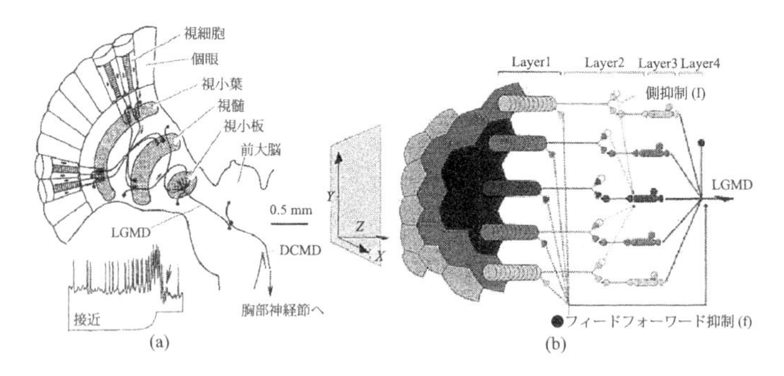

図 7.11 サバクバッタの視覚システムの模式図 (a) と LGMD 神経回路モデル (b)[8)]

(a) コオロギの視覚システムの模式図．視細胞で受容された情報は視葉内のニューロパイル（視小葉，視髄，視小板）を介して，LGMD に伝えられ，DCMD により胸部神経節に伝達され，衝突回避が起こる．LGMD は，物体の接近（例：5 m/s）に伴い発火頻度を上昇させる．物体がある視野角を超えると抑制（矢印：これはモデルでは，フィードフォワード抑制）が生じる．(b) 視細胞 (layer1) からの興奮性の空間（網膜位相）情報は，Layer2 で 3 つのユニットに分かれる．それらは，Laye3 を興奮，側抑制し，そして Layer3 をバイパスして直接 Layer4 の LGMD を抑制する．Layer3 のすべての情報は，LGMD に収斂する．

b. 衝突回避ニューロン

障害物の回避では，網膜上の物体の像の変化が重要な情報となる．昆虫は接近する物体に対して，立体視で距離を測れないので，接近に伴って増大する物体の視野角の広がりによって，物体の空間的な接近を識別し，回避行動をとる．大陸の砂漠地帯に生息するサバクバッタは，ときに大量発生して大集団（飛蝗）を作り，植物を食べつくす蝗害を発生させる．このサバクバッタの脳内には，運動検知器 (lobula giant movement detector: LGMD) と呼ばれる左右 1 対の神経細胞があり，複眼に対して接近してくる物体の視野角の増大に伴い発火頻度を増大させる（図 7.11(a)）．また，LGMD は，下降性介在神経 (descending contralateral movement detector: DCMD) を介して，羽ばたき運動や歩行の運動パターンを形成する運動中枢である胸部神経節と連絡しており，LGMD が回避行動を決定する神経と考えられている．複眼からの視覚情報が視葉内の神経回路を通して LGMD に伝達される神経回路の分析から，衝突回避モデルが提案され（図 7.11(b)），ロボットで実証実験が行われている[8)]．

また最近，ミツバチが単に異なる図形を識別するだけではなく，図形の対称・非対称を一般化する能力，さらには視覚心理学で錯視の研究で使用される「カニッ

8) F. Claire Rind and Peter J. Simmons “Seeing what is coming: building collision-sensitive neurones” *Trends Neurosci.* 22, pp.215–220 (1999).

ツァの図形」をヒトと同じように識別できることが示されている．これは，複眼による視覚情報処理においてヒトの情報処理と共通の様式のあることを示すものとして注目されている[9),10)]．

7.3.2 聴 覚

雄のコオロギは配偶行動時に歌を歌うことによって，雌を引きつけ交尾を促す．雌の聴細胞にさまざまな周波数の音刺激を与え，可聴曲線を描くと，4 kHz と 14 kHz あたりの音にもっとも敏感なことがわかる．これは，それぞれ雄の誘引歌と求愛歌の周波数スペクトルのピークとよく一致している．聴細胞のレベルで，すでにこれらの歌の特徴的な周波数が区別されていることになる．コオロギの聴器官は左右の前肢脛節にある．聴細胞は薄いクチクラからできた鼓膜の振動をインパルス列に変換する．鼓膜の一端は気管と接し，その端は胸部体節の気門に開口する．左右の気管は胸部中央部で，薄い隔壁を介してつながる．したがって，音は鼓膜を外部から直接振動させるとともに，気門から入った音は気管を伝わることによって内側からも振動させる（図 7.12）．

雌コオロギの周囲から発した誘引歌に対する聴神経の応答の大きさは，音源の方向により異なる．聴神経と同側横方向に音源があるときもっともよく応答し，反対側横方向のとき応答は小さくなる．音源方向に依存したこのような応答性の違いは，直接音源からくる音と，気管を介してくる音が鼓膜に到着するのにわずかな時間差があり，その結果異なる位相で鼓膜をその内外から振動させるためである．誘引歌の特徴周波数は約 4 kHz である．この音が気管を介して鼓膜に達するには，図 7.12 に示すように直接鼓膜に達する音よりも約 4 cm 長い距離 $(l+L)$ を伝播しなくてはならない．4 kHz の音の波長は約 8 cm であることから，ほぼ 1/2 波長遅れて鼓膜の内側に達することになる．その結果，鼓膜の外側に直接達した音が鼓膜を外から内に押すときには，気管を伝播した音は鼓膜をさらに内側に引くことになり，より大きく鼓膜が振動する．その結果，聴神経の応答も大きくなる．一方，鼓膜と反対側からの音の場合はほぼ同じ位相で鼓膜を外側と内側から振動させることから，相互に振動を打ち消すように働き，聴神経の応答も小さくなる．このように，鼓膜をその内側と外側から振動させるような聴器官の構造が，

9) J. H. van Hateren, M. V. Srinivasan and P. B. Wait, "Pattern recognition in bees: orientation discrimination," *Journal of Comparative Physiology* **167**(5), pp.649–654, (1990).
10) Shigang Yue and F. Claire Rind, "Visual motion pattern extraction and fusion for collision detection in complex dynamics scenes", *Computer Vision and Image Understanding* **104**, pp.48–60 (2006).

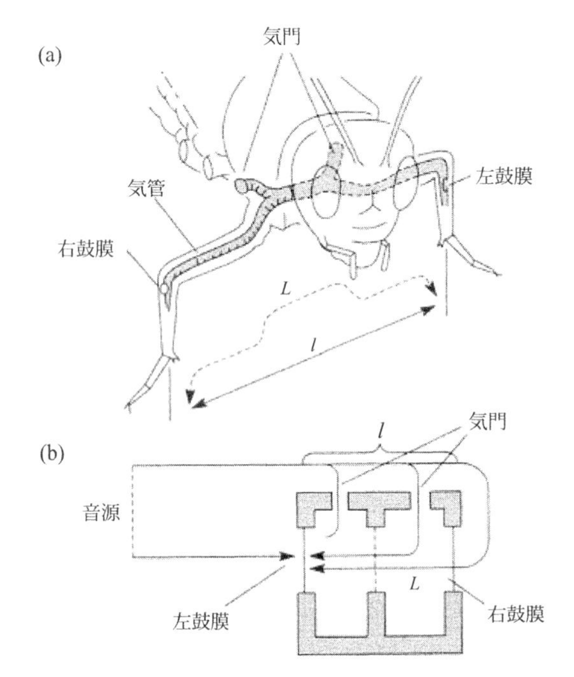

図 7.12　コオロギの聴覚システムの模式図 (a) と音の伝播経路の模式図 (b)[11)]

(a) コオロギの聴器官は左右の前肢脛節にあり，鼓膜の一端は気管と接し，その端は胸部体節の気門に開口する．音は鼓膜を外部から直接振動させるとともに，気管を伝わることによって内側からも振動させる．(b) 左鼓膜は音源（左）からの音で直接振動するとともに，気管を介した音によって内側からも振動するが，その音は $(l+L)$ の距離だけ余分に伝播することになる．

音源方向の定位に重要な役割を果たしている．

夜行性のガの聴覚系は特にシンプルな神経系で有名で，翅の下の鼓膜器官にある片側わずか 2 つの聴細胞が関わっているだけである（図 7.13）．ガはこれらの聴細胞でコウモリの発する超音波を検知し，その方向と距離を検出して，方向転換やランダムな回転飛行，あるいは自由落下の行動を選択して天敵の追跡から効率よく回避する．2 つの聴細胞は感度が異なり，コウモリの接近に伴う音圧変化による発火頻度の違いで距離を検出する．また，左右の聴覚器官への音圧の差により，音源がガの左右いずれの方向であるかを決定する．鼓膜器官は翅の下にあるため，音源が下の場合には，翅の上下による音圧の変化はほとんどないが，音源が上の場合には翅を打ち上げたときには音圧が大きく，翅が打ち下ろされたとき

11)　青木清編『行動生物学』（図解生物学講座 4）朝倉書店 (1997).

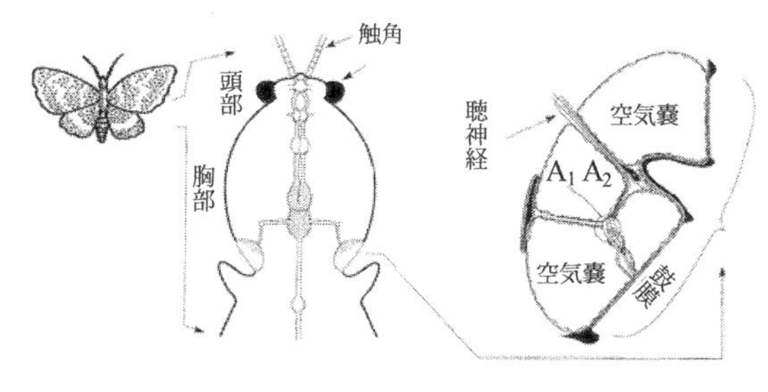

ガの耳と聴神経

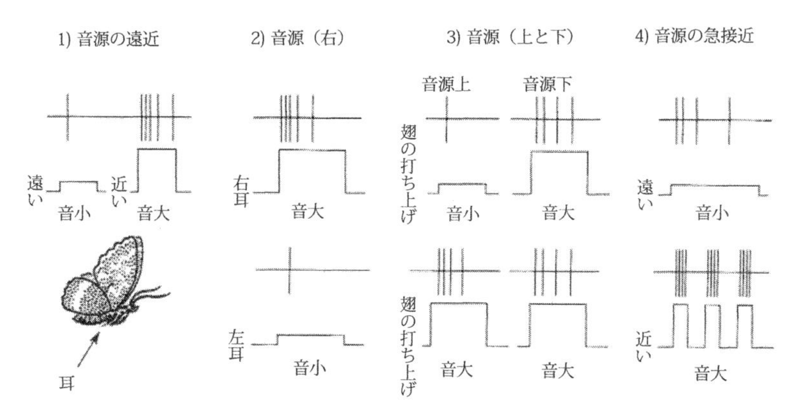

図 7.13 ガの聴神経とコウモリ（音源）の位置の違いによる聴神経の応答の違い

には音圧が小さくなる．これにより音源であるコウモリが上下いずれの方向にいるかを決定するのである（図 7.13）．

7.3.3 嗅　　覚

昆虫の嗅覚器官は触角にある毛状の突起で，嗅感覚子といわれる（図 7.14）．嗅感覚子内部に嗅細胞が複数存在する．花や食べ物の匂いなどの一般臭を検知する嗅感覚子とフェロモンを検知する嗅感覚子の 2 種類を備えている．一般臭の受容器は特異性が低く，さまざまな匂い物質に応答する「ジェネラリスト」の性質をもち，幅広い匂いの質に応答する．フェロモンは，ある種の個体が産生する化学物質（匂い）で，体外に放出され，同種の他個体に対して生理的に影響を及ぼすものである．多くの動物で生殖行動や社会行動などコミュニケーション行動のリリーサ（鍵刺激）として利用されている．このフェロモンの匂いは，特異性がきわめて高く，フェロモンと嗅細胞は 1 対 1 で対応する「スペシャリスト」である．

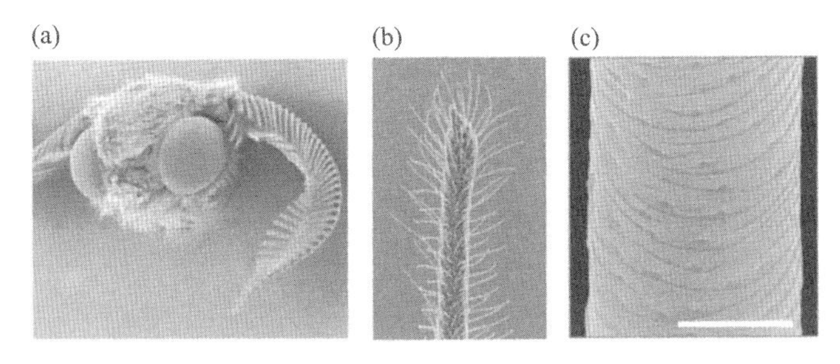

図 7.14　昆虫の嗅感覚子（提供：岩崎雅行（福岡大学））

(a), (b) カイコガの触角にあるフェロモンを検知する毛状感覚子．約 100 μm の長さ．(c) 毛状感覚子の表面には嗅孔といわれる穴があり，匂い分子はここから内部に入り，嗅細胞に受容される．スケール：1 μm.

また感度も高く，1 分子のフェロモンで嗅細胞は発火するといわれる．

以上，例を挙げたように，昆虫の感覚情報処理の特徴の 1 つは感覚器に重点を置いた設計になっていることがわかったと思う．以下では，カイコガの匂い源探索行動を中心に，昆虫がその神経系を利用して情報処理や運動制御を行う機構について詳しくみながら，昆虫の適応行動について考えてみよう．

7.4　昆虫の適応行動戦略

昆虫が地球上に出現した古生代石炭紀の地層からは，現在我々が目にする昆虫と変わらない形態をした昆虫の化石が発見されている．地質年代の環境変化による恐竜の絶滅などの事実を考えれば，昆虫の構造と機能が古くから環境変化に対して高い適応性をもっていたことが推測できる．昆虫はその微小な寸法という，我々から見れば制限要因とも思われがちな条件の中で，最適な神経機構と適応行動を進化させてきた．これは，我々哺乳動物の複雑な脳神経系や，複雑化するロボットをはじめとする機械の設計とは対照的であり，昆虫の行動や神経機構の解析を通して昆虫の設計に学ぶべきことは多い．

7.4.1　昆虫の匂い源探索の行動戦略

昆虫，なかでもガの仲間は匂いによって数 km 離れたパートナーを探索する．これは『ファーブル昆虫記』にも記された有名な話である．匂いの発生源の特定が困難なことは，われわれが暗闇で漂う花の香りからその花のありかを探すことを思い起こせば容易に想像できる．まわりをくんくんとかぎまわり，匂いが濃いと感じられる方向を探すのだが，結局このやり方では数 m 先の匂い源を見つけ出すこともできない．

実は，この探索戦略には 2 つの欠点がある[12]．1 つは，匂いの受容細胞の疲労を考慮していない点である．何度も同じ匂いで嗅細胞を刺激すると，閾値が上昇して反応しなくなる．これを感覚器の順応という．感覚器で通常みられる生理現象である．2 つ目は，空中における匂いの分布状態を考慮していない点である．匂いの分布については，空気をイオン化して電荷をもたせて連続的に空中に放出し，その分布をプルーム（匂いが存在する空間）内のさまざまな位置に設置した計測器により測定することで明らかになっている．それによると，風の中では匂いは，小さい多数の断続的な塊（フィラメント）となって浮遊するというのである．匂いは空中に濃度勾配に従って連続的に分布していると思われがちだが，風が吹く自然環境下では，離散的にたくさんの匂いのフィラメントとなって存在する．したがって，匂いの濃度勾配だけを指標にして匂い源を探すのは不可能である．

では，いったい昆虫は数 km も離れた匂い源をいかにして探索しているか．このような匂い源探索の行動戦略の研究は，主にガ類のフェロモン源探索の研究を中心に行われてきた．なかでもカイコガの歩行によるフェロモン源定位は，綿密な分析が行われた（図 7.15）．カイコガの行動戦略は他のガ類が歩行や飛行によって一般臭に定位する際にもみられ，ガ類（おそらくは一般に昆虫）が匂い源を探索する基本的な行動戦略と考えてよいだろう．以下にその行動戦略を紹介しよう．

カイコガの雄は雌のフェロモンを触角で感知すると，即座に羽ばたきながら歩行によって雌を探索する（図 7.15）．このときの探索軌跡をみるときわめて複雑

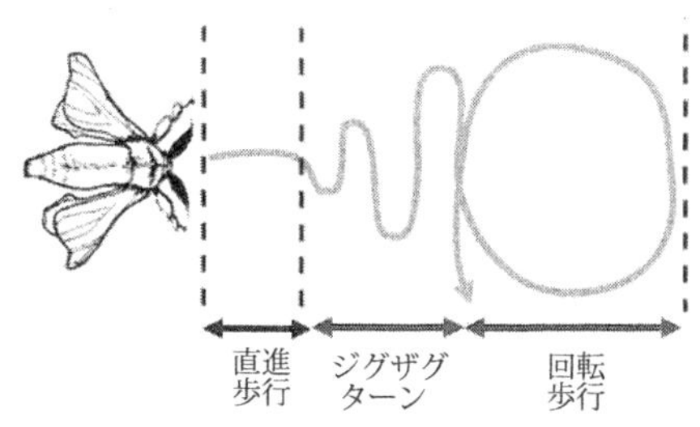

図 7.15 カイコガのフェロモン源探索行動と一過的なフェロモン刺激により解発される定型的な行動パターン

---

12) 櫻井健志・関洋一・西岡孝明・神崎亮平，「昆虫のフェロモン受容と匂い識別の分子・神経基盤」，『比較生理生化学』**23**(2), pp.11–25 (2006).

な経路をたどっている．しかし，空中での匂いを模して一過的に匂い刺激を雄に与えると，驚いたことにカイコガは，フェロモン刺激を受容するたびに独特なパターンの歩行軌跡を示したのである（図7.15）．この歩行パターンは次の2つからなる．

1）匂い刺激を受容している間，刺激方向に対して直進する反射的行動．

2）匂い刺激がなくなると起こる行動パターン．小さなターンから次第に大きくなるジグザグターンを繰り返し，回転に至る定型的な行動パターン．

この2つの歩行パターンは，匂いを受容するたびにはじめから繰り返される．したがって，匂い源に近づくにつれて匂いのフィラメントの密度が高くなるので，はじめに現れる反射的な直進が頻繁に繰り返され，匂い源に対してほぼ直線的に定位することになる．逆に，匂い源から離れるにつれ，匂いのフィラメントの分布密度は低くなるので，ジグザグターンや回転が組み合わさった複雑な経路をとることになる．このように昆虫は，空中の複雑に変化する匂いの分布パターンに依存して，反射的行動と定型的な行動パターンからなるプログラム化された行動を繰り返していたのである．長距離の匂い源定位は，このような基本プログラムのセットとリセットの繰り返しにより実現されていると考えられる．匂いが空中に不連続に分布することで，触角での匂い受容も断続的となり，嗅細胞の順応の回避にも効果があると思われる．

以下では，匂い源探索の基本行動パターンを発現させる脳内の神経機構についてみてみよう．

7.4.2　匂い源定位の神経機構

昆虫の神経系はすでに述べたように分散構造を示し，胸部神経節には歩行や飛行パターンを形成するすべての運動システムが含まれる．したがって，胸部だけを切り離しても羽ばたきや歩行を誘発することができる．しかし，行動の開始と終了，左右へのターンや回転などの指令信号は脳から胸部神経節に伝達する必要がある．この指令信号が形成される脳内の領域を前運動中枢という．前運動中枢の指令信号はそこから下降性介在神経によって腹髄神経索を介して胸部神経節に伝達される．

これまでの神経生理学的な解析から，カイコガの下降性介在神経のなかに，フェロモン刺激によって刺激直前の活動状態（興奮または抑制の状態）を反転して刺激後もその状態を保持し，刺激ごとにこれを繰り返すという特徴的な応答パターンを示すものが見つかった．このような神経応答は，電子回路の記憶素子である

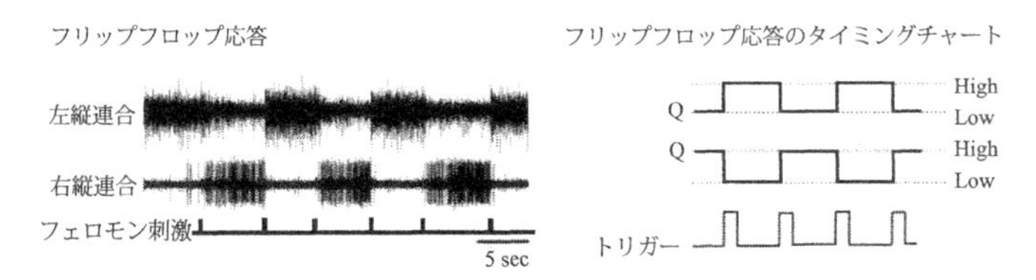

図 7.16 カイコガのフェロモン源定位行動を指令するフリップフロップ応答

「フリップフロップ」の特性と実によく類似していた．そこでこのような応答は「フリップフロップ (Flip Flop: FF) 応答」といわれる（図 7.16)．また，フェロモン刺激に対して，直後に一過的な興奮性応答 (Brief Excitation: BE) を示す下降性介在神経も明らかになった．

これまでの研究から，フェロモン刺激中に起こる反射的な直進歩行が BE によって，それに続くジグザグターン，回転が FF によって指令されることが明らかになってきた．昆虫の脳の特徴である「少数ニューロン系」「同定ニューロン」を活かして，まさにジグソーパズルのピースを集め，パズルを完成させるように，カイコガの脳を構成する個々の神経細胞の 3 次元構造と機能の網羅的データベース化が進められている（図 7.8)．データベースを用いた分析から，FF 応答の形成に関与する神経回路は，脳内に左右対称に存在する前運動中枢（側副葉）間の GABA（抑制性伝達物質）を介した相互抑制回路と，各側副葉を介したフィードバック回路から構成されることが示された（図 7.17(a))．このような神経基盤により匂い源探索の中枢プログラムである FF 応答が形成されることが推定されている．

7.4.3 ロボットによる機能評価

以上の知見を基に，FF 応答の形成機構の数値モデル（一過的な興奮応答も組み込んである）を構築し，これを基に実際のロボットでその動作が実環境下で検証されている（図 7.17)[13)]．この小型移動ロボットはカイコガと同様の匂い環境を達成するために，カイコガと同等のサイズ (31 mm (L) × 18 mm (W) × 30 mm (H)) である（図 7.17(b))．フェロモンセンサは，昆虫の触角ほど感度の高い人工のセンサは存在しないため，雄カイコガより切り出した触角をそのまま用い，ロボットの左右に配置した．フェロモンを受容した際に生じる触角基部と先端の電位差（触角電図）を匂い情報として利用した．計測された触角電図は外部のコンピュータへ送られ，左右の触角の受容タイミングを加味した神経回路モデルによ

13) 神崎亮平『昆虫ロボットの夢』（自然の中の人間シリーズ　昆虫と人間編）農文協 (1998).

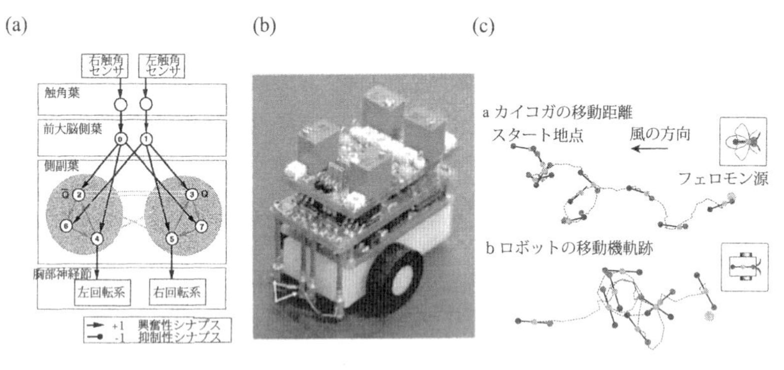

図 7.17　匂い源探索ロボット

(a) カイコガのフェロモン源探索行動の指令を形成する神経回路モデル．(b) モデルを搭載したロボット．カイコガの触角を匂いセンサとした（矢印）．(c) カイコガ (a) とロボット (b) の匂い源探索の移動軌跡．

り得られた情報によってロボットの行動を制御した．

フェロモンを一過的に与えることにより，このロボットは固定的ではあるが，カイコガと同様に直進，ジグザグターン，回転の動作を示した．そこで，実際に風上にフェロモンを配置した風洞中でこのロボットの動作を検証したところ，直進，ジグザグターン，回転を繰り返して，フェロモン源に定位することが確認された（図 7.17(c)）．このように，たとえ行動パターン自体は固定的であっても，匂いの分布状態（環境）との相互作用により，ある程度の環境変化に対して“頑強性”をもつことはできそうである．しかしながら，固定化された行動パターンを繰り返すだけでは，時々刻々と変化する環境に“適応”するのは難しいと思われる．

7.5　内部環境の変化や経験による匂い源定位行動の調節

匂い源への定位による移動に伴い，たとえば視覚，触覚など昆虫自身が受容する外部環境も常に変化するはずである．さらには，フェロモンを受容した履歴（記憶）も時々刻々と書き換わると考えられる．このようなカイコガを取り巻く外的環境要因の変化，さらには，概日（サーカディアン）リズムや履歴など内部状態の変化により，カイコガの匂い源探索の行動が修飾され，変化することがわかってきた．

7.5.1 概日リズムによる行動の修飾

生物にとって概日リズムは，内部状態を変える大きな要因となる．昆虫では昼行性と夜行性はよく知られており，昼夜において活動度は大きく異なる．カイコガでは，活動度の違いに神経修飾物質である生体アミンが関与する．液体クロマトグラフィにより雄カイコガの脳内の生体アミンの電気化学検出を行ったところ，生体アミンのなかでも特にセロトニンの脳内含有量は昼高く，夜減少する明瞭な概日リズムがみられた．この脳内含有量の変化と高い相関をもって，雄のフェロモンに対する行動閾値が変動した．そこで，セロトニン (10^{-4}M) を脳内の嗅覚系1次中枢である触角葉に投与したところ，フェロモンに対する行動閾値が減少し，逆にセロトニン阻害剤の投与では閾値は増大した．これは神経生理学的にも確認されており，カイコガでは，フェロモン感度の調節が触角葉で，セロトニンが関与して起こっているのである．

7.5.2 経験による行動の修飾

生物は繰り返し同じ刺激に遭遇すると，刺激に対する反応が減少または消滅する．これは「慣れ」という環境適応行動の1つであり，もっとも単純な学習の1つである（感覚細胞の感度の低下ではなく，神経系のレベルでの変化であることに注意）．また，慣れは刺激を止めると自然に回復するが，異なる刺激により瞬時に回復する性質を持っている．これを「脱慣れ」という．カイコガでも，フェロモンの経験により慣れが生じる．わずかに一度の経験で明瞭な感度の低下が生じる．さらに，フェロモンの経験直後に他の匂い刺激，たとえば植物臭（リナロール，ヘキセナールなど）を与えることにより，脱慣れも起きるのである．また，慣れが生じることにより前述の脳内セロトニン量が有意に減少すること，また脱慣れにより正常値に回復することが明らかになってきた．このようにセロトニンは，慣れによる感度調節にも関与すると考えられる．一酸化窒素 (NO) はガス状の神経修飾物質である．最近，このNOも行動閾値の調節に関与することがわかってきた．

コオロギやミツバチが連合学習できることはすでに述べたが，このような記憶の形成にも生体アミン（セロトニン，ドーパミン，オクトパミンなど）やNOが関与する．コオロギでは，雄どうしが出会うと闘争歌を示し闘争行動を起こすが，負けた雄は勝った雄に遭遇すると，今度は戦わずに回避行動を示すようになる．このような内部状態の形成にも生体アミンやNOが関与することが明らかになってきた．

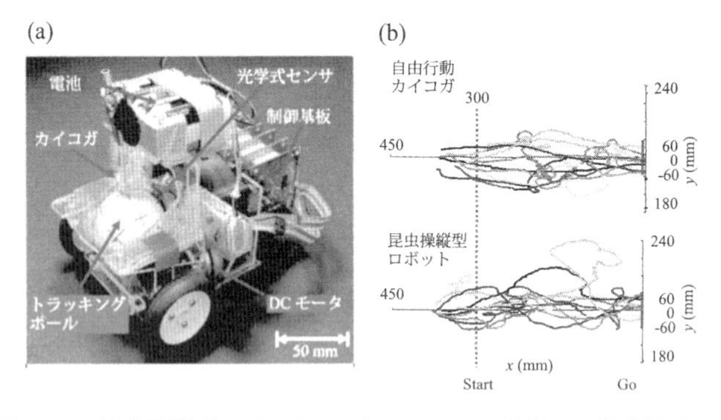

図 **7.18** 昆虫操縦型ロボット (a) とフェロモン環境下の移動軌跡 (b)

7.6 昆虫の適応能力の評価

これまで昆虫の行動は反射や本能行動のように入力に対して出力である行動が一意に決まる単純な系といわれてきた．しかし，本章で述べてきたように，昆虫の行動は確かに基本的には定型性が強いものの，概日リズム，経歴，さらにここでは割愛したが視覚などの他のモダリティの信号により，その行動の解発閾値あるいは行動パターンがダイナミックに変化すること，そしてこのような行動の変容に生体アミンや NO などの神経修飾物質が関与することを示した．

ところで，我々は逆さめがねをかけて上下反転した世界でも，徐々に正常な行動ができるように適応していく（実際には 10 日以上を要する）．はたして昆虫では，このような脳機能自体の改変を伴うような高度な適応機能まで持ち合わせているのだろうか．適応行動は脳・身体と環境との連続した相互作用によって生まれる．したがって，適応行動が獲得されたかどうかを評価するためには，操作された環境情報が常に生物にフィードバックされる閉ループ実験系が要求される．本章の最後に，このような高度な環境適応性を評価するために提案された，昆虫の行動出力をロボットで代行する実験系を紹介することにしよう（図 7.18）．

7.6.1 昆虫操縦型ロボット

図 7.18(a) に示したロボットは，ロボット上に固定した昆虫の行動を計測し，それに基づいて移動する．つまり，昆虫の行動（身体）がロボットで代行されることとなる．したがって，このロボットの運動系を自由に操作し，身体–環境の相互

作用を任意に変化させることができるので，感覚フィードバックによる調節がどのように昆虫の適応に結びついているかを，ロボットの運動能力や定位成功率を指標として評価することができる[14),15)].

昆虫操縦型ロボットは，2 駆動輪の移動ロボットで，ロボットに背中を固定されたカイコガが発泡スチロール製のボール（直径 50 mm）上で地上と同様に歩行し，ボールを回転させる．このボールの回転量を光学センサで計測し，ロボットの移動として実現した．このロボットは 93%以上の高い精度で昆虫の行動を再現できた．ロボットの操作が可能なことから，カイコガの本来の移動速度よりも 2 倍の速度でロボットを移動させたり，直進の出力を回転としてロボットを制御することが容易にできる．このような操作実験から，カイコガの行動戦略が，操作による運動能力の変化に対しても十分な匂い源定位能力を発揮できることが示されている．今後，このようなロボットにより出力代行を行うような新しい研究アプローチにより，微小な脳をもつ昆虫の適応能力がより明瞭になってくると思われる．

7.7 ま と め

本章では，生物の適応行動を生むために進化してきた 2 つの脳システムのうち，少数ニューロンからなる脳の特徴，そして感覚と行動について解説した．昆虫は哺乳動物に比べ，はるかに規模の小さい脳の情報処理によって適応的な行動を実現している．その設計の特徴は，感覚器に重点をおいた，基本的には反射や定型的行動パターンといった紋切り型な点である．しかし，紋切り型の行動だけでは常に変化する環境下で生存することは難しい．では，小規模な脳でいかに効率よく適応できるのか．その解として 3 つの戦略を示した．

1 つは匂い源探索で示したように，環境下の状況に依存して反射や定型的な行動パターンのセットとリセットを繰り返す，いわば昆虫と環境とが一体化したシステムを構築することで“頑強性”を獲得する戦略である．

2 つ目は，概日リズム，経験などにより産生される生体アミンや一酸化窒素などの神経修飾物質により感覚刺激に対する感度をダイナミックに変化させる戦略

14) S. Emoto, N. Ando, H. Takahashi and R. Kanzaki, “Insect-Controlled Robot — Evaluation of Adaptation Ability” *Journal of Robotics and Mechatronics.* **19**(4), pp.436–443, (2007).
15) 神崎亮平・倉林大輔，「生体–機械融合システムによる生物の環境適応能の理解と構築」『計測と制御』**46**(12), pp.934–939, (2007).

である．これにより環境下で行動を解発する鍵刺激をさまざまな時間スケールで切り替え，行動を変容させ，あるいは行動パターンを適切にスイッチングすることが可能となる．

逆さめがねをかけて上下反転した世界でも，我々は徐々に正常に行動できるように適応していくが，昆虫操縦型ロボットを用いた研究から，規模の差こそあれ，昆虫にも同様の機能のあることが見出されつつある．3つ目は，このような脳機能自体を改変することによる適応戦略である．

これまで単純であることが特徴と考えられてきた昆虫も，さまざまな機能によりダイナミックに環境に適応していることがわかってきた．昆虫が持つこのような“頑強性”や“適応性”は，まさに神経細胞という共通の素子で構築される脳の共通の機能と思われる．このような機構を神経細胞のレベルで解明するため，遺伝子から行動にいたる各階層の網羅的なマルチスケール分析と，これにより得られた膨大なデータを蓄積したデータベースの情報学的解釈，そしてそこから推測されたモデルの，ロボットを介した実環境での評価を通した研究が展開されている．

第8章

神経回路活動の計測——多点計測の手法と可能性

8.1 ニューロンとニューラルネットワーク

ニューロンは互いに結合して神経回路を作り，さらにそれが3次元的に組織化されることによって脳としての機能を実現している（図8.1）．脳が担う機能——情報表現とその処理——に特化して分化した細胞がニューロンであり，多数の突起を有する特殊な形態が最大の特徴である．多数の突起を利用することにより広範囲に分布する多数の細胞とのコミュニケーションが可能になり，1つのニューロンについて平均 $10^3 \sim 10^4$ 個のシナプス入力が存在するといわれている．実際にはニューロン以外の細胞も脳内に多数存在し，特にグリア細胞は数のうえではニューロンの10倍以上である．最近，グリア細胞の膜上には神経伝達物質に対する受容体も存在し，さまざまな形でニューロンと相互作用することがわかってきた．ただし，情報処理機能に注目する立場からは，ニューロンが主要な役割を果たすという考え方が主流であり，「10%の細胞に90%の関心を向ける」という表現がよく使われる．

形態と並んで重要なニューロンの特徴は，電気信号の利用である．電気信号の利点は伝達速度の速さにあり，この高速性ゆえに生物は情報処理過程に電気信号

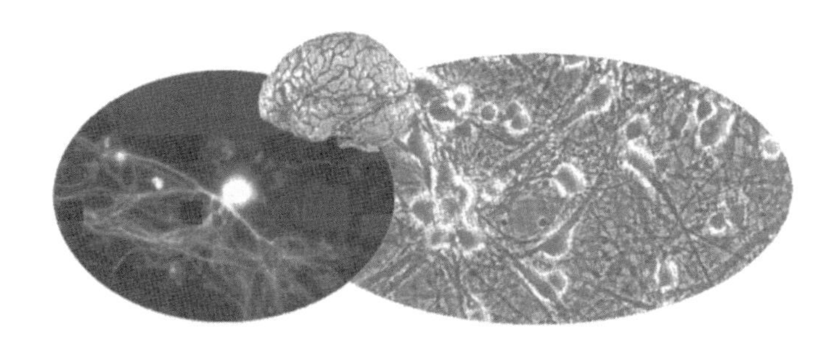

図8.1　脳・神経回路・ニューロン

を利用する機構を備えたものと考えられる．無脊椎動物において，危険を回避する反射経路に化学シナプスではなく電気シナプスを利用している例があることも，恐らくこの高速性の反映である．もっとも，高速といっても生体内で用いられる電気信号の時間スケールは ms であり，ここに，ドライな環境下で金属や半導体中の電子をキャリアとする一般の電気現象と，ウェットな環境中でイオンをキャリアとする生体電気現象との大きな違いがある．人間が他人の顔を見分けるプロセスに要する時間は，普通 1 秒未満である．1 段階に数 ms を要する生体電気信号を使って数百 ms 以内にこの認識処理を遂行することを考えると，処理過程に利用できるステップ数は最大でも 100 程度になる．この程度の信号処理で複雑な認識を可能にする鍵は並列処理にあると考えられ，ここから情報処理方式としてのニューラルネットワークの考え方が発展してきた．

ニューロンを閾値素子としてモデル化し，それを組み合わせることによってさまざまな情報処理が可能になる．数多くの素子が並列動作し，素子間の結合強度を適切に設定することによってパターン認識など複雑な問題に短時間で対処できることが基本的な特徴であるが，中間層の構造を工夫することによって複雑な論理動作を実現したり，過去の履歴を取り入れた形での判断も可能になることが明らかにされ，その応用範囲が広がりつつある．最近では，ニューラルネットワーク理論に基づく予想に対応する生理現象が観測されたり，同様の理論的な考察から脳疾患に対する新たな治療指針が提案されるなどの例も見られるようになり，工学・生物学・医学といった分野の枠を超えた双方向の研究協力が展開されている．

情報処理方式としてのニューラルネットワーク (neural network) と区別するために，生きているニューロンで構成された神経回路を neuronal network と呼ぶことがある．neuronal network の動作には，記憶や学習，知識の表現とその再生などの機能だけでなく，感情や創造性といった現在の neural network では定式化が難しい機構が恐らく内包されている．多数のニューロンが発生する電気信号の時間的，空間的なパターンに情報が表現されているというのが現在の標準的な考え方であるが，実際の neuronal network 内でどのような信号が飛び交い，どのような機構で制御されているか，さらにそれが生体としての機能にどのように結びついているかといった課題の解明は，今後の研究の進展に期待されている領域である．

8.2　ニューロンの電気信号とその計測

生体電気現象の基本は膜電位である．リン脂質二重層からなる細胞膜が細胞内外の環境を区別して維持する障壁として機能し，膜上に存在するイオンポンプの働きによるイオンの不均一分布が静止膜電位を作り出している．この平衡状態を基本として，リガンド依存性，電位依存性のイオンチャネルの動作により生成されるのがニューロンの電気信号である．

十分小さな電極を作製して細胞内に刺入し，細胞外部との電位差を測定すれば，ニューロンが発生する電気信号——静止電位，シナプス電位，活動電位——の記録が可能になる．現在最も広く用いられている電極は，ガラス管を細く引き伸ばして内部に電解質溶液を充填したマイクロピペットである．図 8.2 に実際の測定の様子を示す．顕微鏡下でマイクロピペットを細胞に近づける．細胞にダメージを与えないよう，ゆっくりピペットを細胞膜に接触させる．電極抵抗を継続的にモニタ

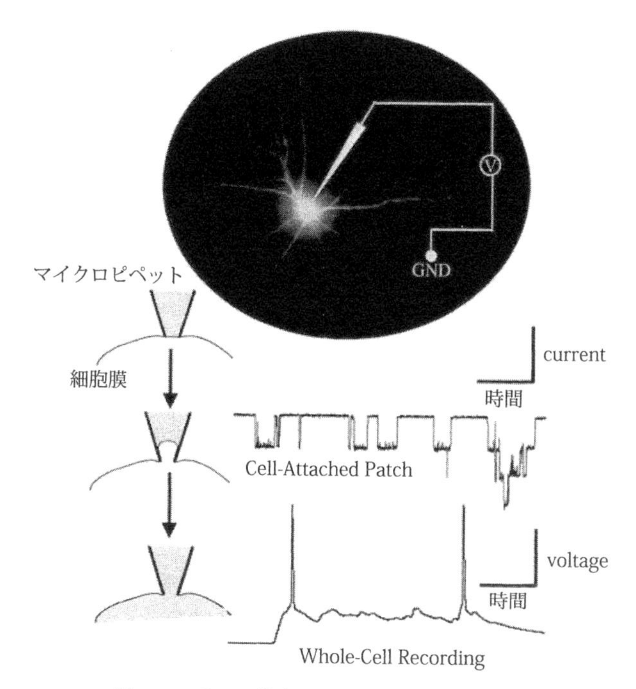

図 8.2　ガラス微小電極による電気信号計測

することにより，電極の細胞への接触を検出できる．清浄なガラス電極先端部には，接触と同時に細胞膜が吸着してくる．ここでピペット内の圧力を適度に陰圧にすると，細胞膜がピペットに密着し，さらに抵抗値が高くなる．cell-attached patch と呼ばれるこの状態で観測される電極—吸着細胞系の抵抗値が GΩ の桁に達することから，ギガシールという表現がよく使われる．この状態では周囲環境の雑音から隔絶された計測が可能となり，図に示すとおり，個々のイオンチャネルの開閉動作を見ることができる．この例では 3 段階の電流値が観測されており，少なくとも 3 個のイオンチャネルが電極先端に吸着した細胞膜部分に存在することがわかる．ここでさらに吸引を行うと細胞膜が破れ，電極内部と細胞内とが導通した状態になる．whole-cell recording と呼ばれるこの記録法で細胞膜電位を観測した例を図に示す．トレースの中に見えているパルス状の電圧変化が活動電位，ゆるやかに変化する信号がシナプス電位である．

マイクロピペットを利用した計測は，細胞膜電位の直流成分，シナプス電位を含む閾値以下の電位変化，個々のイオンチャネルの動作を含む細胞膜電流の観測が可能であることが特徴である．しかしながら，この手法は，顕微鏡下でマイクロマニピュレータを用い，先端 1 μm 以下の電極をサイズ 10〜30 μm の細胞に結合させるという精密な操作を要するため，neuronal network を構成するニューロンの信号を多数同時に計測することは困難であり，また測定状態を維持する時間にも限界がある．これに対し，ニューロンの外部に電極を設置し，活動電位を計測する手法を細胞外記録と呼んでいる．前述のガラス管電極に限らず，金属ワイヤなどさまざまな微小電極を細胞近傍に設置することにより，活動電位の計測が可能になる．細胞内部に電極を挿入するわけではないので，膜電位を直接観測することにはならないが，活動電位発生時に流れる膜電流により細胞周辺に生じる局所的な電圧降下として細胞のアクティビティに対応する信号が記録される．細胞外記録では，測定電極の数を増やすことは比較的容易であり，また非侵襲性ゆえ長時間の計測が可能になる．ただし，膜電位変化として本来約 100 mV の振幅を有する活動電位が，細胞外記録信号としては通常 100 μV，信号源強度の約 1/1000 に減衰してしまう．このため，閾値以下の信号成分——シナプス電位——の検出は困難と考えられており，また，基本的にキャパシタンスとして機能する細胞膜を介するゆえに細胞内直流電位の計測は不可能である．

8.3 集積化電極基板の製作と細胞培養

細胞外記録用に多数の電極を設置する手法の1つとして，集積化電極基板と呼ばれるものがある．一言でいえば多点電極付細胞培養皿である．電子デバイスを集積化する技術として進歩してきた微細加工技術は，最近では1 μm 以下のサイズを基準とする設計・加工が量産プロセスとして確立され，個々の分子や原子を扱うボトムアップ的な手法との融合，3次元構造製作への展開などさらに発展が続いている．これに対し，細胞外記録用の電極は，測定対象となるニューロンの細胞体のサイズを基準として設計することになる．標準的な細胞体のサイズが10～30 μm 程度であることを考えれば，これはフォトリソグラフィをはじめ現在の微細加工技術が容易に対処できる領域であるといえる．ただし，通常の電子デバイスはウェットな環境下での使用を想定しておらず，集積化電極基板に適用する電極やパッシベーション膜については，電解質溶液中での耐久性や生体適合性を考慮した材料選択とデバイス構造，製作プロセス設計が必要になる．

基板材料としては，ガラスや Si が標準である．ガラスはその光学的な透明性ゆえに生物分野で多く用いられる倒立顕微鏡との整合性がよい．Si はさまざまな加工プロセスが確立されており，マルチプレクサや信号処理系を含む電子回路との集積化が可能になる点が特徴である．最近では MEMS (micro electro mechanical system) 技術の進歩に伴い，電子回路だけでなく，流体を対象とするマイクロシステムとの集積化も可能になりつつある．その他，ポリイミドなど柔軟なフィルム材料を基板として使用する場合もある．電極材料としては，生体適合性の観点から Au や Pt など反応性のない材料を用いることが多い．非侵襲，長時間の計測を想定する場合，これが重要な要素となる．これらの材料は分極性であるため，電極表面電位やその時間的な変動について注意する必要がある．倒立顕微鏡との整合性を重視して透明導電性材料 (indium-tin-oxide: ITO) を用いることも可能である．絶縁膜としては，ISFET (ion-sensitive FET) に最適とされた Si 化合物の他，ポリイミドやフォトレジストなど，樹脂材料が広く用いられている．耐久性，生体適合性の他，配線部分の電極/絶縁膜/溶液系の交流結合についても注意する必要がある．

図 8.3 にガラス基板上に ITO 電極を集積化するプロセスの具体例を示す．ガラス基板上にスパッタなどの手法で ITO 薄膜を形成し，これを標準的なフォトリソグラフィプロセスにより 64 電極パターンに加工している．できあがった電極パ

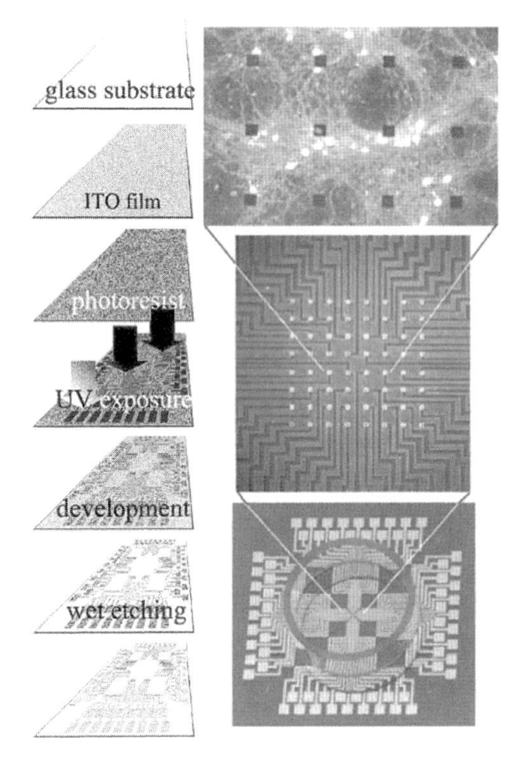

図 8.3 集積化電極基板と培養神経回路

ターンは，先端の計測部分を除いて絶縁膜で被覆する．ITO 電極の場合，細胞外記録に最適なインピーダンス特性を得るため，先端部分に白金黒をつけることが多い．さらに，完成した集積化電極基板にガラスリングを取り付けてシャーレ状の形状にする．図では，ガラスリングの外部に電気信号計測系と接続するためのコネクションパッド，リング内部の中心部分（拡大図）に 8×8 のマトリクス状に並んだ測定電極群が見えている．このシャーレの中でニューロンを育てることにより，neuronal network に対する細胞外多点記録が可能になる．

動物から採取した細胞をシャーレ内で育てる技術を細胞培養と呼んでいる．神経細胞については，大脳皮質や海馬，小脳，脊髄といった中枢神経系の細胞から末梢の感覚神経細胞にいたるまで，さまざまな組織について培養技術が確立されている．通常，人工環境下で数週間から数ヵ月間の維持が可能である．分散培養系では，生体から採取した組織を酵素処理等によりいったん細胞単位に分離する．

ほとんど細胞体のみになった状態から，シャーレ内での神経突起の伸長，シナプス結合形成というプロセスを経て神経回路が再構成されることになる．この場合，生物が本来持っていた3次元構造は失われてしまうが，1つ1つのニューロンが2次元的な配置の中で可視化されるという利点があり，また，人工環境下で細胞の配置や結合構造を制御することも不可能ではない．

細胞培養にはプラスチック製のシャーレを用いるのが普通であるが，集積化電極基板上でも表面のコーティング条件を整えれば細胞を育てることができる．ポリリジンやラミニンといった細胞接着性の物質が標準的なコーティング材料である．コーティングを施した集積化電極基板上にラット大脳皮質から取り出した細胞をまき，培養液を加えて生体内に近い環境下（37°C，水蒸気飽和，CO_2 5%という条件に制御されたインキュベータ）で数週間培養した例を図8.3に示す．基板表面の電極が4×3のマトリクス状に並んでおり，その周辺に存在する数十個のニューロンが突起を伸ばし，密度の高いネットワークを作っている様子がわかる．

生体内で形成されていた結合構造を部分的に保持した形での細胞培養も可能である．組織を薄い切片として切り出し，これを集積化電極基板上に載せて育てる切片培養と呼ばれる手法である．通常，切片試料の厚さは数百μm程度であり，2次元的には本来の結合構造が維持されている．試料調整時に表面の細胞層がダメージを受けやすいこと，培養系での維持には試料内部の細胞層への適切な栄養供給，ガス交換過程を確保する必要があることに注意が必要である．切片試料の場合，培養系ではなく，急性状態での実験も可能であり，さまざまな部位から，いろいろな発達段階を選んで測定を行うことができる．

8.4 多点計測信号の処理

ニューロンが発生する活動電位（神経スパイク）は，振幅約100 mV，幅約1 msのパルス状の信号であり，細胞外記録では強度にして1/1000，100 μV程度の信号を計測することになる．周波数領域では，細胞外記録信号に含まれる帯域の上限は6 kHz程度とされている．マルチプレクサを使用しない場合，測定電極数に対応する数の増幅器——A/D変換系を用意する必要がある．標本化定理の要求は信号帯域の2倍以上のサンプリング周波数であるが，実際の波形解析の観点からこれを25 kHzに設定することを考えると，電極数64に対して$2\,\mathrm{B} \times 25\,\mathrm{kHz} \times 64$ channel，毎秒約3 MBのデータが発生することになる．CD 1枚が約4分間のデータに相当し，電極数の増加やサンプリング周波数の設定によってはさらに単位時間当たりのデータ量が大きくなることを考慮すると，リアルタイムでの信号処理，情報抽出に基づくデータ圧縮が望ましいことがわかる．

データ量を低減する簡便な方法として2つの手段が考えられる．1つ目は，ニューロンの活動が含まれていない部分のデータを除くことである．神経スパイクがパルス状の信号であることを利用して，閾値処理によりタイミングを検出し，これをトリガとしてその前後一定時間の信号のみを記録すればよい．この場合，トリガ信号発生前の区間について一定時間のデータ取得が必要であり，そのためのハードウェア動作を確保する必要がある．2つ目は，活動電位発生時刻情報のみを抽出，保存する方法である．個々のニューロンごとに区別して活動電位発生のタイミングを検出することができれば大幅なデータ圧縮が可能になり，解析の観点からも多くの場合この情報だけで十分である．この場合はスパイク信号検出と細胞ごとの分類という2段階の処理が必要になる．前者に対しては，閾値処理によりリアルタイム処理を含めて比較的容易に対応できる．後者はスパイクソーティングと呼ばれるプロセスであり，さまざまな手法が工夫されている．

電極とニューロンとが1:1に対応する測定系が実現できれば，電極数に対応する数のニューロンの活動を並列に記述することが可能になる．しかし，実際には図8.3に見られたような神経回路と電極配置の関係が普通であり，この場合，まったく神経信号が記録されない電極がある一方で，複数のニューロン由来のスパイクが混在して記録される電極があることも予想される．これを細胞ごとに分類するのがスパイクソーティングである．ソーティングには，細胞ごとの観測波形の違いを利用する．膜電位変化としての活動電位の振幅やタイムコースは細胞によらずほぼ一定であるが，細胞外信号はさまざまな波形を示す．活動電位発生に伴う膜電流により細胞近傍に誘起される局所的な電圧降下が信号源となるためである．結果として，複数の細胞の信号が1つの電極で検出される場合，ほとんどの場合，その波形が異なることになる．

図8.4に集積化電極基板により，ラット大脳皮質培養神経回路の活動として記録された信号の例を示す．A1からH8で表される64点で観測されたデータである．このうちの1つを拡大してみると，明らかに振幅の異なるスパイク信号が混在している．この振幅の違いによってスパイクの分類を行うのが，最も基本的なソーティング法である．ピーク値について複数の窓を設定し，測定値がどの範囲に入ったかにより分類することになる．さらに，振幅だけでなく時間幅も利用できる．この場合はパラメータが複数になり，2次元平面へのプロットが可能になる．スパイクが検出されるたびにその振幅と幅を座標として点を表示していくと，

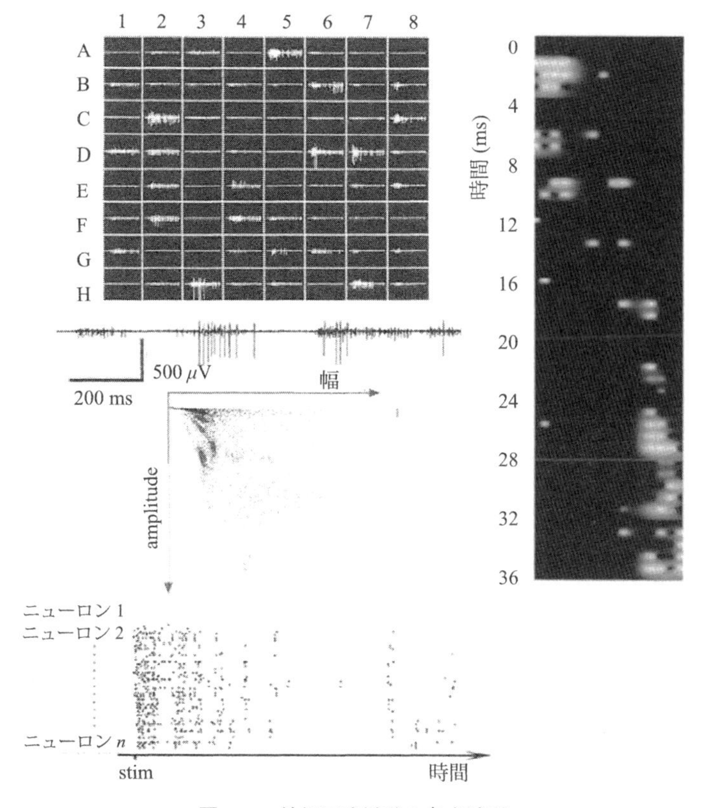

図 **8.4**　神経回路活動の多点計測

類似形状のスパイク群がクラスタとして浮かび上がってくる．図 8.4 では，振幅が近い場合でも幅の違いによって複数のクラスタに分離される例が示されている．振幅と幅以外にもスパイクの特徴を記述する量はさまざまなものが考えられ，主成分分析なども適用可能である．また，一定の時間幅の平均的なスパイク波形をテンプレートとして，誤差評価を行う方法も考えられる．リアルタイム処理の重視，解析の正確さを求めるなどの視点から適用する手法を選択することになる．

スパイクソーティングを適用して得られる活動電位発生時系列の並列表示をラスタープロットと呼んでいる．個々のニューロンのスパイク発生パターンや，ニューロン群としての活動の相関解析などは主としてラスタープロットのデータに基づいて行うことになる．さらに，これらのスパイクデータを単位時間当たりのスパイク発生数に換算し，測定点の空間的な配置と対応させた画像表示を行うことにより，活動発生のタイミング，その伝播過程を時空間的に可視化することができる．

8.5 集積化電極基板による神経回路活動多点計測

集積化電極基板上でニューロンを培養することにより，多数のニューロンの活動が同時記録できる．この手法の特徴として，非侵襲性ゆえに長時間計測に適用できること，信号記録だけでなく多点電気刺激が可能であることが挙げられる．

8.5.1 長 時 間 計 測

神経回路はその発達過程において自分が結合すべきターゲットを認識し，適切なネットワークを形作ると考えられている．大脳皮質を構成するニューロンとシナプス結合の数を考えると，そのすべてを遺伝情報で制御するのは現実的でない．結合強度が段階的に変化することを考慮すると状況はさらに複雑になる．日々変化する周囲環境に適応し，個体を維持していくという目的に対し，遺伝情報に基づいて基本構造を形作り，結合強度を含めた個々の構造，特性は経験に基づいて柔軟に変化させる機構が備わっていると考える方が自然である．この「経験を内部構造に反映させる」手段として発生・発達の過程で生じる電気活動が一定の役割を果たしていると考えられている．

集積化電極基板上で細胞培養を行うことにより，この過程を経時的に追跡することができる．前述のとおり，解剖操作で取り出したニューロンは，培養開始時点では，通常ほとんど細胞体のみの状態になっており，電気活動も見られない．これが数週間経過すると図 8.3 に示したような密度の高い神経回路へと成長していく．電気活動の点からこの過程を追跡した結果，ラット大脳皮質の系では培養開始後数日の時点で早くも活動が見られることがわかった．電気的にも化学的にも外部から入力を与えない状態で発生するアクティビティを自発活動 (spontaneous activity) と呼んでいる．初期に見られる自発活動は，発生間隔が長く，かつ 1 回の活動の持続時間も比較的長いのが特徴である．この時期の活動が広がる範囲は限られており，多数の細胞群によるまとまった活動はほとんど見られない．日数の経過とともに，この状況は変化していく．

図 8.5 は，1 回の活動が伝播する範囲を検出されたスパイク数を指標に輝度表示したものである．数字は培養開始からの日数を示しており，時期に応じてさまざまなパターンが発生していることを示している．培養初期の時点から見られたパターン A は，その後 10 日ほどかけて，徐々に伝播範囲が広がっていく．9 日

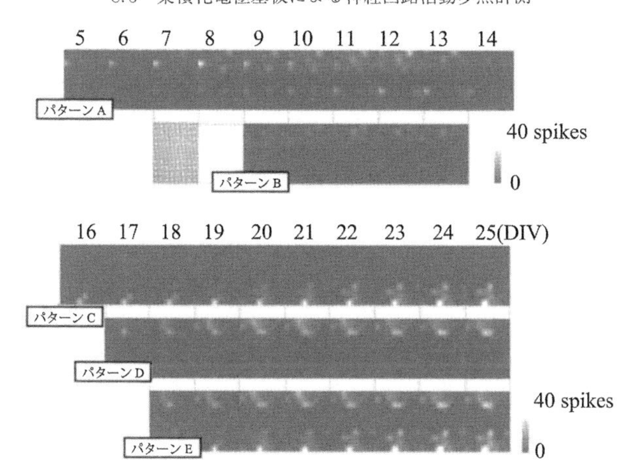

図 8.5 神経回路活動の長期計測 (DIV: days *in vitro*)

目に現れたパターンBはあまり多数の細胞を含まない活動のように見える．2週間以上経過した時点では，C，D，Eの3つの空間伝播パターンが観測されている．Cは計測領域の下側，D，Eは上側で発生して広がる活動であるが，計測領域全体を巻き込む活動はEのみである．細胞間の結合が密になるにつれて1ヵ所で発生した電気活動が他の細胞の電気活動を誘起するようになり，結果としてネットワーク全体に広がる活動へと発展していく様子を反映している．最終的に神経回路としての自発活動が定常状態に達するまでには約1ヵ月を要することがわかっており，この間自発活動は，空間的なパターンだけでなく，発生頻度，伝播速度などにおいてさまざまな遷移過程をたどる．

8.5.2 多点電気刺激

長期計測により観測された「発達段階に応じた自発活動」は，適切な神経回路形成のためのシナプス結合強度調節に関係している可能性がある．さらに，このような活動依存性——activity-dependent——の変化は，神経回路が成熟段階に達した後も，記憶や学習といったいわゆる可塑性に関与していることを示唆する実験結果が蓄積されつつあり，神経科学，神経工学の領域で現在最も関心を集めている研究分野の1つとなっている．この神経回路活動における活動依存性の応答特性変化を観測するために，集積化電極基板による多点電気刺激を利用することができる．

外部からの刺激入力により引き起こされる神経回路活動を誘発応答と呼ぶ．集積化電極基板を用いる場合，刺激入力点と刺激強度を指定することにより，ある程度再現性のある誘発応答を記録することができる．生物試料を対象とする実験では試行ごとの結果の分散は避けられず，これについては統計処理により対処することになる．

シナプスの可塑性に関する研究において，高頻度刺激入力によるシナプス伝達特性の変化が報告されている．長期増強 (long-term potentiation: LTP)，長期抑圧 (long-term depression: LTD) として知られるこれらの現象の存在を前提に，同様の高頻度刺激を適用した場合に，神経回路活動のレベルでどのような変化が誘導されるのだろうか．LTP や LTD の誘導は，神経回路活動強度や伝播速度の変化につながると考えるのが自然である．では，1 つの入力に対する応答特性に変化が生じた場合，他の入力に対する応答特性も影響を受けるのだろうか．さらに，いったん生じた変化の上にさらに別の高頻度入力が重畳した場合，結果はどのようになるのだろうか．生物の脳では実際に日々このような状況が起こっているはずであり，さまざまな入力の影響とその経時変化を追跡することは興味深い．

集積化電極基板上の培養神経回路を用いる系では，基板電極数だけの異なる入力刺激を与えることができる．64 電極の基板を用いる場合，64 通りの誘発応答記録が可能になる．成熟段階に達したラット大脳皮質培養神経回路に対して実際に 64 通りの誘発応答記録を行い，さらにそのうちの 1 つを高頻度に誘起した際に，その前後で観測された変化を空間パターンとして表示したものが図 8.6 であ

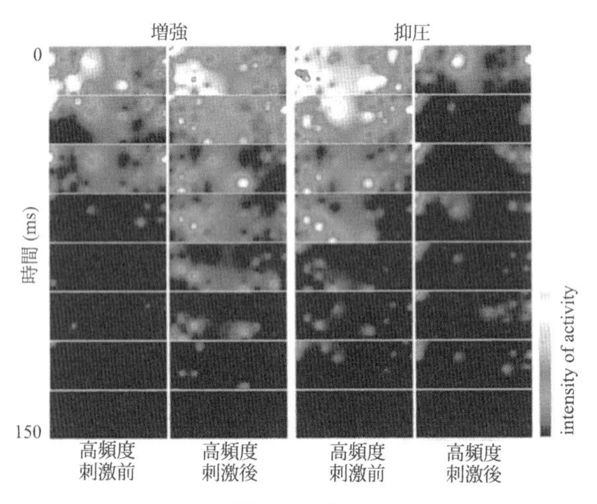

図 8.6 神経回路活動の可塑性

る．刺激入力後 150 ms の間にどのように活動が広がっていくかを高頻度刺激の前後で比較している．64 通りのうち半分程度は明確な変化は認められなかったが，残りの半数には変化が生じており，このうち活動が強化されたものと抑制されたものを 1 例ずつ示している．強化のケースでは，高頻度刺激後において，刺激入力直後の活動が強くなっており，初期状態では活動がおさまった時間帯においても引き続き活動が見えている．抑制のケースでは，初期状態では明確な強い誘発応答が見られたものが，高頻度刺激後は同じ刺激入力に対してわずかな反応しか示さないという結果になっている．

ネットワークとしての活動としてみた場合，このようなさまざまな変化が生じることは自然であるが，当然高頻度刺激印加時に誘導された活動パターンとの因果関係があるはずである．このような視点からの考察において最もわかりやすい手法の 1 つは相関解析である．図 8.4 に示したラスタープロット形式で 64 通りの誘発応答パターンを表示し，これを高頻度刺激印加時の活動パターンと比較するのである．繰り返し誘起されたパターンと類似のものは強化され，著しく異なるものは抑制されるという仮説が立てられる．実際に相関解析を適用した結果，誘発応答全体としてではなく，部分ごとの特性についてこの法則を適用した解釈が成り立つことがわかってきた．

集積化電極基板を利用する場合，複数の電極を組み合わせることによってさらに多様な入力を与えることができる．空間的な特性だけでなく，時間的な要素も含めた刺激パターンの設計が可能である．2 つの点からの入力が常に同期して印加された場合，両者を結びつけた活動が誘起されるか，あるいは 1 つの変化が誘導された後に別の変化を引き起こす入力を重畳させた場合，両者の干渉が生じるかなど，さまざまな実験の可能性が想定され，長時間計測と合わせて今後さまざまな知見が得られるものと期待される．

8.6　多点計測技術の今後の展開

脳神経系の情報処理の特徴が分散表現と並列処理にあることを考慮すれば，ニューロン群の活動は生体としての機能を実現する過程において重要な意味を持つと考えられ，その観測手段としての多点計測も大きな意義がある．本章では集積化電極基板を培養神経系に適用する例について記述したが，同様の多点電極を刺入型のプローブ状に加工して *in vivo* 計測に適用することも可能である．ISFET と同様の半導体プローブ，剣山型電極アレイ，さらにはテトロードと呼ばれる電極な

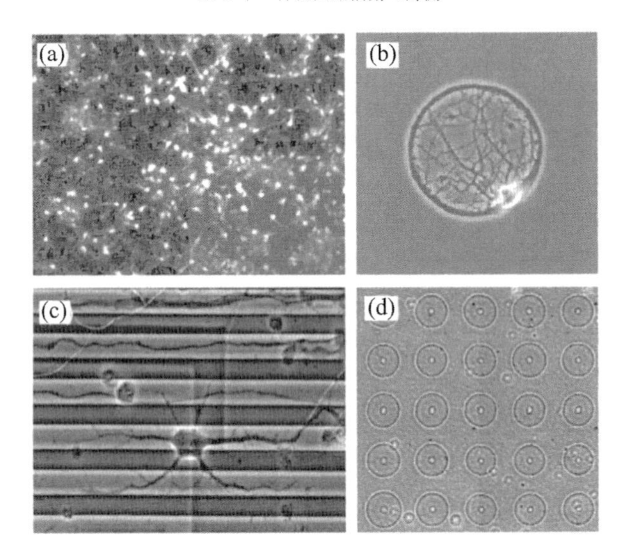

図 8.7　多点計測技術の展開

(a) 光学計測による細胞内カルシウムイオン濃度の可視化，(b) マイクロウェル内での単一細胞培養，(c) 基板表面のマイクロ構造を利用した神経突起の成長方向制御，(d) 細胞培養用マイクロウェルマトリクス．

ど，さまざまな形状のものが開発されている．また，電位感受性色素を用いる画像計測も広く用いられており，これも有力な手法の 1 つである．

集積化電極基板との組み合わせを想定したいくつかの技術について，図 8.7 にまとめた．(a) は光学信号計測である．前述の電位感受性色素もその 1 つであるが，画像計測により得られる情報は他にもさまざまなものがある．現在最も広く用いられているのは細胞内カルシウムイオン濃度を可視化する色素である．この色素で細胞を染色することにより，細胞内部にフリーな状態で存在するカルシウムイオンの濃度を画像として表示することができる．カルシウムイオン濃度の変化は細胞内のさまざまな代謝反応のトリガとなることが知られており，これと電気活動の同時計測は魅力的な実験ツールである．

(b)，(c)，(d) はいずれも微細加工技術による基板表面のマイクロ構造を応用するものである．(b) は局所的に細胞接着性の表面を作ることによってニューロンの成長範囲を限定したもの，(c) はこれをライン状に加工したものであり，神経突起の成長方向がパターンによって制御されていることがわかる．(d) は (b) と同様の細胞成長ウェルを多数集積化したものである．これらの組み合わせにより，神経回路活動をモニターしつつ，個々のニューロンレベルの活動，シナプス伝達過程なども合わせて観測する実験が可能になるものと考えられる．このような微細加工技術応用により開かれる新たな計測の可能性とともに，大容量データを高速に扱う技術も日々進歩している．「新たな計測手法の開発により新たな知見を得る」という工学技術を背景にした脳科学研究の流れは今後も発展を続けるものと期待される．

第IV部

脳を創る

第9章 ニューロモルフィック・ハードウェア——神経系を模倣する

神経系の解剖学的構造や生理学的機能からヒントを得て設計されたハードウェア全般をニューロモルフィック・ハードウェアと呼ぶ．これは非常に広範な概念であり，たとえば人工ニューラルネットワーク回路のように，その構成素子が神経細胞の機能からヒントを得て設計され，ネットワークのトポロジーや学習則は神経系と独立な研究によってつくられた電子回路も含まれる．本分野では神経細胞を模倣するシリコンニューロンから，神経器官を模倣するシリコン網膜，シリコン蝸牛，脳機能を模倣する SAS (selective attention system) までさまざまな研究成果が挙げられており，新しい計算原理による計算システムとして期待されている．本章では，機能レベルの模倣として動的自己想起型連想記憶ネットワーク回路を，器官レベルのものとしてシリコン網膜を紹介し，最後にシリコンニューロンを紹介する．

9.1 動的自己想起型連想記憶ネットワーク回路

動的自己想起型連想記憶ネットワークは，甘利–ホップフィールドモデル[1)] から始まったリカレント型ニューラルネットワークの１つであり，ニューロン素子にカオスニューロンを採用することで，状態空間をカオス的に探索し続けることができる．本節では，基本的な自己想起型連想記憶ネットワークについて解説した後，動的自己想起型連想記憶ネットワーク回路を紹介する．

9.1.1 自己想起型連想記憶ネットワーク

自己想起型連想記憶ネットワークは図 9.1 に示すように複数のニューロンが相互結合した構造をしている．i 番目のニューロンの動作は以下の式に従う．

---

1) J. J. Hopfield and D. W. Tank, “Neural Computation of Decision in Optimization Problems.” *Biological Cybernetics*, **52**, pp. 147–152 (1985).

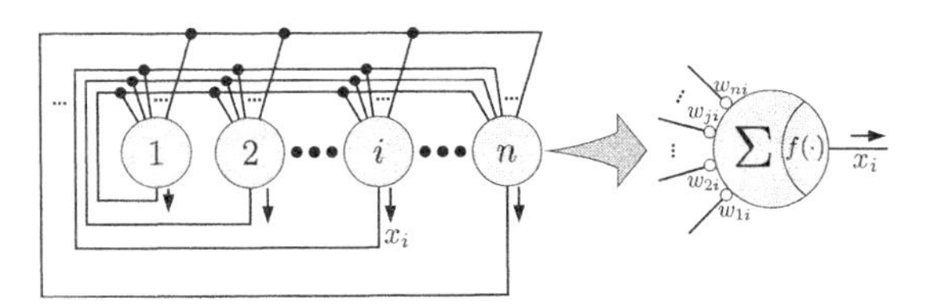

図 9.1　自己想起型連想記憶ネットワーク

$$x_i(t) = f(u_i(t)) \tag{9.1}$$

$$u_i(t) = \sum_{j=1}^{n} w_{ji} x_j(t-1) \tag{9.2}$$

$$f(y) = sgn(y) \equiv \begin{cases} 1 & \text{when } y \geq 0 \\ -1 & \text{when } y < 0 \end{cases} \tag{9.3}$$

$x_i(t)$，$u_i(t)$ はそれぞれ時刻 t における i 番目のニューロンの出力と内部状態を表す．w_{ji} は，j 番目のニューロンの出力が i 番目のニューロンに与える影響の大きさで，結合荷重と呼ばれる．内部状態は式 (9.2) に従い，時刻 $t-1$ におけるすべてのニューロンの出力と結合荷重との積の総和によって決定される．これが出力関数（式 (9.3)）によって 1 か -1 の 2 値に変換されて出力となる．このニューラルネットワークでは，ある条件のもとで以下の関数 E（エネルギー関数）が時間経過に対して減少するか変わらないことが知られており，この性質を利用して自己想起型連想記憶が実現できる．

$$E \equiv -\frac{1}{2} \sum_{i=1}^{n} \sum_{j=1}^{n} w_{ij} x_i x_j \tag{9.4}$$

ここで，$\forall i, j; w_{ii} = 0, w_{ij} = w_{ji}$ とすれば，以下のように E に対する k 番目のニューロンの寄与を独立させることができる．

$$E = -\frac{1}{2} \left\{ \sum_{i \neq k} \sum_{j=1}^{n} w_{ij} x_i x_j + x_k \sum_{j=1}^{n} w_{kj} x_j \right\} \tag{9.5}$$

$$= -\frac{1}{2} \left\{ \sum_{i \neq k} \sum_{j \neq k} w_{ij} x_i x_j + x_k \sum_{i \neq k} w_{ik} x_i + x_k \sum_{j=1}^{n} w_{kj} x_j \right\} \tag{9.6}$$

$$= -\frac{1}{2} \left\{ \sum_{i \neq k} \sum_{j \neq k} w_{ij} x_i x_j + x_k \sum_{i=1}^{n} w_{ik} x_i + x_k \sum_{j=1}^{n} w_{kj} x_j \right\} \quad (\because w_{ii} = 0) \tag{9.7}$$

$$= -\frac{1}{2}\sum_{i\neq k}\sum_{j\neq k} w_{ij}x_ix_j - x_k\sum_{i=1}^{n} w_{ij}x_i \qquad (\because w_{ij} = w_{ji}) \tag{9.8}$$

したがって，k 番目のニューロンの出力 x_k が変化したときの E の変化は，

$$\Delta E_k = -\Delta x_k \sum_{i=1}^{n} w_{ik}x_i(t-1), \tag{9.9}$$

$$\Delta x_k \equiv x_k(t) - x_k(t-1) \tag{9.10}$$

となる．$x_k \in \{-1, 1\}$ なので，以下の 2 つの場合を考えればよい．つまり，

i) $\Delta x_k = 2$ $(x_k(t-1) = -1,\, x_k(t) = 1)$ のとき，

$$x_k(t) = 1 \Leftrightarrow u_i(t) > 0 \Leftrightarrow \sum_{i=1}^{n} w_{ik}x_i(t-1) > 0 \qquad \therefore \Delta E_k < 0 \tag{9.11}$$

ii) $\Delta x_k = -2$ $(x_k(t-1) = 1,\, x_k(t) = -1)$ のとき，

$$x_k(t) = -1 \Leftrightarrow u_i(t) < 0 \Leftrightarrow \sum_{i=1}^{n} w_{ik}x_i(t-1) < 0 \qquad \therefore \Delta E_k < 0 \tag{9.12}$$

であり，1 つの素子の出力が変化すれば必ず E が減少することがわかる．

この性質は以下のように自己想起型連想記憶に応用できる．自己想起型連想記憶は，ニューラルネットワークにいくつかの「パターン」を「記憶」させることである．ここで，「パターン」は各成分が 1 か -1 の n 次元ベクトル $\boldsymbol{s}$ とする．「記憶」は，パターン $\boldsymbol{s}$ と似たパターン $\boldsymbol{s}'$ があるとき，ある時刻においてネットワークの出力を $\boldsymbol{s}'$ に設定して十分な時間ニューラルネットワークを運用すると，出力が $\boldsymbol{s}$ に収束することをいう．

記憶させたいパターン

$$\boldsymbol{s} \equiv (s_1, s_2, \ldots, s_n), \quad s_i \in \{-1, 1\} \tag{9.13}$$

に対して，結合荷重 $w_{ij}(i, j = 1, 2, \ldots, n)$ を

$$w_{ij} = s_is_j, \qquad \text{when } i \neq j \tag{9.14}$$

$$w_{ij} = 0, \qquad \text{when } i = j \tag{9.15}$$

とすれば，$\boldsymbol{x} = \boldsymbol{s}$ のとき $w_{ij} = x_ix_j$ なので関数 E の Σ の中身 $w_{ij}x_ix_j$ はすべて 1

となる．したがって，このとき

$$E = -\frac{n(n-1)}{2} \tag{9.16}$$

で，E の最小値を与える．単位時間ステップにつき，1つのニューロンをランダムに選択し，式 (9.1)〜(9.3) に従って出力を更新すれば，時間経過に従い E が減少するため，$\boldsymbol{x}$ がどの値から始まっても最終的に $\boldsymbol{s}$ となる．

複数のパターン $\boldsymbol{s}^{(1)}, \boldsymbol{s}^{(2)}, \ldots, \boldsymbol{s}^{(p)}$ を記憶させる場合は，結合荷重を

$$w_{ij} = \sum_{m=1}^{p} s_i^{(m)} s_j^{(m)}, \qquad \text{when } i \neq j \tag{9.17}$$

$$w_{ij} = 0, \qquad \text{when } i = j \tag{9.18}$$

とする．このとき E は記憶させるパターンが1つのときのものを p 個重ね合わせた形になる．したがって，記憶させるパターンどうしが十分に異なっていれば $\boldsymbol{x} = \boldsymbol{s}^{(m)}$ (m=1, 2, ..., p) のとき極小となる．このとき，記憶パターンの1つの十分近くから出発すれば，当該パターンに到達し，そこで停止する．

以上のように，エネルギー関数が小さくなっていく性質を用いて，不完全なパターンから記憶したパターンを想起することができる．同じ原理を，組み合わせ最適化問題などさまざまな問題に応用することができる．

9.1.2　動的自己想起型連想記憶ネットワークとその電子回路実装

前節のニューラルネットワークで用いられている素子は，生体ニューロンの空間積分の性質のみを考慮した簡略な素子である．合原らは，閾値，不応性，時間減衰等の効果を考慮し，より生体ニューロンに近いモデルとして提案されていた南雲–佐藤の神経モデル[2]を改良し，以下の神経モデルを提案した[3]．

$$x_i(t) = f(\eta_i(t) + \zeta_i(t)) \tag{9.19}$$

$$\eta_i(t) = k_f \eta_i(t-1) + \sum_{j=1}^{n} w_{ji} x_j(t-1) \tag{9.20}$$

$$\zeta_i(t) = k_r \zeta_i(t-1) - \alpha x_i(t-1) + a_i \tag{9.21}$$

$$f(y) = \frac{1}{1 + \exp(-y/\epsilon)} \tag{9.22}$$

2) J. Nagumo and S. Sato, "On a Response Characteristic of a Mathematical Neuron Model." *Kybernetik*, **10**, pp. 155–164 (1972).

3) K. Aihara, T. Takabe, and M. Toyoda, "Chaotic Neural Networks." *Physics Letters* A, textbf144, 6, 7, pp. 333–340 (1990).

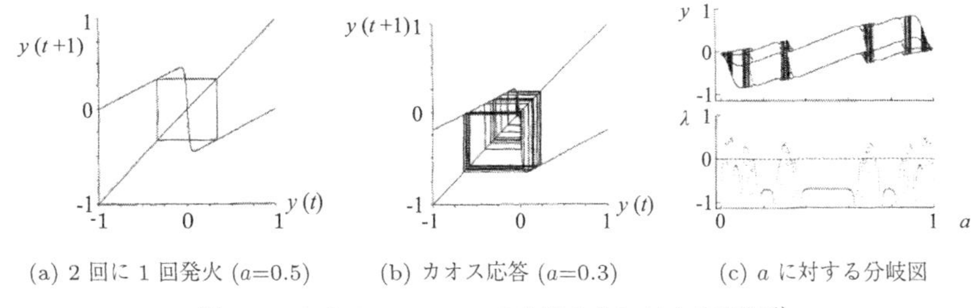

(a) 2 回に 1 回発火 (a=0.5) (b) カオス応答 (a=0.3) (c) a に対する分岐図

図 9.2 カオスニューロンの定値入力に対する応答[4)]

$k_r = 0.5, \epsilon = 0.015, \alpha = 1.0.$

η_i は i 番目のニューロンの他ニューロンからの入力履歴であり，減衰定数 k_f に従って 1 単位時間ごとに減衰していく．ζ_i は i 番目のニューロンの不応性の状態であり，1 単位時間ごとに，減衰定数 k_r に従って減衰，自分の出力 x_i から α の割合で影響を受ける．η_i と ζ_i の和がニューロン素子の内部状態であり，これが出力関数 f によって $(-1, 1)$ の実数に変換されて出力 x_i となる．ϵ は出力関数のゆるやかさを決める．また，a_i は i 番目のニューロンの閾値，一定値入力の合計を意味する定数である．

この神経モデルは，入力が変化しない場合にも図 9.2 に示すようなさまざまな応答を示すことが知られている．特に，図 9.2(b) に示すように，a の値を適切に設定するとカオス応答（リアプノフ指数が正となる応答）が観測されるため，カオスニューロンモデルと呼ばれる（第 1 章参照）．図 9.2(c) はさまざまな a に対して $y(t)$ の値を時間的に重ねてプロットしたものであり，a に対する $y(t)$ の分岐図と呼ぶ．黒いバンドのように見える部分がカオス応答である．カオスニューロンモデルで構築された自己想起型連想記憶ネットワークは，エネルギー関数 E を小さくしようとするダイナミクスと，カオスダイナミクスの相互作用により，E の極小値に到達してもそこにとどまらず，極大値を超えて別の極小値を探索する能力を持つことが知られている[4)]．このようなニューラルネットワークを動的自己想起型連想記憶ネットワークと呼ぶ．極小値に留まらず最小値を探索し続けるため，組み合わせ最適化問題等へ応用すると，時間が限られている場合は「そこそこ」の解を，時間をかければかけるほどよい解を与えることができる．

堀尾らは，スイッチドキャパシタ技術を用い，カオスニューロンモデルの LSI 化に成功した[5)]．スイッチドキャパシタとは，コンデンサを入力および出力端子の

4) M. Adachi and K. Aihara, “Associative Dynamics in a Chaotic Neural Network.” *Neural Networks*, **10**(1), pp. 83–89 (1997).
5) 東京電機大学堀尾研究室 (http://www.d.dendai.ac.jp/lab_site/ckt/).

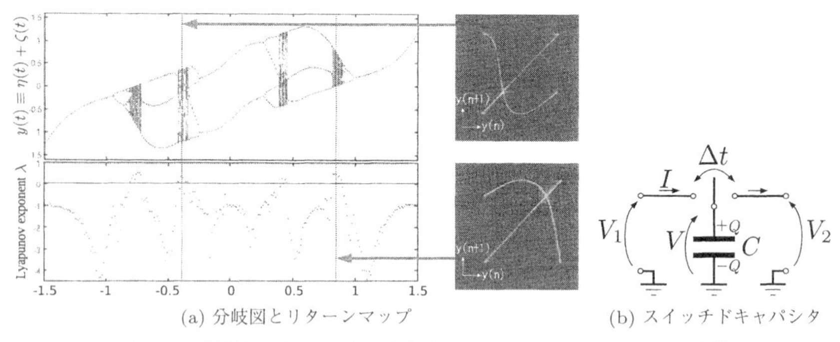

(a) 分岐図とリターンマップ　　(b) スイッチドキャパシタ

図 9.3　堀尾らによるスイッチドキャパシタカオスニューロン回路

間で高速にスイッチングする回路であり（図 9.3(b)），スイッチング周波数により値を調節することのできる抵抗器として働く．Δt 秒に一度，スイッチを V_1（入力）側 $\to\mathrm{V}_2$（出力）側 $\to\mathrm{V}_1$ 側へと切り替えるとする．1 回の切り替えで V_1 側から V_2 側へ送られる電荷量 ΔQ は，

$$\Delta Q = (V_1 - V_2)C \tag{9.23}$$

であるが，これを電流に換算すると，

$$\Delta I = \frac{\Delta Q}{\Delta t} = \frac{C}{\Delta t}(V_1 - V_2) \tag{9.24}$$

となる．したがって，$R = \frac{C}{\Delta t}$ の抵抗器と同じ働きをすることがわかる．この回路により，LSI 内部の回路パラメータを安定した実数値に設定することができる．図 9.3(a) はこの LSI の a に対する $y(t)$ の分岐図を実験により求めたものであるが，図 9.2(c) とよく似た構造になっている．

堀尾らは，この LSI（SC ニューロンチップ）にデジタル回路による荷重保持 LSI（シナプスチップ）を組み合わせ，動的自己連想記憶ネットワークを実装した．SC ニューロンチップ 1 つ当たり 5 ニューロンが実装されており，各ニューロンごとに 1 万入力のシナプスチップ 1 個を用意する．シナプスチップが 1 万入力であるため，最大 1 万ニューロンのシステムが実現可能である．現在 400 ニューロンのシステムが稼働中であり，以下に示す 20×20 の 2 次元パターンを記憶する課題などによって動作検証されている．

図 9.4(a) に示す 4 つの 20×20 ドットのパターンを，空白ドットを -1，実ドットを 1 として 400 次元ベクトル $\boldsymbol{s}^{(p)}$ $(p = 1, 2, 3, 4)$ とみなし，前節で解説したのと同様に自己相関行列の重ね合わせにより結合荷重を決定する．

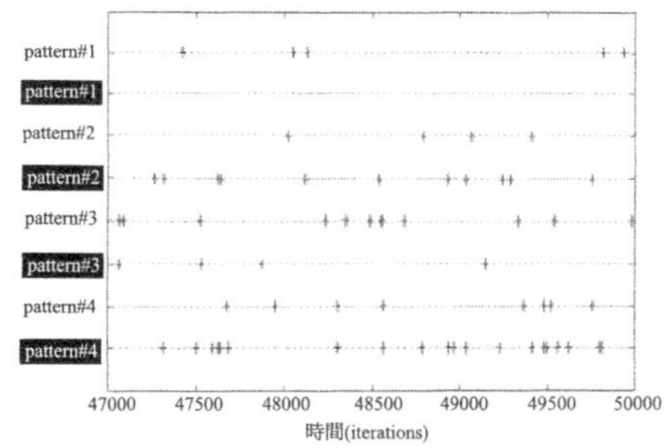

(a) 記銘パターン　(b) 想起パターン時系列例　(c) 記銘パターンの想起

図 9.4　記銘パターンと想起パターン

$$w_{ij} = \frac{1}{4}\sum_{p=1}^{4} s_i^{(p)} s_j^{(p)}, \qquad (i, j = 1, 2, \ldots, 400) \tag{9.25}$$

図 9.4(b) に，想起パターンの時系列例を示す．図 9.4(c) からわかるように，記銘パターンとその真逆のパターンが非周期的に想起されており，エネルギー関数の極小値に到達してもそこから抜け出すダイナミクスが実装されている．

9.2　シリコン網膜 (silicon retina)

シリコン網膜は，文字どおり網膜機能を電子回路で再現したものである．盛んに研究されており，画像処理 LSI として商用化されたものもある．本節では，最も基本的なシリコン網膜の実装を紹介する．

網膜は眼球の一部であり，レンズ体を通過した光が像を結ぶ曲面に位置している（図 9.5(a)）．光を電気信号に変換する視細胞と，その信号を前処理して脳の視覚野へ送り出す神経回路網で構成されている（図 9.5(b)）．視細胞の出力信号はまず，水平細胞と双極細胞に伝わり，双極細胞は水平細胞からも信号を受け取る．同様に，双極細胞の出力は，アマクリン細胞と神経節細胞に伝わり，神経節細胞はアマクリン細胞からも信号を受け取るという 2 段構造になっている．いずれの構造も，横方向の結合を担う細胞（水平細胞，アマクリン細胞）と，縦方向の伝達を担う細胞（双極細胞，神経節細胞）から成り立っており，このような構造が網膜での信号処理の基盤をなしていると考えられている．以下では，特に前段に着目し，網膜の主要特性について述べる．

視細胞は前述のとおり光を電気信号（膜電位）に変換する細胞であり，受光強

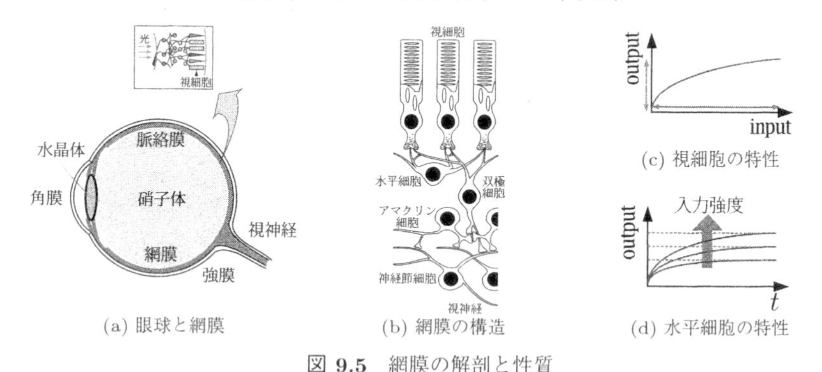

(a) 眼球と網膜　(b) 網膜の構造　(c) 視細胞の特性　(d) 水平細胞の特性

図 9.5　網膜の解剖と性質

度の対数に比例した（図9.5(c)）量の伝達物質を放出する．光の強度の比を対数関係に変換することにより，ダイナミックレンジの拡大に貢献していると考えられている．水平細胞は近隣の視細胞の出力を受け，その平均を出力する．水平細胞どうしはギャップジャンクションと呼ばれる物理的接合により結合しており，非常に多くの視細胞の入力を平均していると考えられている．この際，時間的には積分動作となり，入力信号の合計が大きいほど早く出力が上昇する（図9.5(d)）．双極細胞は，近隣の視細胞から興奮性入力を，水平細胞から抑制性入力を受け，視細胞と水平細胞の出力の差分に比例した信号を出力する．

このような構造から作りだされているのが，感度応答 (intensity response)，時間応答 (temporal response)，空間応答 (spacial response) と呼ばれる3つの主要特性である（図9.6）．感度応答は，網膜全面に光照射を行った場合にみられる空間的な順応である．水平細胞は，広く分布する多くの視細胞からの入力を平均するため，網膜に結ばれた像の局所的な情報に加えて，全体の光強度の影響を大きく受ける．双極細胞は近隣の視細胞から興奮性入力を受け，水平細胞から抑制性入力を受けるため，局所的な情報から全体の光強度を「差し引いて」出力を決めることになる．これにより，図9.6(a)に示すように，入出力曲線が背景光強度によりシフトする．視細胞の対数特性により入出力曲線の横軸が光強度の対数となっており，比較的ダイナミックレンジの広い入力に対応できるが，このように入出力曲線がシフトすることにより場面場面の光強度に順応した処理が可能となる．

時間応答は，スポット光照射に対する時間的な順応である（図9.6(b)）．前述のように水平細胞は時間的には積分動作であり，視細胞の応答に遅れて反応する．したがって双極細胞の出力は，スポット光が照射されると視細胞からの入力により上昇し，遅れて水平細胞の出力上昇により低下する．そして，これはスポット光

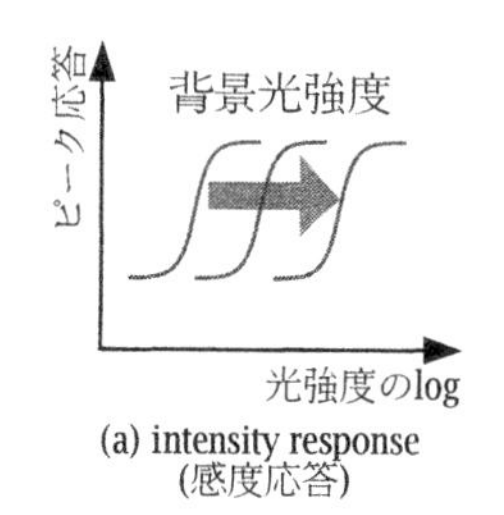

(a) intensity response
(感度応答)

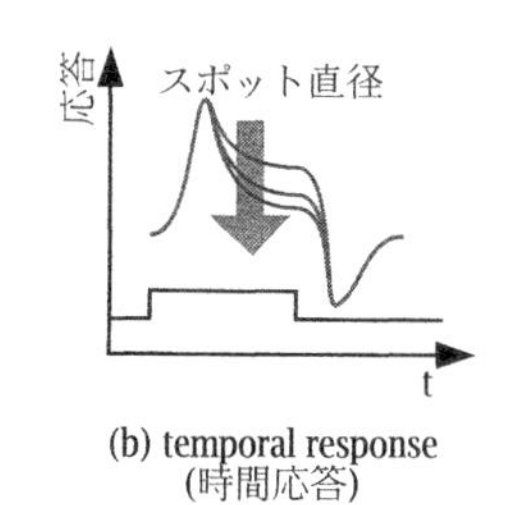

(b) temporal response
(時間応答)

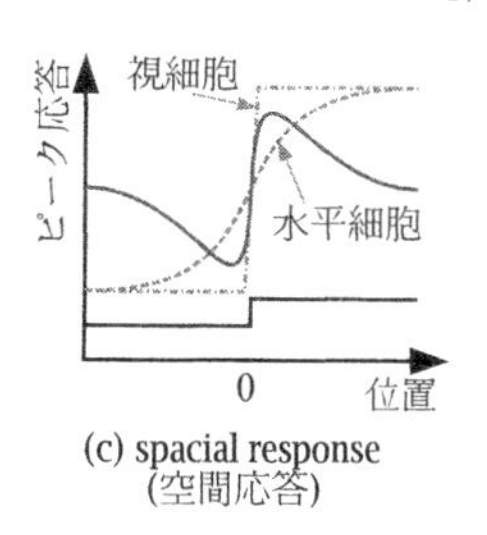

(c) spacial response
(空間応答)

図 9.6 網膜の主要特性

が消えると視細胞からの入力の低下により低下し，遅れて水平細胞の出力低下により回復する．このような仕組みで，入力光の時間的な変化点に大きなピークやバレーが発生し，時間変化が強調されることになる．この際，スポット光の大きさによって経時的応答が変化するが，これは，水平細胞が空間的な平均を算出する特性をもっているからである．

空間応答は，像のエッジを強調する特性である（図 9.6(c)）．入射光の境界（図中 0）の周辺において，視細胞は入射光のない領域（図中左側）では出力が 0 であり，ある領域（右側）では出力が大きくなる．これに対して水平細胞は広い領域の視細胞の出力を平均するため，図に示すように出力の分布がなめらかになる．双極細胞はこれらの差分を出力するため，境界付近に大きなリバウンドを発生し，空間的な変化が強調されることになる．

図 9.7 にもっとも基本的なシリコン網膜を示す[6]．これは，上で説明した網膜の構造の前段部分を回路化したものであり，視細胞，双極細胞，水平細胞の機能の特徴を再現する回路ブロックの組み合わせで構成されるユニットが相互結合した構造となっている．視細胞回路は，リニアな特性の光センサと，その出力を対数特性に変換する回路（図中右）によって構築されている．また，水平細胞回路は積分器と，隣接するユニット内の水平細胞回路との接続抵抗によって成り立っている．前述のように，水平細胞どうしの結合はギャップジャンクションによるものであるが，これは線形抵抗として働いている．したがって，接続抵抗は線形性の高い抵抗回路によって実現される．各ユニットの出力は双極細胞と同様，視細胞回路の出力と水平細胞回路の出力との差分を出力する双極細胞回路によって生成されている．実験により，このような比較的単純な回路が生物の網膜の特性をよく再現することが示されている．

---

6) C. Mead, "*Analog VLSI and Neural Systems.*" Addison-Wesley Publishing Company (1989).

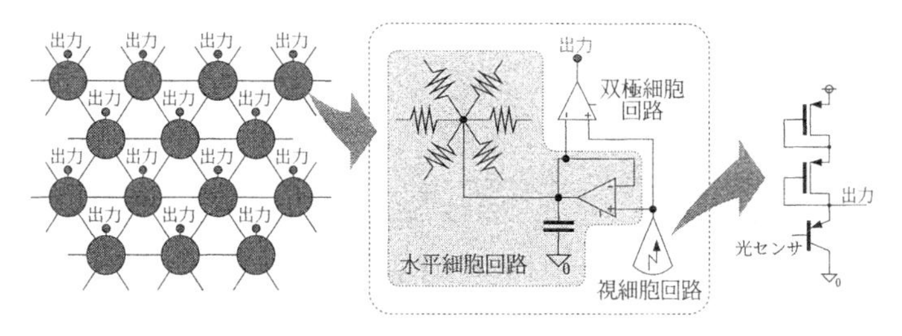

図 9.7 シリコン網膜の構造

9.3 シリコンニューロン

シリコンニューロンは，神経細胞と同等の特性・機能をもつ電子回路である．現実の神経細胞にはさまざまな種類があり，それぞれが複雑な性質を持っているため，何をもって神経細胞と同等の機能を持つとするかが難しい問題である．また現時点では，神経細胞のさまざまな性質のうち何が神経系における情報処理にとって重要かについても決定的な知識が得られていない．したがって，どのようにシリコンニューロン回路の仕様を決めればよいかという問題に対して決定的な解答がないのが現状である．

本節では，従来からある2つの考え方に基づいたシリコンニューロンを紹介したうえで，筆者らの提案する新しい考え方に基づいた回路を紹介する．

9.3.1 従来的アプローチ

シリコンニューロン回路の仕様決定の考え方の1つは，現象論的 (phenomenological) アプローチである（図 9.8(a)）．設計者は，生体神経細胞のさまざまな性質のうち重要と考えるものの特徴を捉えて言語化し（たとえば「閾値」），その言葉で表現される機能を電子回路で実装する．このため設計の自由度が比較的高く，仕様をデバイスに合わせて決めることができるので，回路がシンプルになる．しかし，現象の背後にあるメカニズムを考えないため，現象の再現の正確さには限界がある（たとえば生体神経細胞における「閾値」のメカニズムは第2章に書かれているように1つではない）．また，再現する現象を設計者が選択するため，選択されなかった現象は再現されないことがある．

この考え方で設計されたシリコンニューロン回路の1つが図 9.9 に示す adaptive

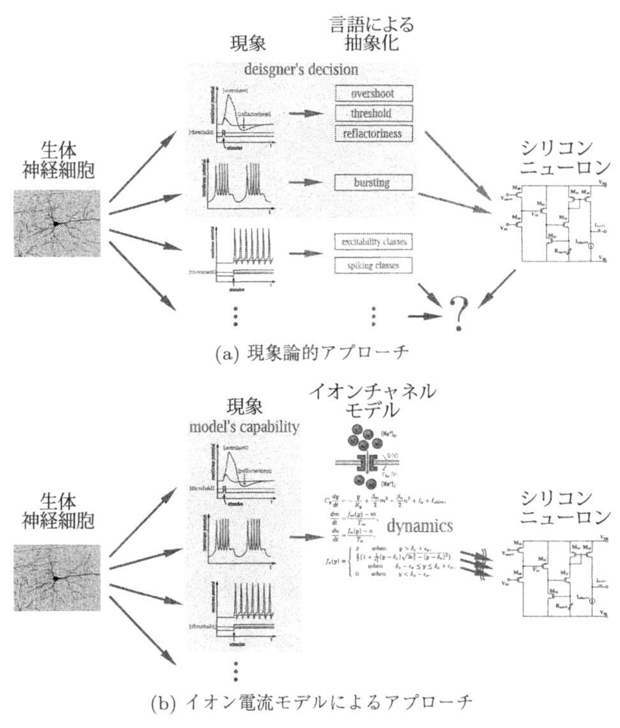

(a) 現象論的アプローチ

(b) イオン電流モデルによるアプローチ

図 9.8 従来のシリコンニューロン回路設計法

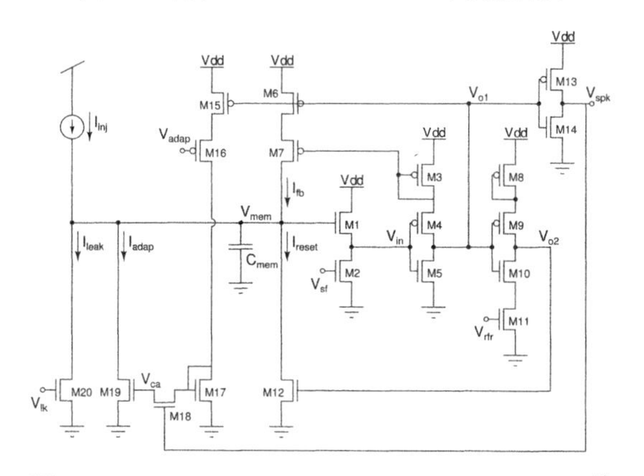

図 9.9 Adaptive integrate and fire silicon ニューロン[7)]

7) D. Rubin, E. Chicca, and G. Indiveri, "Characterizing the firing properties of an adaptive analog VLSI neuron." *Lecture Notes in Computer Science (LNCS)* **3141**, pp. 189–200 (2004).

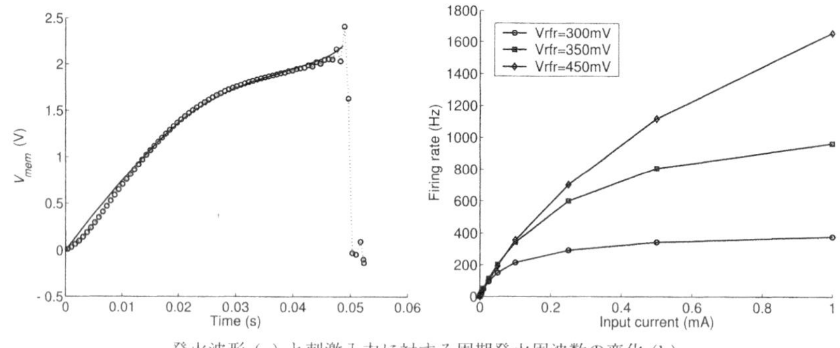

発火波形 (a) と刺激入力に対する周期発火周波数の変化 (b)

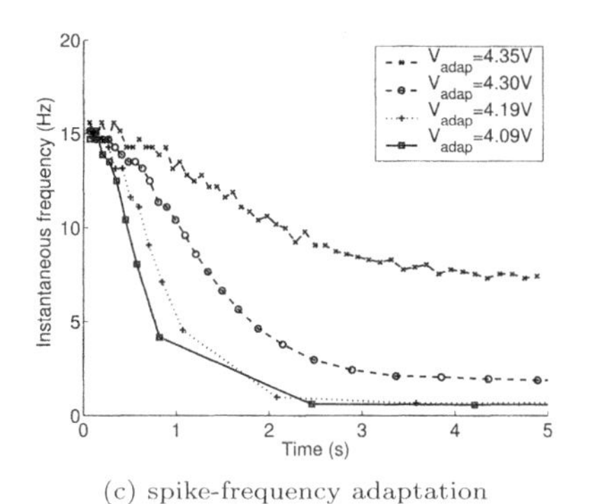

(c) spike-frequency adaptation

図 9.10　図 9.9 の回路の特性[8]

integrate and fire (I & F) ニューロン回路[9]である．この回路は神経細胞の，刺激入力の時空間加算（刺激の効果が蓄積して発火が起こる），閾値（ある程度以上の刺激が入らないと発火しない），不応期（いったん発火するとしばらく発火しにくくなる），spike-frequency adaptation（周期発火が続くとその周波数が遅くなっていく），の 4 つの現象を再現するように設計されている．

20 個の MOSFET により構築されるシンプルな回路で，消費電力は 1 μW 程度である．この回路の発火波形を図 9.10(a) に示す．縦軸が膜電位 (V_{mem})，横軸が時間である．刺激入力が少しずつ加算され，閾値（2 V 付近）を超えると発火が起こっている．この回路における発火は小さな突起であり，生体神経細胞のものと異なっている．図 9.10(b) は時間的に一定の刺激電流値を与えた場合に発生する周期発火の最高周波数を，電流値に対してプロットしたものである．刺激電流

8), 9) D. Rubin (2004)（前出）.

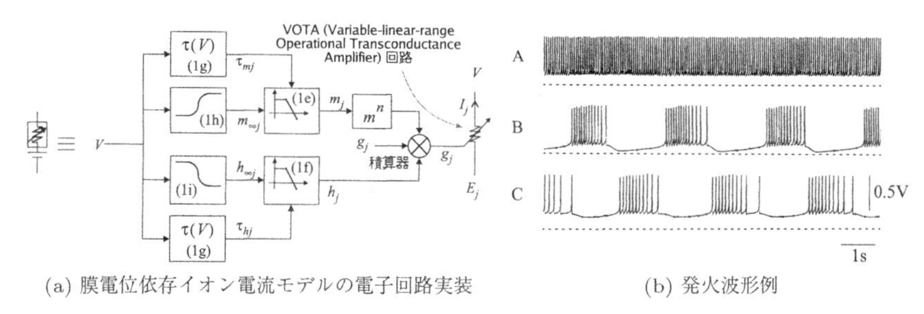

(a) 膜電位依存イオン電流モデルの電子回路実装　(b) 発火波形例

図 9.11 Simoni らの回路

値が大きくなるに従って周波数が 0 Hz から徐々に高くなっている．I & F ニューロンはクラス I であるから，この結果は設計と矛盾しない．図 9.10(c) は周期発火の周波数が時間の経過に従ってどのように変化するかを示している．縦軸がある時刻における瞬間周波数，横軸が周期発火の継続時間である．時間が経つに従って周波数が低下しており，設計意図が達成されている．

さて，シリコンニューロン回路の仕様決定のもう 1 つの考え方は，イオン電流のダイナミクスを記述するニューロンモデルを正確に再現しようとするものである（conductance-based，図 9.8(b)）．このアプローチは神経細胞と接続したネットワークの構築（ハイブリッドシステム）等を目的とするシリコンニューロンに多くみられる．本節では Simoni らの回路（図 9.11）[10] を取り上げる．

彼らは 7 種類のイオン電流をもつヒルの心臓インターニューロンのモデルを電子回路によって実装している．イオン電流は膜電位に依存して変化するが，この特性を電子回路で実現したのが図 9.11(a) の回路ブロックである．図中 (1h)，(1i) はモデルを構成する微分方程式のナルクライン，(1g) は方程式中の膜電位依存時定数を生成しており，(1e)，(1f) の積分器で微分方程式を解いている．また，図中 m^n のブロックと積算器は，膜電位の方程式の一部を実現している．この回路は生体を構成するタンパク質のモデルを電子回路で実現しようとしているため，複雑で大規模となっている．全体で 400 個以上の MOSFET 素子で構成されている．また，この回路はモデルを完全に実装しているわけではなく，(1h)，(1i) の回路はナルクラインの形状を単純化，(1g) は定数で代用している．しかし，この回路でみられる波形は生体神経細胞でみられるものと非常に近く，ヒルの心臓インターニューロンで観察されるものと非常に類似したバースト発火 (burst firing) を発生

10) M. Simoni, G. Cymbalyuk, M. Sorensen, R. Calabrese, and S. DeWeerth, “A Multi-conductance Silicon Neuron with Biologically Matched Dynamics.” *IEEE Transactions on Biomedical Engineering*, **51**(2) (2004).

させることに成功していいる（図9.11(b) B, C）．また，パラメータを変化させることによりバースト発火に加えて持続発火 (tonic firing) を発生させることもできることが示されている（図9.11(b) A）．

9.3.2　数理的手法を用いたアプローチ

神経細胞のモデルはイオン電流のダイナミクスを記述したものであり，タンパク質の固有の性質を多く含んでいる．このモデルを電子回路で完全に再現するためには非常に複雑な回路が必要となり現実的ではない．前項で紹介した，イオン電流のダイナミクスを正確に再現しようとする (conductance-based) シリコンニューロン回路でもそうであるように，ある程度の単純化は避けられない．では，どういった単純化がどの程度可能だろうか？　ここではconductance-basedな設計手法におけるようなトライアンドエラーではなく，数理的手法を用いることによって単純な回路を設計する (mathematical-model-based) アプローチを紹介する（図9.12）．この方法では，理論研究により明らかにされた神経細胞モデルの数理的構造を，電子回路で容易に実装できる関数を用いて再現することにより，シリコンニューロンのモデルを構築する．以下では具体的に，ディスクリートMOSFETを用いてクラスI, II（第1章参照）の両方を実現できるシンプルなシリコンニューロン回路を構築する．この際，パラメータを適切に設定することによってクラスI, IIの両方を表現できる生体モデルの1つであるMorris-Lecar (M-L) モデルを参考とする．これは膜電位 y，Ca^{++} イオンチャネル変数 m，K^{+} イオンチャネル変数 w の3変数の微分方程式で，クラスI, IIに対応するパラメータが示されている[11]．

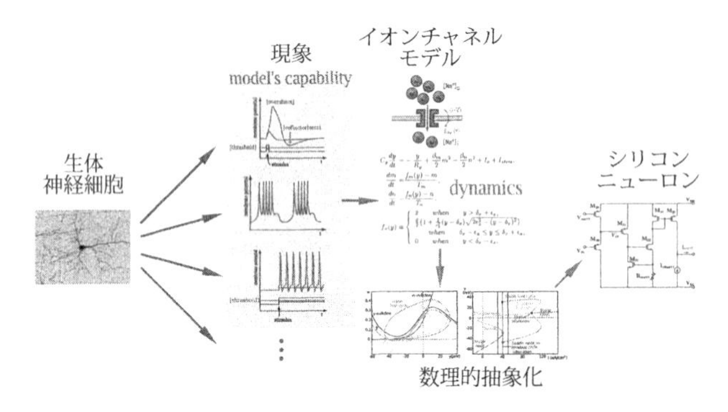

図9.12　数理的手法を用いたシリコンニューロン回路設計法

11) C. Morris and H. Lecar, "Voltage oscillations in the barnacle giant muscle fiber." *Biophysical Journal*, **35**, pp. 193–213 (1981).

$$C\frac{dy}{dt} = -\bar{g}_{Ca}m(y - E_{Ca}) - \bar{g}_K w(y - E_K)$$
$$- \bar{g}_L(y - E_L) + I_{stim} \tag{9.26}$$
$$\frac{dm}{dt} = \psi\frac{(m_\infty(y) - m)}{\tau_m(y)} \tag{9.27}$$
$$\frac{dw}{dt} = \phi\frac{(w_\infty(y) - w)}{\tau_w(y)} \tag{9.28}$$

C は膜容量，I_{stim} は外部から与えられる刺激電流，E_{Ca}，E_K，E_L はそれぞれ Ca^{++}，K^+，その他のイオンの平衡電位，$\bar{g}_{Ca}$，$\bar{g}_K$，$\bar{g}_L$ はそれぞれ Ca^{++}，K^+，その他のイオンによる電流の最大コンダクタンス，$\tau_m(y)$，$\tau_w(y)$ はそれぞれ変数 m，w の時定数，ψ，ϕ は温度の影響を表現する定数である．また，$m_\infty(y)$，$w_\infty(y)$ はそれぞれ m，w の平衡状態を表す関数であり，ともにシグモイダルな形状をしている．式 (9.26) は膜電位 y が膜容量 C の両端の電位差であり，C に Ca^{++} と K^+，その他のイオンによる電流が充放電されることにより y がダイナミックに変化することが記述されている．図 9.13(a) に示すように，E_{Ca} は C を充電して y を上げる，E_K は C を放電して y を下げる働きをする．この際，Ca^{++} と K^+ のイオンチャネルがどの程度開いているかによって充放電されるイオン電流の量が影響を受けるが，これを表現する変数が m，w である．式 (9.27)，(9.28) はこれらの変数が膜電位 y の影響を受けながら変化していく様子を表現している．

Morris らは，実験データからクラス I，II のそれぞれに対応するパラメータを決定したが，いずれの場合も m の時定数が w に比べ非常に小さい．これを利用して $m \to m_\infty(y)$ と近似することで y と w の 2 変数の微分方程式に簡略化したものを縮小 M-L モデルと呼ぶ．

$$C\frac{dy}{dt} = -\bar{g}_{Ca}m_\infty(y)(y - E_{Ca}) - \bar{g}_K w(y - E_K)$$
$$- \bar{g}_L(y - E_L) + I_{stim} \tag{9.29}$$
$$\frac{dw}{dt} = \phi\frac{(w_\infty(y) - w)}{\tau_w(y)} \tag{9.30}$$

このモデルの w-y 位相平面を図 9.13 に示す．w ナルクラインと n ナルクラインの詳細な形状ではなく，それらの幾何的な位置関係と平衡点の性質が静止膜電位と活動電位の性質を決めており，刺激電流によってこの位置関係がどのように変化していくかがニューロンのクラスを決定する（第 2 章参照）．したがって，MOSFET 回路で実現しやすい曲線を組み合わせて図 9.13 のような位相平面を再現し，分岐

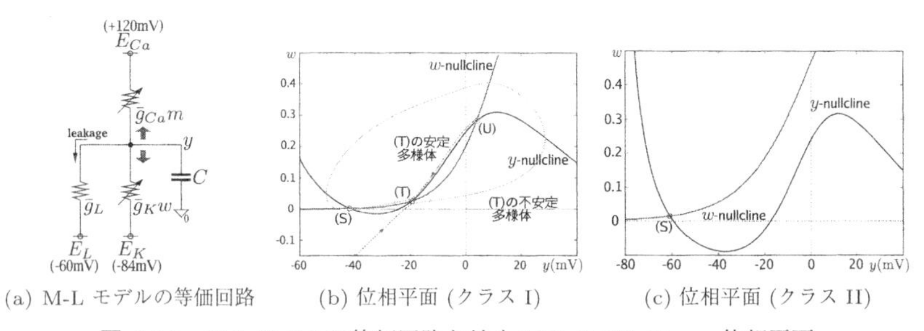

(a) M-L モデルの等価回路　(b) 位相平面 (クラス I)　(c) 位相平面 (クラス II)

図 **9.13**　M-L モデルの等価回路と縮小 M-L モデルの w-y 位相平面

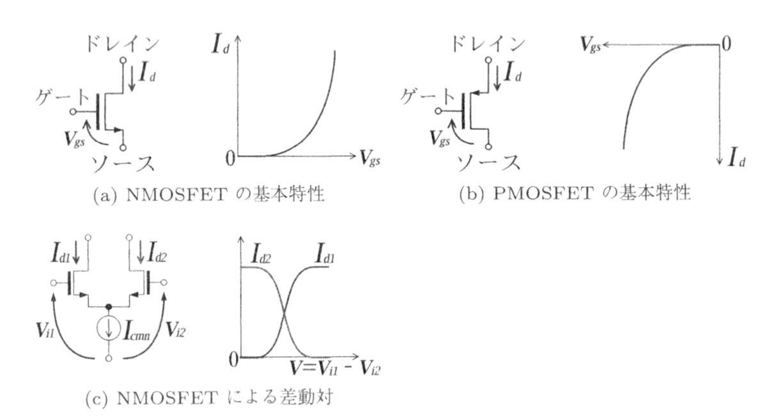

(a) NMOSFET の基本特性　(b) PMOSFET の基本特性

(c) NMOSFET による差動対

図 **9.14**　MOSEFT の特性

解析によってニューロンクラスをチェックすることによって，神経細胞の性質の本質をシリコンニューロン回路で再現することができる．

MOSFET は図 9.14(a)(b) に示すような 3 端子の素子であり NMOSFET（以下 NMOS）と PMOSFET（以下 PMOS）の 2 種類がある．ソース端子を基準としたゲート端子の電位 V_{gs} によって，ドレイン端子からソース端子へ流れる電流 I_d が制御される．MOSFET 回路で最も実現しやすい曲線はこの I_d-V_{gs} 特性である．この曲線は NMOS では

$$I_d = \frac{\beta}{2}(V_{gs} - V_\theta)^2 \tag{9.31}$$

と書ける（PMOS では I_d，V_{gs} の符号が逆転する）．β と V_θ は MOSFET 素子固有の定数であり，それぞれトランスコンダクタンス係数，V_θ は閾値電圧と呼ばれる．また，図 9.14(c) に示す回路は差動対 (differential pair) と呼ばれる回路であり，以下のようなシグモイダルな曲線を実現できる．

$$I_{d1} = \frac{I_{cmn}}{2} + \frac{\beta}{4} v \sqrt{\frac{4I_{cmn}}{\beta} - v^2} \equiv f_{dp}(v) \tag{9.32}$$

$$I_{d2} = \frac{I_{cmn}}{2} - \frac{\beta}{4} v \sqrt{\frac{4I_{cmn}}{\beta} - v^2} \equiv f_{dn}(v) \tag{9.33}$$

ただし，I_{cmn} は図中の定電流源の電流値である．この定電流源自体も最低 1 個の MOSFET 素子で実現することができ，最も簡単な差動対回路は 3 素子の MOSFET で構築することができる．

電子回路での実現性を考慮して構築された方程式は以下のようになる．

$$C_y \frac{dy}{dt} = -\frac{y}{R_y} + \frac{\beta_m}{2} m^2 - \frac{\beta_w}{2} w^2 + a + I_{stim} \tag{9.34}$$

$$\frac{dm}{dt} = \frac{f_m(y) - m}{T_m} \tag{9.35}$$

$$\frac{dw}{dt} = \frac{f_w(y) - w}{T_w} \tag{9.36}$$

この方程式は図 9.15 の回路で実装される．方程式中の C_y，R_y は図中の同名のキャパシタ，抵抗器の容量，抵抗値であり，β_m，β_w は図中の MOSFET mo，wo のトランスコンダクタンス係数，a は図中の電流 I_{ap} から I_{an} を引いたものであ

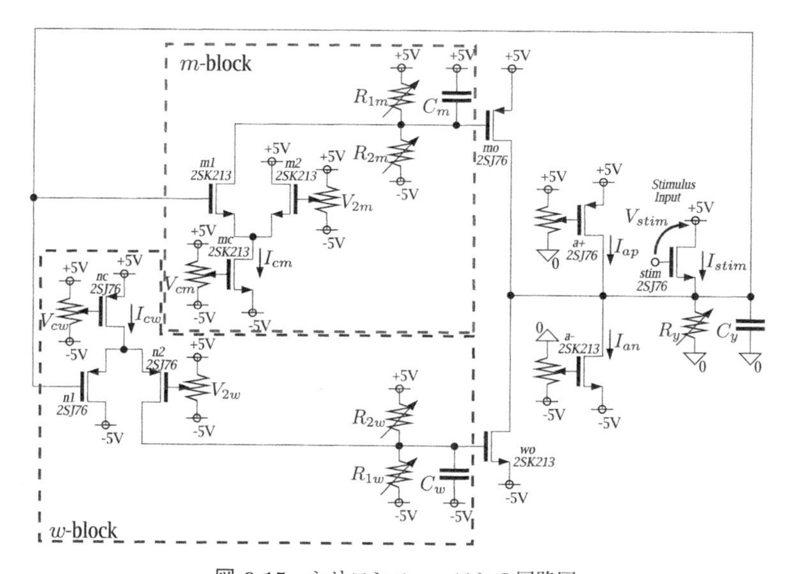

図 9.15 シリコンニューロンの回路図

る．変数 m，w はそれぞれ M-L モデルの同名の変数に相当し，T_m，T_w がそれぞれの時定数，曲線 $f_m(y)$，$f_w(y)$ がそれぞれの平衡状態である．これらの曲線は M-L モデルではシグモイダルな形状をしているが，この回路では差動対の特性曲線 $f_{dp}(y)$ を用いる．縮小 M-L モデルと同様，$T_m \ll T_w$ と仮定して $m \to f_m(y)$ と近似することで以下の縮小モデルを得る．

$$C_y \frac{dy}{dt} = -\frac{y}{R_y} + \frac{\beta_m}{2} f_m^2(y) - \frac{\beta_w}{2} w^2 + a + I_{stim} \tag{9.37}$$

$$\frac{dw}{dt} = \frac{f_w(y) - w}{T_w} \tag{9.38}$$

このモデルの平衡点 (y_0, w_0) の安定性は，以下のように，この点の周りのヤコビアン行列 J を計算することで評価できる．

$$J = \begin{pmatrix} g'(y_0) & -h'(w_0) \\ \frac{1}{T_w} f_w'(y_0) & -\frac{1}{T_w} \end{pmatrix} \tag{9.39}$$

ただし

$$h(w) \equiv \frac{\beta_w}{2} w^2$$
$$g(y) \equiv -\frac{y}{R_y} + \frac{\beta_m}{2} f_m^2(y)$$

である．

この行列の固有値を λ_0，λ_1 とすれば

$$\lambda_0 + \lambda_1 = g'(y_0) - \frac{1}{T_w} = h'(w_0) \left\{ \frac{g'(y_0)}{h'(w_0)} - \frac{1}{T_w h'(w_0)} \right\} \tag{9.40}$$

$$\lambda_0 \lambda_1 = \frac{h'(w_0)}{T_w} \left(f_w'(y_0) - \frac{g'(y_0)}{h'(w_0)} \right) \tag{9.41}$$

となる．また，平衡点における y-nullcline の傾き $\eta'(y_0)$ は，

$$\eta'(y_0) = (h^{-1})'(g(y_0) + A) g'(y_0) = (h^{-1})'(w_0) g'(y_0) = \frac{g'(y_0)}{h'(w_0)} \tag{9.42}$$

であるから，式 (9.40)，(9.41)，(9.42) を合わせて以下の条件を得る．

- 安定平衡点 $\Leftrightarrow \lambda_0 + \lambda_1 < 0$ かつ $\lambda_0 \lambda_1 > 0$

$$\lambda_0 + \lambda_1 < 0 \Leftrightarrow \eta'(y_0) < \frac{1}{T_w h'(n_0)} = \frac{C_y}{w_0 \beta_w T_w} \tag{9.43}$$

$$\lambda_0 \lambda_1 > 0 \Leftrightarrow \eta'(y_0) < f_w'(y_0) \quad (\text{ただし，} h'(w_0) > 0) \tag{9.44}$$

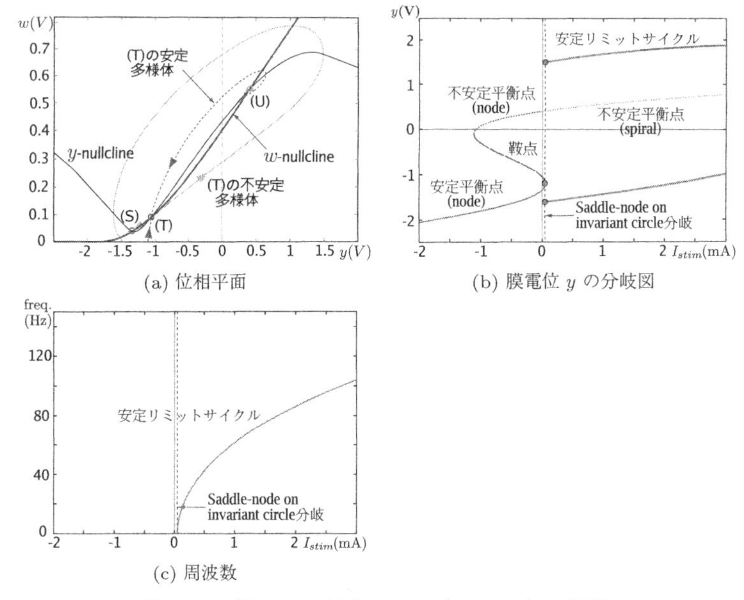

(a) 位相平面　(b) 膜電位 y の分岐図

(c) 周波数

図 9.16　図 9.15 の縮小モデル（クラス I）の性質

- 不安定平衡点 $\Leftrightarrow$ $\lambda_0+\lambda_1>0$ かつ $\lambda_0\lambda_1>0$

$$\lambda_0+\lambda_1>0 \Leftrightarrow \eta'(y_0)>\frac{1}{T_n h'(w_0)}=\frac{C_y}{w_0\beta_w T_w} \tag{9.45}$$

$$\lambda_0\lambda_1>0 \Leftrightarrow \eta'(y_0)<f'_w(y_0) \tag{9.46}$$

- 鞍点 $\Leftrightarrow$ $\lambda_0\lambda_1<0$

$$\lambda_0\lambda_1<0 \Leftrightarrow \eta'(y_0)>f'_n(y_0) \tag{9.47}$$

この条件を参考にしながら，このモデルの位相平面が図 9.13(b)，(c) と同等の構造をもつようパラメータを決定した（図 9.16(a)，図 9.17(a)）．パラメータの数値を章末に示す．これらは，ナルクラインの形状は異なるが，相対的な位置関係，平衡点の安定性が一致している．また，数値計算で求めた鞍点の安定および不安定多様体の位置関係も一致している．したがって，静止膜電位の存在や活動電位のオーバーシュート，閾値，不応期の性質も一致する（第 2 章参照）．図 9.16(a) の場合，図 9.16(b)，(c) のような分岐解析結果が得られる．分岐パラメータは I_{stim} であり，(b) には膜電位 y の平衡点および周期軌道が，(c) には周期軌道の周波数が描かれ

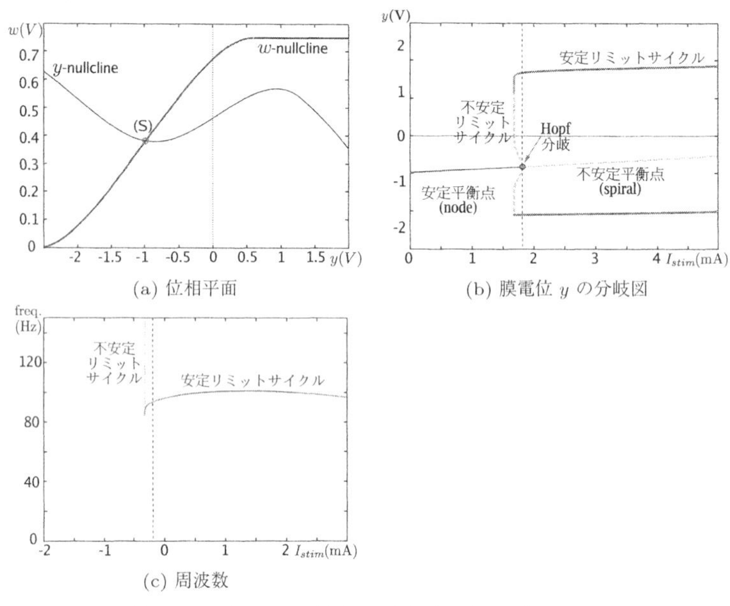

図 9.17　図 9.15 の縮小モデル（クラス II）の性質

ている．なお，(b) では周期軌道は y の最大値および最小値が表示されている．(b) からわかるように $I_{stim} = 0.0496$ (mA) 付近にて saddle-node on invariant circle 分岐が発生している．(c) に示すように周期発火が周波数 0 (Hz) から始まっており，確かにクラス I ニューロンとして機能していることがわかる．図 9.17(a) の場合は，図 9.17(b)，(c) のような分岐解析結果が得られる．(b) より，$I_{stim} = 1.82$ (mA) 付近にて Hopf 分岐が発生していることがわかる．(c) に示すように周期発火が約 80 (Hz) から始まっており，確かにクラス II ニューロンとして機能している．

筆者らは，式 (9.34)～(9.36) に変数 h を追加した回路モデルを実装した[12]．この変数 h は，ヤリイカの巨大軸索のモデルであるホジキン–ハクスレイ (HH) モデルの Na^+ チャネルの不活性化変数 h に相当し，クラス II の場合に周期発火を発生させる I_{stim} の範囲を広げるなどの効果がある．モデルは，

$$C_y \frac{dy}{dt} = -\frac{1}{R_y} + \min(\frac{\beta_m}{2}m^2, \frac{\beta_h}{2}h^2) - \frac{\beta_w}{2}w^2 + a + I_{stim} \tag{9.48}$$

$$\frac{dh}{dt} = \frac{f_h(y) - h}{T_h} \tag{9.49}$$

12)　Takashi Kohno and Kazuyuki Aihara, "A MOSFET-based model of a Class 2 Nerve membrane." *IEEE Transactions on Neural Networks*, **16**(3), pp. 754–773 (2005).

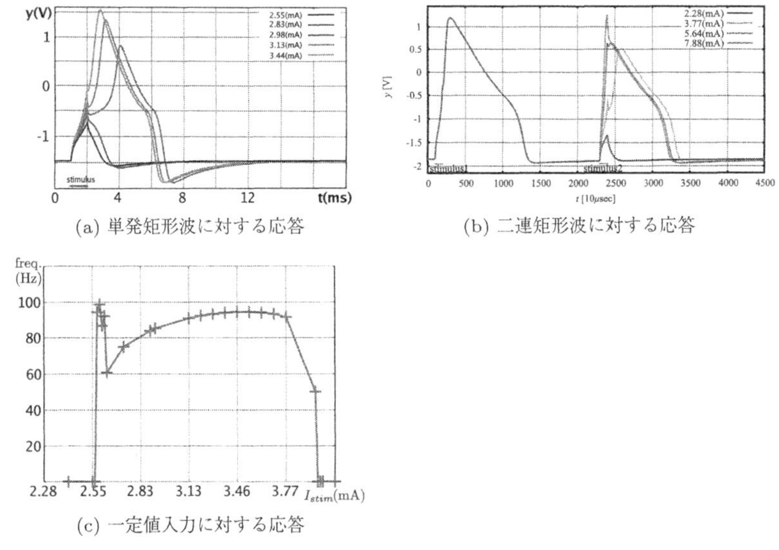

(a) 単発矩形波に対する応答

(b) 二連矩形波に対する応答

(c) 一定値入力に対する応答

図 9.18　筆者らの回路の特性

矩形波の幅はいずれも 1 (msec).

と書ける．$f_h(y)$ は f_{dn}（式 (9.33)）を用いる．dm/dt, dw/dt は式 (9.35), (9.36) と同じである．適切にパラメータを設定し，各種刺激入力を与える実験で観測された応答を図 9.18 に示す．図 9.18(a) は強さの異なる単発の矩形波刺激を与えた場合の膜電位の変化である．刺激強度が 2.98 mA 以上の場合に大きなオーバーシュートが観測されており，2.98 mA と 2.83 mA の間に閾値が存在することがわかる．図 9.18(b) は 22 ms の間隔で 2 発の矩形波刺激を与えた場合の膜電位の変化である．最初の矩形波刺激の強さは 3.77 mA で一定，2 回目に強さの異なる矩形波刺激を与えている．2 回目の刺激強度が初回と同じ 3.77 mA のときのオーバーシュートは最初の刺激に対するものよりも小さい．また最初の刺激に対するオーバーシュートとほぼ同じ応答を 2 回目に得るためには 7.88 mA と，初回の刺激の 2 倍以上の強さが必要になる．これらから，不応期の存在がわかる．図 9.18(c) は時間的に強度の変わらない刺激を与えた場合に観測される周期発火の周波数である．$I_{stim} = 2.55$ (mA) 近辺で 0 でない周波数で周期発火が始まっており，クラス II であることがわかる．

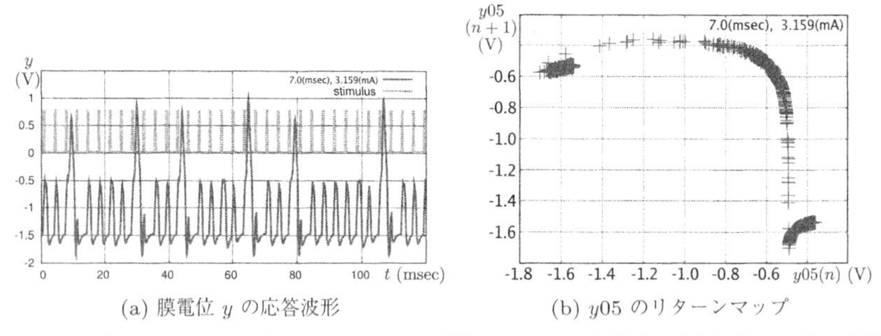

(a) 膜電位 y の応答波形　(b) $y05$ のリターンマップ

図 9.19　幅 1 (msec)，強度 3.159 (mA)，周期 7 (msec) の周期矩形波刺激に対する応答

ヤリイカの巨大軸索での実験[13)]やHHモデルでのシミュレーション[14)]において，周期刺激に対するカオス応答が報告されているが，このシリコンニューロンにおいても類似した応答が観測された．図 9.19(a) は時間幅 1 ms で強さ 3.159 mA の矩形波刺激を 7 ms 周期で与えた場合の刺激と y の変化の波形である．単調な周期刺激に対してあたかもランダムであるかのような複雑な応答が発生している．n 回目の刺激パルスの終了後 0.5 ms の時点での y の値を $y05(n)$ とし，横軸に $y05(n)$ を，縦軸に $y05(n+1)$ を観測したすべての n に対してプロットする（リターンマップと呼ぶ）と，図 9.19(b) のようにすべての点がある曲線上にのる．このことは，y の複雑な応答が決まった規則に従って発生したものであることを意味している．このマップのリアプノフ指数[15)]を推定すると 0.244±0.00302 で正となり，カオス応答であると考えられる．

a. クラスIパラメータ

記号	値	記号	値	記号	値
β_m	0.0406 (A/V^2)	β_w	0.0799 (A/V^2)	C_y	0.0100 (mF)
δ_m	−0.5200 (V)	δ_w	0.8000 (V)	R_y	200 (Ω)
ϵ_m	2.000 (V)	ϵ_w	2.600 (V)	a	−0.00834 (A)
$\bar{m}$	1.300 (V)	$\bar{w}$	1.400 (V)		
T_m	0.1300 (ms)	T_w	1.500 (ms)		

b. クラスIIパラメータ

記号	値	記号	値	記号	値
β_m	0.0406 (A/V^2)	β_w	0.0799 (A/V^2)	C_y	0.0012 (mF)
δ_m	−0.6000 (V)	δ_w	−1.0000 (V)	R_y	110 (Ω)
ϵ_m	1.900 (V)	ϵ_w	1.600 (V)	a	−0.007 (A)
$\bar{m}$	1.220 (V)	$\bar{w}$	0.750 (V)		
T_m	0.1300 (ms)	T_w	5.000 (ms)		

13)　高橋伸行・松本元，“ヤリイカ巨大軸索のカオス，”『ニューラルシステムにおけるカオス』東京電機大学出版局，pp. 50–90 (1993).

14)　高部智晴・合原一幸・松本元，“ホジキン–ハクスレイ方程式のパルス刺激列に対する応答特性，”信学論 (A), **J71-A**(3), pp. 744-750 (1980).

15)　長島弘幸・馬場良和『カオス入門——現象の解析と数理』培風館 (1992).

このように，mathematical-model-based な手法を用いることで，簡単な回路構成で豊かなダイナミクスを持つ回路を設計することができる．この手法は使用するデバイスの特性を神経現象の背後にある数理的構造をコピーするための「道具」として使うため，さまざまなデバイスに応用することができる．筆者らは，低消費電力な LSI シリコンニューロン回路を実現するため，サブスレッド領域で動作する MOSFET を用いた回路に取り組んでいる．この領域では MOSFET は指数特性を持つため，指数関数を「部品」として用いる．

第10章 感覚・運動・認知機能の再建

10.1 神経系機能の再建

2002年の厚生労働省身体障害者実態調査によると，日本の身体障害者数は，視覚障害で約30万人，聴覚・言語障害で約35万人，肢体不自由で約175万人である．そのうち，1・2級の重度の障害を有する者は，視覚障害では約60%，聴覚・言語障害では約26%，肢体不自由では約39%を占める．近年，神経活動を電気的に刺激・計測し，このような障害機能を代行・補助する手法が盛んに研究開発されている．本章では，まず神経細胞への電気刺激の考え方を解説した後，電気刺激で感覚・運動機能を再建する装置を紹介する．また，脳神経活動から直接意思を抽出し，認知機能を再建する手法を紹介する．

10.2 神経系の電気刺激の基礎

10.2.1 細胞外刺激の定式化

細胞外の電極に電流を流すと，その周辺の神経細胞が反応することや，刺激電流を大きくすると，大きな神経反応を誘発できることは古くから知られている．実際に，さまざまな生理実験の結果をまとめると，図10.1に示したように，強い電流刺激は，電極から遠い神経細胞にも活動電位を発生させられる．同図からもわかるように，細胞に活動電位を発生させられる電流の閾値は，細胞と電極の距離の2乗に比例することが生理実験から経験的に知られている．なお，電気刺激を定量的に記述する場合，組織ごとにインピーダンスが異なることを考慮して，電流値を用いることに注意されたい．

細胞外からの電気刺激がどのように神経細胞に作用するかを，図10.2に示した等価電気回路モデルを用いて定式化する[1)]．なお，ここでは，簡単のために無髄

1) F. Rattay, "Analysis of models for extracellular fiber stimulation." *IEEE Trans.*

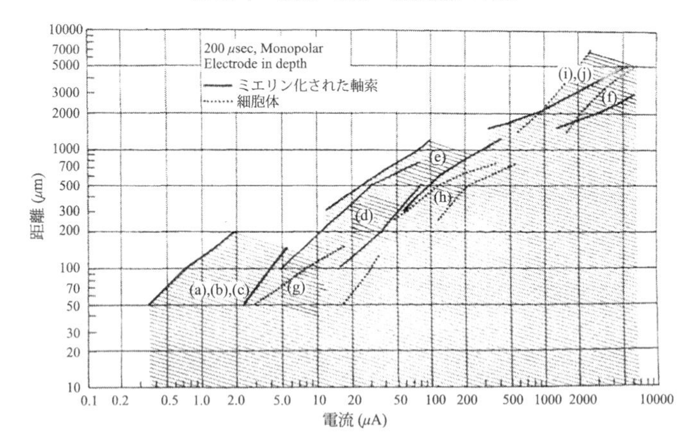

図 10.1　電気刺激の電流値と発火した神経細胞と電極の距離との関係

(a) 前脊髄小脳路，(b) 脊髄前角細胞の介在神経細胞，(c) レンショウ細胞，(d) 前庭脊髄の軸索，(e) 脊柱の軸索，(f) 小脳の登上線維，(g) 錐体路の神経細胞，(h) 舌下神経核，(i)(j) 運動野の神経細胞[2]．パルス幅 200 μsec，単極の深部電極で規格化されている．

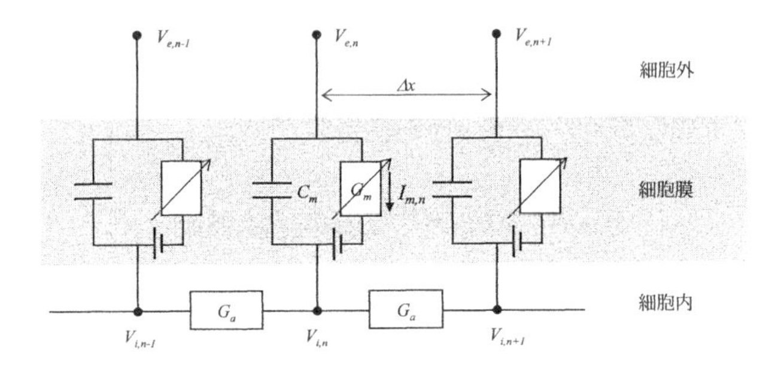

図 10.2　神経軸索の等価電気回路モデル

$V_{e,n}$：電場電位，$V_{i,n}$：膜電位，C_m：膜容量，G_m：細胞膜のコンダクタンス，G_a：軸索内のコンダクタンス．

軸索を定式化する．電気刺激を与えたとき，第 n 要素の細胞内，細胞外の電位をそれぞれ，$V_{i,n}$，$V_{e,n}$ [V]，膜電流を $I_{m,n}$ [A]，軸索内のコンダクタンスを G_a [S]，膜容量を C_m [F] とすると，電流の保存則から，

$$C_m \frac{d\left(V_{i,n} - V_{e,n}\right)}{dt} + I_{m,n} + G_a\left(V_{i,n} - V_{i,n-1}\right) + G_a\left(V_{i,n} - V_{i,n+1}\right) = 0 \quad (10.1)$$

Biomed. Eng., **36**, pp. 676–682 (1989).

2) J. B. Ranck Jr. "Which elements are excited in electrical stimulation of mammalian central nervous system: a review." *Brain Res.* **98**, pp. 417–440 (1975).

が成り立つ．ここで，軸索の直径を d [m]，要素間の距離を Δx [m]，軸索内の導電率を σ_a [S/m]，単位面積当たりの膜容量を c_m [F/m^2]，膜電流密度を i_m [A/m^2] とすると，G_a，C_m，I_m は，それぞれ，

$$G_a = \frac{\pi d^2}{4\Delta x}\sigma_a,\ C_m = \pi d \Delta x c_m,\ I_m = \pi d \Delta x i_m \tag{10.2}$$

で与えられる．さらに，第 n 要素の膜電位は，

$$V_{m,n} = V_{i,n} - V_{e,n} \tag{10.3}$$

で与えられることに注意して，式 (10.1) に，式 (10.2)，(10.3) を代入して整理すると，

$$\frac{dV_{m,n}}{dt} = \frac{1}{c_m}\left\{\frac{\sigma_a d}{4}\left(\frac{V_{m,n-1} - 2V_{m,n} + V_{m,n+1}}{\Delta x^2} + \frac{V_{e,n-1} - 2V_{e,n} + V_{e,n+1}}{\Delta x^2}\right) - i_{m,n}\right\}$$

となる．ここで，$\Delta x \to 0$ とすると，膜電位と細胞外電位との関係は，

$$\frac{dV_m}{dt} = \frac{1}{c_m}\left\{\frac{\sigma_a d}{4}\left(\frac{\partial^2 V_m}{\partial x^2} + \frac{\partial^2 V_e}{\partial x^2}\right) - i_{m,n}\right\} \tag{10.4}$$

にしたがう．なお，膜電流密度 $i_{m,n}$ は，膜電位依存型のイオンチャネルや受動的なイオンチャネルの挙動に依存し，A. Hodgkin と A. Huxley や B. Frankenhaeuser と Huxley が定式化した神経方程式を用いて別途考えなければならない．また，刺激電流 I_{stim} [A] とそれによって生じるポテンシャル（細胞外の電位）V_e [V] との関係は，Maxwell の電磁気方程式から，

$$I_{stim} = \nabla J = \nabla\left(\sigma\left(-\nabla V_e\right)\right) \tag{10.5}$$

で与えられる．ただし，∇ は発散，J は電流密度 [A/m^2]，σ は導電率 [S/m] である．簡単のために，電極を点電流源と考え，便宜上，導電率を等方的とし，基準を無限遠方にとると，I_{stim} を発生したときに計測される V_e は，

$$V_e = \frac{1}{4\pi\sigma}\int_V \frac{\nabla J}{r} d^3x = \frac{I_m}{4\pi\sigma}\frac{1}{r} \tag{10.6}$$

となる．

式 (10.4) で，細胞外電位の軸索方向の空間的な 2 次微分，すなわち，$\partial^2 V_e/\partial x^2$ は，活性化関数 (activating function) と呼ばれ，これが正になると軸索を脱分極させ ($dV_m/dt > 0$)，負になると過分極させる ($dV_m/dt < 0$) ことから，細胞外刺激

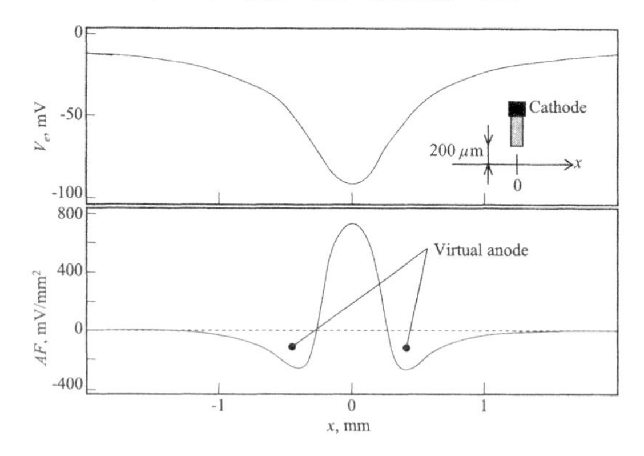

図 10.3 無髄軸索を電気刺激したときの細胞外の電位分布 (V_e) と活性化関数 (AF)

に対する軸索の反応を定性的に説明できる．直径 500 μm の電極に $-100\,\mu$A の定電流を与えたときに，電極から 200 μm 離れた軸索に沿った細胞外電位と活性化関数は，図 10.3 に示したように計算できる．同図からわかるように，陰極 (cathode) 直下の部位は，正の活性化関数を有し，脱分極する．この部位が閾値よりも大きく脱分極すると，活動電位を発生する．一方，陰極の中心から軸索方向に 300 μm 程度離れた部位では，活性化関数は負の値を示す．この部位は，陰極刺激に対して過分極することから，仮想陽極 (virtual anode) と呼ばれる．刺激電流を大きくしすぎると，陰極直下の部位から活動電位は発生するが，仮想陽極での過分極の影響で活動電位の伝播は阻止される．逆に，陽極 (anode) 刺激は，電極直下の部位を過分極させるが，そこから離れた場所に仮想陰極を形成し，その部位を脱分極させる．したがって，弱い陽極刺激は活動電位を発生させないが，強い陽極刺激は，仮想陰極の部位から活動電位を発生させる．

ところで，活性化関数は，単位時間当たりに流出する電荷量に比例することから，図 10.4(a) に示すように，細胞外刺激がどのように神経細胞に作用するかを定性的に説明できる．すなわち，陰極および陽極の電気刺激は，それぞれ，細胞周辺に陽イオンを流出，流入させるが，細胞膜はコンデンサになっているため，陰極と陽極の刺激は，それぞれ，細胞膜を脱分極，過分極させる．ただし，細胞外刺激による膜電位の変化は，これまでに議論してきた軸索のように，非対称な形をした部位では，刺激電流の方向に大きく依存する．たとえば，図 10.4(b) に示したように，軸索を刺激するときに，軸索に対して平行に刺激電流を与えると膜電位は大きく変化するが，垂直に刺激電流を与えても膜電位は変化しない．また，図 10.4(c) に示したように，新皮質の錐体細胞は深さ方向に軸索を伸ばしているた

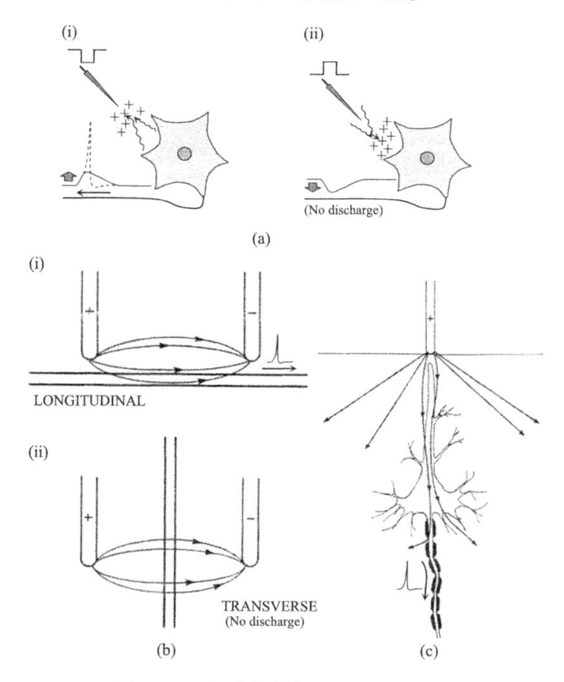

図 10.4 細胞外刺激の定性的な説明

(a) 概念図. (i) 陰極刺激, (ii) 陽極刺激. (b) 神経束の電気刺激. (i) 神経束に平行な双極刺激, (ii) 神経束に対して垂直な双極刺激. (c) 皮質表面での陽極刺激で脱分極する錐体細胞[3].

め, 表面から深部に向かう刺激電流に最も敏感に反応する. したがって, 皮質表面からの刺激では, 陽極は陰極よりも弱い電流値で活動電位を発生できる.

ところで, 細胞外刺激で膜電位が変化すると, 細胞膜のコンダクタンス G_m が変化するため, 膜電流が発生する. コンダクタンスは, さまざまな特徴をもつイオンチャネルの分布に依存し, 細胞の部位ごとに異なるため, 膜電流も部位ごとに異なることに注意されたい. たとえば, 有髄軸索では, ミエリン鞘で覆われた部位ではほとんど膜電流は発生しないが, ランビエ絞輪では大きな膜電流が局所的に発生するため, 膜電流の軸索方向の分布は離散的になる.

10.2.2 電極アレイによる刺激

神経束の電気刺激で発生した活動電位は, 一般的に, 軸索に沿って両方向に伝

3) J. B. Ranck Jr. (1975) (前出).

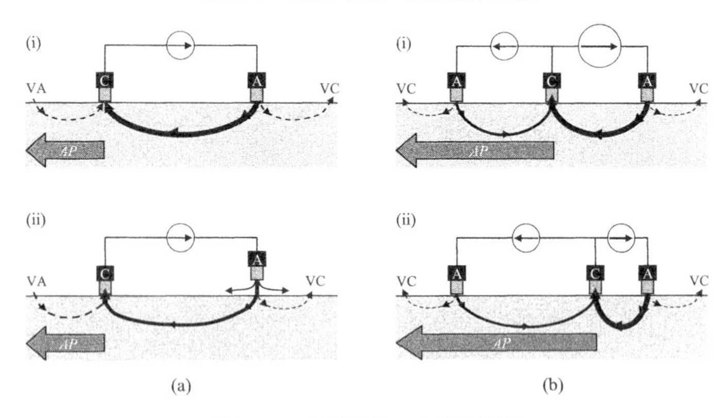

図 10.5　神経束の一方向性刺激

(a) 双極子刺激法．(i) 対称な電極アレイ，(ii) 非対称な電極アレイ．(b) 3 極刺激法．(i) 対称な電極アレイ，(ii) 非対称な電極アレイ．A：陽極，C：陰極，VA：仮想陽極，VC：仮想陰極，AP：活動電位．

播するが，刺激方法を工夫すれば，任意の一方向にだけ活動電位を伝播させる一方向性刺激を実現できる[4)]．図 10.5(a) に示したように，近接した陰極と陽極を用いた細胞外刺激を双極 (bipolar) 刺激と呼ぶ．同図には電流の向きを模式的に示したが，内向きの電流は神経細胞を過分極させ，外向きの電流は脱分極させる．双極刺激で刺激電流を徐々に強くしていくと，はじめは活動電位は陰極付近から発生し，両方向に伝播するが，それよりも刺激電流を強くすると，陽極付近の過分極は活動電位の伝播を阻止するため，活動電位は陰極側にだけ伝播する．しかし，刺激を強くしすぎると，仮想陰極部（図の右端）の脱分極が大きくなり，この部位から活動電位が発生し，再び両方向に伝播する．さらに，刺激を強くすると，活動電位は，仮想陽極部（図の左端）の過分極で伝播できなくなり，陽極側にだけ伝播する．このように活動電位の伝播の方向性は，陰極・陽極・仮想陰極・仮想陽極での電流の大小関係で決まる．これらの電流の大きさを適当に調節すれば，任意の刺激強度で一方向性刺激を実現できる．たとえば，図 10.5(a) の (ii) に示したように，双極刺激用電極アレイの陽極を神経から少し離して設置し，陽極・仮想陰極の影響を小さくすれば，通常の双極刺激よりも強い刺激電流で，陰極側への一方向性刺激を実現できる．また，図 10.5(b) の (i) に示したように，1 つの陰極と 2 つの陽極を用いる 3 極 (tripolar) 刺激法では，各陽極に与える電流を任意に

4)　C. van den Honert and J. T. Mortimer, "Generation of unidirectionally propagated action potentials in a peripheral nerve by brief stimuli." *Science*, **206**, pp. 1311–1312 (1979).

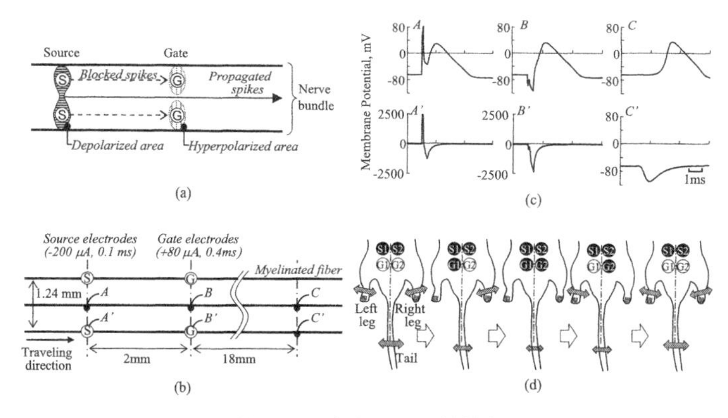

図 10.6 多点ゲート刺激法

(a) 概念図. (b) 検証用モデル. (c) シミュレーションによる検証. A, B, C, A', B', C' は (b) 内に示した部位に対応する. (d) 動物実験による検証.

調節して一方向性刺激を実現する. 3 極刺激法は, 双極刺激法よりも, 陰極の影響を相対的に大きくし, 仮想陰極の影響を小さくできるため, 刺激の方向性を制御しやすい. 2 つの陽極に与える電流を調節する代わりに, 図 10.5(b) の (ii) に示したように, 陰極と各陽極の距離を調節することも, 刺激の方向性の制御には有効である.

電極の配置にかかわらず, 所望の神経を選択的に刺激できる方法は, 臨床での治療や生理実験の手法として有用である. 電極間の神経だけ選択的に刺激できる手法として, 著者らは, 複数の陽極・陰極刺激を組み合わせた多点ゲート刺激を提案している. 多点ゲート刺激法では, 図 10.6(a) に示したように, 陰極刺激で電極周辺の神経を幅広く発火させ, 不必要な活動電位の伝播を陽極刺激で阻止する. なお, 陰極刺激と陽極刺激を, それぞれ, ソース刺激とゲート刺激, それらに用いる電極を, それぞれ, ソース電極とゲート電極と呼ぶ. 図 10.6(b) に示したように, 神経束上にソース・ゲート電極を配置し, 多点ゲート刺激を与えると, 電極から 200 μm の深さにある神経の挙動は, 等価電気回路モデルを用いて, 図 10.6(c) に示すように計算できる. ソース電極付近では, 電極直下の神経も電極間の神経も, 発火できる程度に十分に脱分極している (A, A′). 一方, ゲート電極付近では, 電極間の神経はそれほど過分極しないため (B), 活動電位を下流に伝えられるが (C), 電極直下の神経は, 大きく過分極しており (B′), 活動電位を下流に伝えられない (C′). シミュレーションでは, ソース・ゲートの各電流値を適当に制御すれば, 任意の部位で活動電位を発生できることが示されている. 動物実験では，図10.6(d)に示したように，上記の計算と同様な配置で，直径0.5 mmのソース・ゲート電極をラット脊髄の両端に設置し，多点ゲート刺激に対する両足と尾部の動きを調べた．比較的強いソース刺激は，両脚・尾部の動きを誘発するが，左右のゲート刺激は，それぞれ，左右の脚の動きを徐々に抑制し，最適値で完全に止められた．その結果，ソース刺激と両側のゲート刺激は，尾部だけの動きを誘発できた．これは，脊髄の両端に設置した電極で脊髄の中心の神経を選択的に刺激できたことを示している．

10.3　感覚・運動機能の再建

10.3.1　聴　　覚

哺乳類の聴覚系では，音の情報は，蝸牛(cochlea)に至るまでは機械的な振動として伝播し，蝸牛で電気的な信号に変換される．蝸牛は音の情報を周波数ごとに分解し，それを約3万本の聴神経が脳幹(brainstem)の聴覚伝導路へ伝達する．この聴覚性信号は，脳幹のさまざまな神経核(nucleus)で中継・処理され，聴皮質(auditory cortex)を経て，連合野(association cortex)に至る．聴覚伝導路上では，すべての情報処理は，蝸牛で周波数別に分解された情報に基づいていると考えられている．

蝸牛に至るまでの振動の伝播経路(conduction system)に障害があると伝音性難聴(conductive deafness)を患い，聴覚を補助するために補聴器(hearing aid)が主に用いられる．一方，補聴器が有効ではない重度の伝音性難聴，または，蝸牛やそれより中枢の聴覚神経系に障害がある感音性難聴(perceptive deafness)では，聴覚を再生するために，神経系を直接電気刺激しなければならない．現在，そのような治療法に，人工内耳(cochlear implant)と聴性人工脳幹インプラント(auditory brainstem implant: ABI)が臨床で用いられている．

人工内耳は，図10.7(a)に示したように，蝸牛に電極アレイを挿入し，そこから脳幹へと伸びる聴神経を直接電気刺激する装置である．人工内耳の装置の構成は，生体内の電極アレイと経皮的送受信器(transcutaneous transmitter/receiver)，生体外のスピーチプロセッサとマイクロフォンからなる．刺激用電流パルスは，スピーチプロセッサで生成され，経皮的送受信器を介して，電極アレイに送られる．人工内耳は，蝸牛に損傷がある患者に対して，1970年に初めて臨床的に適用され，それから約20年間にわたる研究開発を経て，1990年代には感音性難聴の最も有効な治療法として確立された．これまでに，全世界で5万人以上の難聴者が，日

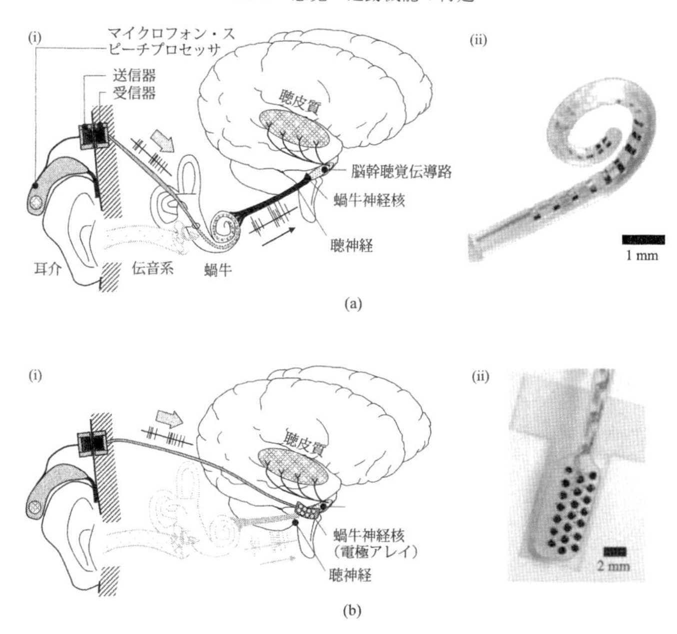

図 10.7　電気刺激による聴覚機能の代替

(a) 人工内耳．(i) 概念図．(ii) 電極の拡大像．(b) 聴性人工脳幹インプラント (ABI)．(i) 概念図．(ii) 電極の拡大像．日本コクレア社より写真提供．

常で会話を不自由なくできる程度の聴力を取り戻している．電極アレイは，先端部の約 20 mm に白金の刺激用電極を約 20 個有する．また，アレイ全体はシリコンゴムで覆われており，耐久性と柔軟性に優れる．スピーチプロセッサでは，音声信号を 20 個の周波数帯に分解し，その情報に基づいて特定の電極に電流パルスを与える．なお，蝸牛の基底部（手前側）は高音域，先端部は低音域の情報を主に担う．電気刺激のパルス電流は 0.1〜1.5 mA，刺激の頻度は最大で毎秒 1 万 5000 パルス程度である．

ABI は，図 10.7(b) に示したように，聴神経よりも中枢の脳幹の蝸牛神経核 (cochlear nucleus) を電気刺激し，人工内耳では聴力の回復を見込めない聴神経摘出者を対象とする．ABI の主な適用対象は，神経線維腫症 2 型 (neurofibromatosis type 2: NF2) の発症者である．NF2 は，4 万人に 1 人の確率で罹患する遺伝病で，多くの場合，10 代後半から 20 代に発症し，両側聴神経鞘腫 (bilateral acoustic neuroma) を患う．その救命治療として腫瘍を切除するが，そのときに聴神経も同時に摘出することが多い．ABI は，1979 年に初めて試みられて以来，これまでに全世界で約450症例に適用されている．電極アレイは，直径1mm以下の白金円盤電極を約1mmの間隔でシリコンゴム基板上に有し，脳組織に安定に固定できるように，ダクロン (dacron) と呼ばれるポリエステル系合成繊維のメッシュ生地で覆われている．電極アレイを除けば，ABIの装置の構成や刺激方法は，人工内耳と基本的に同様である．現在のABIは，有用な聴覚性の感覚を誘発するものの，聴取能では人工内耳に劣り，これからの研究開発に多くの余地を残している．特に，今後の主な課題として，刺激に最適な蝸牛神経核の部位を同定すること，所望の部位を選択的に刺激できる電極アレイを開発すること，最適なABI用刺激アルゴリズムを開発することなどが挙げられる．

10.3.2　視　　覚

視覚情報となる外界からの光は，眼球で光学的に調節された後に，網膜 (retina) の最奥部の視細胞 (photoreceptor cell) で電気信号に変換される．網膜内の神経回路は，1.3×10^8 個の視細胞からの入力情報を処理し，網膜の眼球側の 1.2×10^6 個の神経節細胞 (ganglion cell) に信号を出力する．この視覚性信号は，視神経（神経節細胞の軸索）を経て，脳幹の外側膝状体 (lateral geniculate body) で中継・処理された後，大脳の視覚野 (visual cortex) に至る．外側膝状体では，両眼からの信号が統合され，右視野の情報は左視覚野へ，左視野の情報は右視覚野へ送られる．

視覚は，主に網膜や視神経の障害で失われる．障害部位よりも中枢の視覚神経系が正常な失明者を対象にして，電気刺激で視覚機能の代行をする手段として，大脳インプラント (cortical implant) や人工網膜 (retinal prosthesis) が研究開発されている．

視覚野は，大脳の新皮質の表面に露出しているために，最も容易に電極アレイを設置できる．視覚野の電気刺激が，光の点 (眼閃：phosphene) を知覚させることは，1929年に手術中に確かめられた．1968年には，慢性的に電極アレイを視覚野に埋め込む大脳インプラントが初めて試みられ，現在までに約10症例の臨床報告がある．図10.8に，大脳インプラントシステムの概要を示す．同システムでは，CCDカメラで得た視覚情報をコンピュータで解析し，電極アレイから視覚野に電流パルスを与える．なお，最近のシステムでは，CCDカメラのほかに，テレビ，コンピュータ，インターネットなどからも情報を得て，それらを電気刺激で認識させることも試みられている．電極アレイは，直径1mmの白金電極を約3mmの間隔で64個有し，それらに4秒ごとに1画像分のデータを電流パルスとして送る．このシステムを用いて得られる視力は，20/1200 (0.017) 程度だった．また，

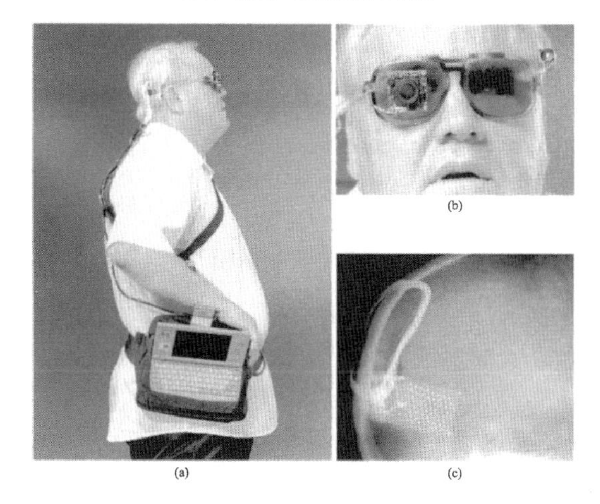

図 10.8 視覚野を直接刺激する人工視覚システム
(a) システム全体像. (b) 視覚情報を得るために眼鏡に取り付けた CCD カメラ.
(c) 後頭部の視覚野に埋め込んだ電極アレイの X 線像[5].

電気刺激の強度を変化させれば，眼閃の明るさを調節できる．しかし，電気刺激で得られる眼閃の空間分解能が限られているため，その明るさが有用な情報であるかはいまだ明確ではない．

これまでの臨床治験や動物実験から，視野の異なる位置に眼閃を知覚させるためには，電極の間隔は，250 μm から 500 μm 程度離さなければならないことや，視覚野の刺激位置と知覚される眼閃の視野内の位置は必ずしも対応していないことが明らかになっている．このような知見に基づいて，次世代の大脳インプラントとして，500 個以上の刺激電極を有する電極アレイや刺激アルゴリズムの研究開発が進められている．

網膜色素変性症や黄斑変性症では，視細胞の壊死で失明に至るが，視細胞以外の網膜の神経回路に障害は少ない．このような疾病を対象に，人工網膜の研究が 1990 年代から盛んになってきた．人工網膜は，図 10.9(a) に示したように，網膜下 (subretinal) 刺激と網膜上 (epiretinal) 刺激に大別できる．網膜下刺激では，視細胞の代わりに，フォトダイオードアレイで網膜の神経回路に刺激を与える．網膜下刺激は，既存の網膜の神経回路をそのまま利用できる利点を有するが，フォトダイオードの出力を大きくするときに電源の供給方法に難点を有する．一方，網

5) W. H. Dobelle, "Artificial vision for the blind by connecting a television camera to the visual cortex." *ASAIO J*, **46**, pp. 3–9 (2000).

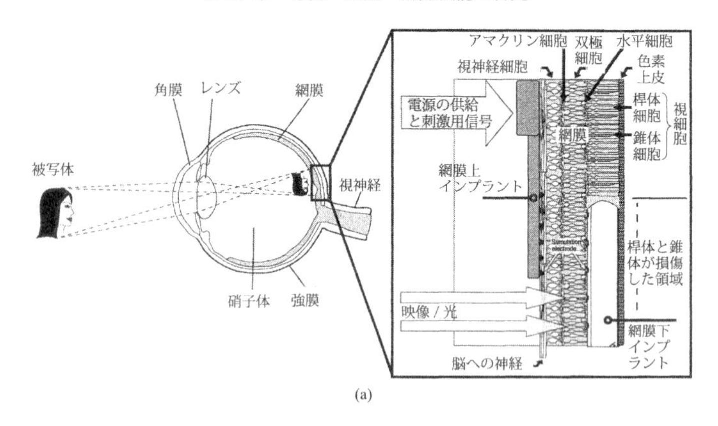

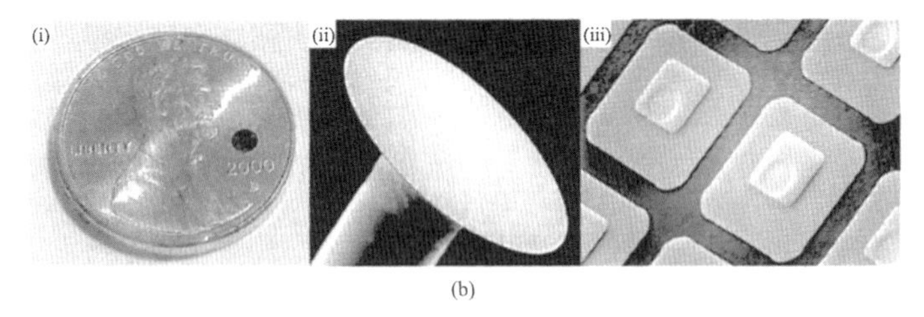

図 10.9　人工網膜

(a) 網膜と人工網膜の概念図．網膜下インプラントでは，フォトダイオードアレイで視細胞の機能を代替する．網膜上インプラントでは，電極アレイを用いて，網膜の神経回路を直接刺激する[6]．(b) 網膜下インプラントで用いられているフォトダイオードアレイ．(i) 全体像．(ii) アレイの拡大像．直径 2 mm に，5000 個のフォトダイオードを有する．(iii) フォトダイオードの拡大像．各ピクセルと各電極の大きさは，それぞれ，$25 \times 25\,\mu$m と $9 \times 9\,\mu$m[7]．

膜上刺激では，外部のカメラで得た視覚情報に基づいて，網膜の神経回路から外側膝状体へ出力を出す神経節細胞に刺激を与える．網膜上刺激は，外部装置から比較的容易に電源や信号を供給できるが，網膜の神経回路での処理を考慮して刺激しなければならない．

図 10.9(b) に，網膜下刺激で用いる人工網膜を示す．この人工網膜は，直径 2 mm に 25 μm 角のフォトダイオードを 5000 個有する．この人工網膜は，2000 年から 2001 年の臨床治験で 6 症例に試みられている．その結果，すべての症例で，視野・視力の改善が見られた．また予想に反して，人工網膜を設置した場所とは離れた

6)　E. Zrenner, “Will retinal implants restore vision?” *Science*, **295**, pp. 1022–1025 (2002).
7)　A. Y. Chow et al., “The artificial silicon retina microchip for the treatment of vision loss from retinitis pigmentosa.” *Arch. Ophthalmol.* **122**: pp. 460–469 (2004).

部位でも視野の改善が見られた．これは，人工網膜による電気刺激が，神経栄養因子の活性化を促したものと考えられる．

網膜上刺激の有用性も，手術中の実験や動物実験では裏付けられている．手術中の実験では，約20個の電極アレイを用いて網膜上から刺激したところ，それで得られた視覚で，被写体の外形，40〜50 Hzの光の点滅，色などを認識できたと報告されている．

このように，失った視覚機能を電気刺激である程度は代行できる．人工眼の研究では，上記のような医学・工学の技術的なアプローチのほかに，心理学的なアプローチから，閃光で有用な視覚情報を得るためには，最低でも約500個の電極が必要であると推定されている．技術的には500個程度の電極は十分に開発できるし，その開発費用も盲導犬の費用に見合うという試算もある．

10.3.3　運　動

脳卒中，頭部損傷，脊髄損傷などで，上位運動神経損傷を生じると，末梢神経や筋肉は正常でも，そこに神経信号を伝えられなくなり，運動障害を患う．特に，脳卒中と頭部損傷による上位運動神経損傷の罹患率は，それぞれ，100万人に1万2000人，2万人と比較的高い．このような運動障害を緩和するために，末梢神経や筋肉を電気刺激する手法は，機能的電気刺激 (functional electric stimulation: FES) と呼ばれ，古くから研究開発されている．

脳卒中の10〜20%では，回復しても，背屈筋の麻痺や脱力で歩行時に足を引きずる下垂足を患う．このような下垂足の歩行を補助するために，図10.10(a) に示すようなFESが，1961年からすでに臨床で用いられている．この装置は，ヒール・スイッチ (K) で遊脚相（脚を蹴り出してから，踵で着地するまでの期間）を検知し，2つの電極 (E1, E2) を用いて背屈筋を刺激する．現在では，さらに自然な歩行動作を実現するために，複数の電極による刺激方法，歩行動作の検知方法，それに基づいた刺激アルゴリズムなどが研究開発されている．

複雑な運動をFESで実現するために，複数の神経や筋肉を同時に制御できる装置が，1990年代後半から米国で商品化されている (NeuroControl Corp., Freehand ™)．たとえば，図10.10(b) に示したように，握り動作を実現するために，上腕の複数の筋肉に電極を埋め込み，それらの適当な刺激パターンをコントローラに記憶させる．さらに，使用者の意思を抽出するために，任意に動かせる部位にセンサを設置し，それに基づいて刺激を制御する．センサとしては，肩や手首の変位センサや任意の筋肉の筋電センサなどが用いられている．

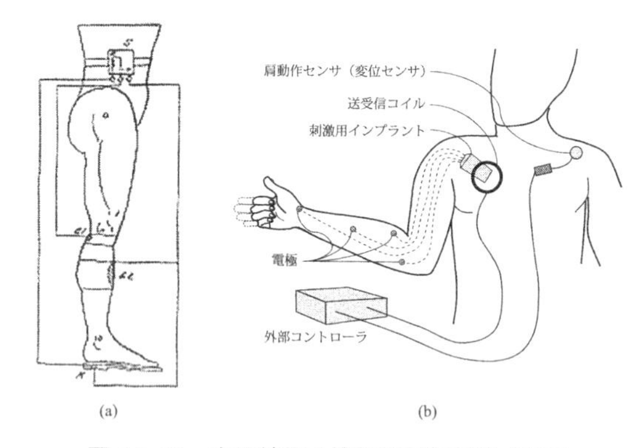

図 **10.10** 末梢神経の機能的電気刺激 (FES)

(a) 下垂足を矯正するための下肢の FES[8)]. (b) 上肢の運動を補助するための FES (Freehand TM)[9)].

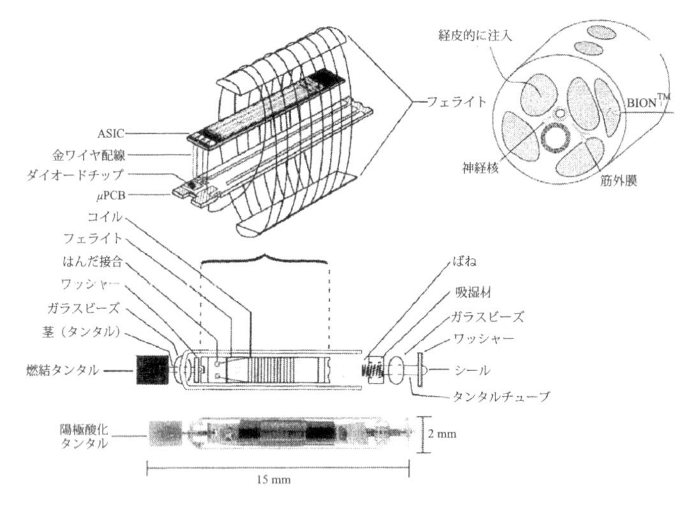

図 **10.11** 筋肉内に埋め込む小形刺激装置 (BION TM)[10)]

8) W. T. Liberson et al., "Functional electrotherapy in stimulation of the peroneal nerve synchronized with the swing phase of gait in hemiparetic patients." *Arch. Phys. Med. Rehabil.* **42**, pp. 101–105 (1961).

9) B. Smith et al., "An externally powered, multichannel, implantable stimulator-telemeter for control of paralyzed muscle." *IEEE Trans. Biomed. Eng.*, **45**, pp. 463–475 (1998).

10) G. E. Loeb et al., "BION TM system for distributed neural prosthetic interfaces." *Med. Eng. Phys.*, **23**, pp. 9–18 (2001).

任意の複数の筋肉を刺激するために，図 10.11 に示すような小形刺激装置も開発されている (BIOnic Neuron: BION ^{TM})．BION は，12 ゲージの注射針から任意の複数の筋肉内に挿入され，外部から無線で電力と刺激用信号を得て，それぞれの筋肉を独立に制御する．同装置の有効性と寿命は，臨床治験でも確認されており，今後，さまざまな FES への応用が期待される．

10.3.4 深部脳刺激療法

大脳深部の大脳基底核 (basal ganglia) は，運動制御の中枢の 1 つで，図 10.12(a) に示すように，新線条体 (neostriatum)，淡蒼球 (globus pallidus)，視床下核 (sub-

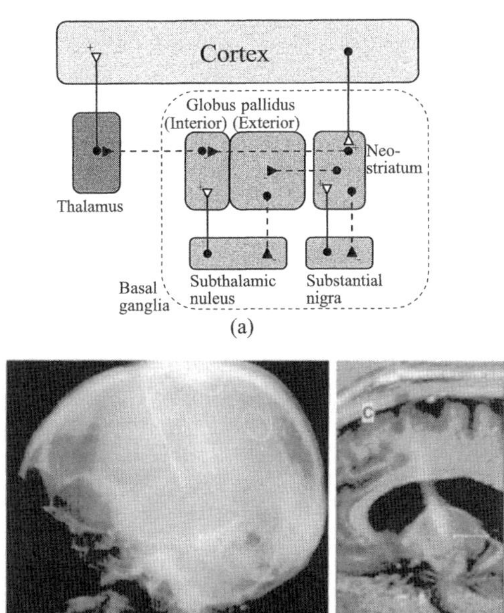

(b) (c)

図 **10.12** 脳深部刺激 (DBS)

(a) 大脳基底核 (basal ganglia) の運動制御の神経回路．—◁$_+$: 興奮性入力，--◀$_-$: 抑制性入力．Neostriatum : 新線条体，globus pallidus : 淡蒼球 (internal : 内側，external : 外側)，subthalamic nucleus : 視床下核，substantia nigra : 黒質，cortex : 大脳皮質，thalamus : 視床．(b) DBS 電極を埋め込んだ後の X 線写真．(c) DBS 電極を埋め込んだ後の MRI の矢状断像[11]．

11) B. S. Kopell et al., "Deep brain stimulation for psychiatric disorders." *J. Clin. Neurophysiol.*, **21**, pp. 51–67 (2004).

thalamic nucleus), 黒質 (substantia nigra) からなり, 大脳皮質 (cortex)・視床 (thalamus) と複雑なフィードバック回路を形成する. 大脳基底核の一部の神経活動に異常があると運動障害が生じる. たとえば, パーキンソン病 (Parkinson's disease) では, 黒質の神経細胞が壊死する. 正常な場合, 黒質は, ドーパミン (dopamine) を新線条体へ興奮性入力として供給しているが, パーキンソン病になると, 新線条体への入力が減少するために, 淡蒼球が過剰に活動し, 視床の活動を低下させる. その結果, 運動野への入力が減少し, 運動低下症 (hypokinesis) が発症する. 同病の典型的な症状として, 手足の震え（振戦), 筋肉のこわばり（筋固縮), 動作の鈍化（無動), 姿勢保持障害などが挙げられる. パーキンソン病のほかにも, ハンチントン舞踏病 (Huntington's chorea), 本態性振戦 (essential tremor), ジストニア (dystonia), 多発性硬化症 (multiple sclerosis) などは, 大脳基底核の神経活動に異常を示し, 不随意運動の増加（たとえば, 振戦）や随意運動の低下（たとえば, 無動）といったさまざまな運動障害を生じる.

このような運動障害を緩和するために, 図 10.12(b), (c) に示したように, 大脳基底核を電気刺激する治療方法が, 1980 年代末から研究開発されており, 深部脳電気刺激療法 (deep brain stimulation: DBS) と呼ばれている. DBS では, 過剰な神経活動が見られる部位に, パルス幅が 60〜200 μs, 電圧が 1〜5 V の電気パルスを 120〜180 Hz と高頻度で与える. このような高頻度刺激を特定の部位に与えると, 正確な原理はわかっていないが, 結果的に神経活動を抑制できる. たとえば, パーキンソン病の DBS では, 淡蒼球や視床下核に高頻度刺激を与え, そこでの活動を抑制し, 視床への抑制性入力を抑える. パーキンソン病の罹患率は, 約 1000 人に 1 人と比較的高い. その治療には, 従来から, 新線条体にドーパミンを供給するための薬物療法と, 淡蒼球や視床下核を切除する手術療法が用いられてきた. DBS は, 従来の手術療法と同様の効果をもたらすことから, 現在では, それに代わる治療方法として確立され, これまでに欧米を中心に 3 万症例以上に適用されている.

異常な神経活動は, 運動障害だけでなく, 比較的頻繁に精神障害を引き起こす. たとえば, 100 人に 2〜3 人は, 強迫観念や強迫行為（強迫観念に駆り立てられた反復性の行動）に苦悩し, 強迫性障害 (obsessive compulsive disorder: OCD) と診断される. また, 約 100 人に 1 人は躁うつ病を患い, ストレスが多いと誰でもうつ病になりうる. 20 世紀前半から中盤にかけて, 精神障害の外科的な治療が盛んに試みられてきた. たとえば, 1950 年以前に米国では, 精神障害を緩和するために, 2 万症例以上で大脳皮質の前頭葉の切除術が適用されている. また, 電気刺激で精神障害を緩和する治療も，1950 年頃から試みられており，1970 年代には，脳の電気刺激は，ある程度，感情や行動を調節できると，一部では考えられるようになった．しかし，当時は，脳の画像化技術や臨床結果の検証方法が十分に発達していなかったため，その頃の報告から精神障害の外科的な治療の有用性は十分には認められない．最近になって，DBS が運動障害の治療方法として確立されたことから，精神障害の治療方法としても注目されている．たとえば，OCD の治療として，大脳基底核の内包 (internal capsule) の DBS が少数ながら用いられており，その有効性も報告されている．また，パーキンソン病や本態性振戦に DBS を適用すると，術後，OCD・うつ・不安障害などの精神症状に影響を及ぼす．これらも，DBS が精神障害の治療方法として用いられる可能性を示唆している．ただし，精神障害は，複数の複雑な要因によると考えられているため，これらの結果の解釈には注意が必要である．精神障害の DBS は，最近研究され始めたばかりで，今後の発展が期待される．

10.3.5 その他の機能の代行・補助

これまでに述べてきたように，電気刺激による生体機能の代行は，1960 年頃からさまざまな器官で実用化されており，現在でも盛んに研究開発されている．上記の応用例以外にも，心臓ペースメーカー，膀胱の制御，疼痛の緩和などで，電気刺激は治療方法として確立されている．特に，心臓ペースメーカーは，1958 年に開発されて以来，全世界で 100 万症例以上に適用されており，これまでに最も利用されている電気刺激装置である．同装置は，心臓の脈拍が少なく，日常生活に支障をきたす徐脈性不整脈者に適用され，心臓に直接電気的刺激を与えて，使用者の活動状態に合わせて心臓を拍動させる．また，脊髄損傷者にとって，膀胱の機能不全は，運動の障害よりも深刻な問題であるが，膀胱を制御する手法として，脊髄の電気刺激が有望である．また，脊髄の FES は，安全性を確立できれば，歩行運動の補助としても将来期待される．疼痛を緩和する手法として，経皮的電気刺激装置は古くから広く普及しているし，1970 年代から脊髄の電気刺激の有用性が報告されている．さらに，最近では，DBS による疼痛の緩和も少数ながら報告されている．

10.4 神経信号からの意思の抽出——Brain-Computer Interface

筋萎縮性側索硬化症 (amyotrophic lateral sclerosis: ALS)，脳幹梗塞，脊髄損

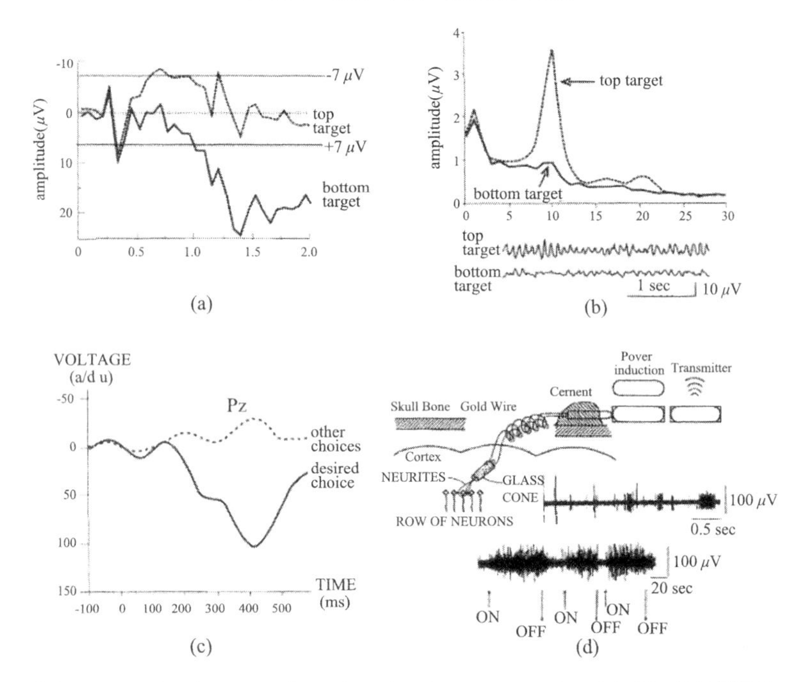

図 10.13　ブレイン–コンピュータ・インターフェース (BCI) に用いる神経信号
(a) 頭皮上緩電位. (b) 事象関連電位 (P300). (c) 感覚・運動野上の脳波の律動.
(d) 皮質内の神経活動[12].

傷などの重篤な運動障害は，脳と筋肉との伝達経路を完全に断ち，意思を外界にまったく表出できなくさせる．このような身体障害者のコミュニケーション手段として，筋肉を用いずに，脳の神経信号から直接意思を抽出するシステムが研究開発されており，それらは総称して，ブレイン–コンピュータ・インターフェース (Brain-Computer Interface: BCI) と呼ばれる．また，脳の神経信号を用いて機械を動かすシステムを，特に，ブレイン–マシン・インターフェース (Brain-Machine Interface: BMI) と呼ぶこともある．現在，BCI に用いられる神経信号として，図 10.13 に示したように，頭皮上緩電位 (slow cortical potential: SCP)，事象関連電位 (P300)，感覚野・運動野上の脳波 (electroencephalograph: EEG) の律動，皮質内の神経活動などが主に挙げられる．頭蓋外の電極から信号を得る非侵襲な BCI は，最大で 1 分間に 25 bit（25 個の二択の質問に対する回答に相当する）程度の

12) J. R. Wolpaw et al., "Brain-computer interfaces for communication and control." *Clin. Neurophysiol.*, **113**, pp. 767–791 (2002).

情報量を抽出できる．なお，25 bit の情報量は，文字にするとアルファベットで 5 文字程度に相当する．

SCP は，皮質表層の神経活動に起因し，0.5〜10 秒間の緩やかな電位変動として頭皮上から計測される．視床から皮質表層にシナプス入力が生じると，非常に遅いシナプス電流が樹状突起で生成され，SCP として計測される．SCP の負方向の電位変動は，皮質表層への同期したシナプス入力を反映し，正方向の変動は，神経細胞の活動が安静状態に戻ることを反映している．一般的に，負の SCP は，何かをしようと準備しているときに現れ，正の SCP は，それを成し遂げたときに現れる．訓練すれば，任意の SCP を生成できるようになり，二択の質問に答えられるようになる．ALS 患者の意思を抽出する BCI として，SCP で操作できる特殊なキーボードを開発したところ，ALS 患者から，1 分間に 0.15〜3 文字の速さで意思を抽出できた．

P300 は，注意や認知といった心理的な活動を反映し，特定の刺激に対して，刺激提示後，約 300 ms の時刻大きな陽性波として頭蓋上から計測される．P300 を用いた BCI では，視覚刺激や音刺激で選択肢を提示し，所望の刺激のときに P300 が現れることを利用して意思を抽出する．この方法は，特に訓練を要さず，1 分間に約 5 文字の速さで意思を抽出できる．

脳波は頭蓋上の電極から容易に計測できるが，その律動の変化は，大脳皮質の活動状態を反映する．大脳皮質は，覚醒時に信号処理に参加していないと，9〜12 Hz の同期した電位変動を自発的に発生する．このような脳波のなかで，特に，体性感覚野・運動野から得られる律動を μ 波 (μ rhythm)，視覚野から得られる律動を α 波 (α rhythm) と呼ぶ．これらの律動は，その部位が活動を始めると減少する．たとえば，図 10.13(c) に示したように，μ 波は，運動を想像するだけで減少する．BCI に用いる神経信号として，これらの現象を利用すると，1 分間に 5 文字程度の情報を抽出できる．最近では，多くの情報量を迅速に抽出するために，被験者にさまざまな動作を想像させ，そのときの信号の特徴から，想像した動作を同定できる BCI が研究開発されている．また，頭蓋上で計測する脳波は空間的な分解能に劣るため，頭蓋内に表面電極アレイを埋め込み，皮質の活動を硬膜上から計測する皮質脳波 (electrocorticograph: ECoG) を BCI に利用することも試みられている．

図 10.14(a)，(b) に示した微小電極アレイを第一次運動野 (primary motor cortex) に埋め込み，神経細胞の発火電位を直接計測し，それを BCI に利用する試みも最近報告されている．この BCI では，皮質内に電極を埋め込まなければならないが，

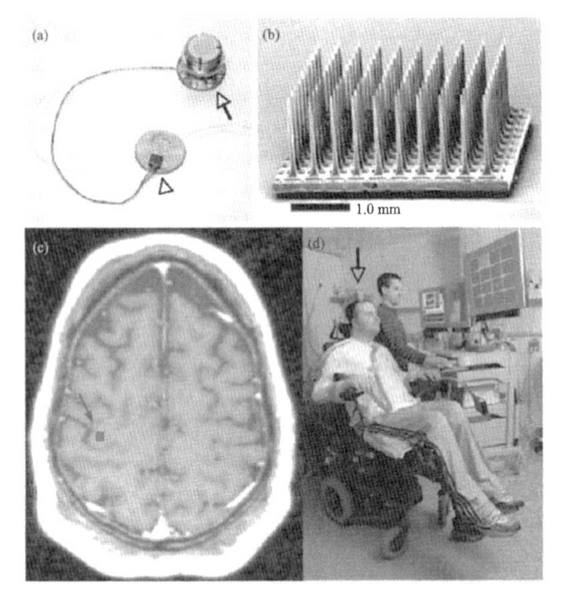

図 10.14　第一次運動野に埋植した微小電極アレイによるBCI
(a)，(b) 第一次運動野に埋め込んだ電極アレイ．(c) 電極アレイを埋め込んだ部位．(d) 実験風景[13]．

非侵襲的なBCIよりも非常に多くの情報を抽出できる．たとえば，約50〜100個の細胞から神経活動を同時計測すれば，画面上のカーソルを思い通りに操作できる．さらに，最近のBCIの開発では，直接的な運動情報を出力する第一次運動野ではなく，実際の運動に先立って運動計画を担当する前運動野 (pre-motor cortex) の神経活動を利用することも試みられている．図10.15に示した動物実験では，サルの背側前運動野に96本の電極アレイを刺入し，そこから得られた神経活動パターンから，手の目標位置を予測する．この目標位置予測 (direct end-point control strategy) では，1秒当たり最大6.5ビットの情報量を抽出できている．これは，1分当たり約80文字または，約15個の英単語に相当する．

10.5　今 後 の 課 題

電極を用いて神経系に刺激を与える，または，神経活動パターンを計測する手

13) Hochberg et al., "Neural ensemble control of prosthetic devices by a human with tetraplegia." *Nature*, **442**, pp. 164–171 (2006).

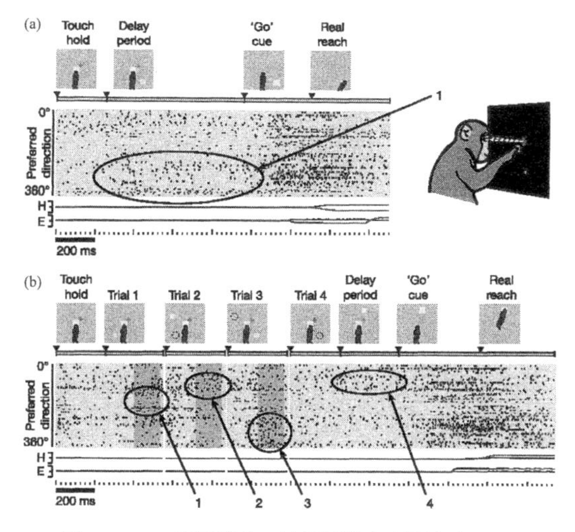

図 10.15 前運動野の神経活動を利用したBCI

(a) 基本的なタスク (Instructed-delay reach trial). はじめにサルは中心付近のカーソルに手を置く (touch hold). 次に，目標位置が示されるが，合図が出るまでサルは手を動かしてはならない (delay period). 合図が出る ('Go' cue) と，サルは目標位置まで手を動かす．図の中段には，あらかじめ分離された神経細胞の発火電位のタイミングを示す．楕円は，注目すべき発火頻度の増加を示す．図の下段の H と E は，それぞれ，手の動きと目の動きを示す．(b) 合図を出す前に，目標位置を変化させると，それに応じて発火頻度のパターンが変化する．このとき，濃い灰色 (1, 2, 3) で示した部位の神経活動から，目標位置を推定する[14]．

法には長い歴史がある．最近では，微細加工技術や計算機の能力の向上に伴い，脳と外部装置とをつなぐインターフェース技術も飛躍的な発展を遂げている．これらの技術を用いれば，これまで見てきたように喪失した感覚・運動・認知機能をある程度まで再建できるようになってきた．今後のさらなる発展のためには，第1に，次世代のインターフェース技術の開発が期待される．たとえば，これまでのような電気的な計測や刺激だけでなく，化学的な計測や刺激も新しいインターフェース技術として有用である．第2に，どこをどのように刺激すればよいかといった刺激アルゴリズムや神経活動パターンの翻訳アルゴリズムの改良が期待される．この近道は，おそらく，脳の情報処理機構の脳科学分野での最新の知見に立脚することである．第3に，脳の可塑性を考慮する必要がある．たとえば，電気刺激による人為的な入力情報は，脳によって適切に解釈されなければならない

---

14) G. Santhanam et al., "A high-performance brain-computer interface." *Nature*, **442**, pp. 195–198 (2006).

が，そのためには，脳が新しい情報処理方法を獲得しなければならない．実際に，会話中の脳の賦活を調べると，健常者では言語野に限局した賦活が認められるが，人工内耳の埋め込み手術の直後，脳の賦活部位は言語野に限局しない．ところが，術後1年以上のリハビリテーションを経て，人工内耳からの入力情報を適切に解釈できるようになると，健常者と同様に，言語野に限局した賦活パターンが認められるようになる．リハビリテーションでは，このような脳の可塑性を考慮するべきであり，そのようなリハビリテーションプログラムの開発でも，今後，ますます，脳科学分野との連携が重要になることはいうまでもない．

おわりに

動物の神経系は大きく2つの方向に進化した．1つはヒトも含め，哺乳動物のように巨大な脳へ，もう1つは，昆虫がもつような微小な脳への進化である．一見，両者はまったく異なるものに思われるかもしれない．しかし，それらの脳を構成するニューロンの形やはたらきは基本的に同じである．脳というとヒトの脳を考えてしまいがちだが，実はヒトの脳も100万種の動物の脳の1つに過ぎない．

動物は文字どおり，動くものである．動くことにより，環境下で新たな情報を取得し，脳がそれを処理し，身体を駆動させる．環境，脳，そして身体が三位一体的に協調することにより，環境下で適応的に機能するシステムを生物は獲得したのである．このシステムは，環境の変化に応じて脳内の神経回路をダイナミックに変化させることで，環境・脳・身体を一体として振る舞わせ，適応的に機能することを可能としたのである．野球のバットを使いこなせば，脳は変わる．イチローの脳はきっと常人とは異なるはずである．バットはイチローの身体の一部になり，脳もそれを身体の一部として認識するようになったのである．

現在のロボットをはじめとする機械システムの分野では，環境変化や予期せぬ状況下で，生物のように柔軟に振る舞うことのできる機械システムを設計することが求められている．しかしながら，いまだに十分な成果が得られていないのが実情であろう．脳を知ることは，ヒトを理解すること，また医療分野においてきわめて重要であることはいうまでもない．同時に，生物の脳が生み出す適応能の仕組みは，それを工学的に活用するうえでも重要なのである．これまでバイオロジカリーインスパイヤード (biologically inspired) といって，生物の優れた機能の一面を観測し，それを従来の工学的手法や原理により再現する研究が行われてきた．しかし，そのようなアプローチでは，生物が本来持つ適応能を再現することはできないだろう．生物がもつ適応能を活用するには，環境・脳・身体の関係の中で，脳の機能を見極めることが必要となる．

最近，脳科学は分子生物学，神経生理学，神経化学，非侵襲脳活動計測，さらに計算論的アプローチなどの導入により，長足の進歩を遂げている．そして，脳と機械システムを一体化，融合する研究へと展開してきた．これはまさに環境・脳・身体の3者の循環により，脳が変容することを活用したものである．このような研究は生物が持つ適応能を理解するうえで優れたアプローチになるであろう．また，このような研究は，ヒトの脳情報を解読し，その情報を使って機械システムを制御すること，さらには，経済学と脳科学が結びついた「ニューロエコノミクス」，「ニューロマーケッティング」など，これまで想定もされていなかった方向へも進んでいる．

今後，脳科学は生物学，医学，工学，情報学，ロボット工学，さらには経済学，倫理学，法学，マーケッティングなどの文系分野をも取り込み，まさに融合領域としてさまざまな方向へと展開していくであろう．もちろん，このような展開の背景には，動物のニューロン，脳で共通する原理を追求してきた神経科学の基礎研究があることを忘れてはならない．その重要性はますます高まっているのである．

本書によって，脳科学の基礎を学ぶことで，脳科学により深く興味を持つ方，脳科学の研究に携わりたいと思う方，また，脳科学を工学や情報学，あるいは文系分野に活用したいと考える方が多く輩出されることを期待する．さらには，地球上にはじめて神経系が出現し，多様に進化，変貌をとげてきた神経系に壮大なロマンを感じ，神経科学の基礎研究に飛び込んでくる方のいることも期待したい．

末尾になったが，本著の出版にあたり，10 名の執筆者の先生方に感謝するとともに，先頭に立ってとりまとめをいただいた合原一幸氏と，東京大学出版会の岸純青氏に心より感謝する．

平成 20 年 5 月

神崎亮平

索引

［さ行］

［は行］

［ま行］

編者略歴

合原一幸（あいはら・かずゆき）

東京大学生産技術研究所教授

東京大学大学院情報理工学系研究科教授（兼任）

東京大学大学院工学系研究科教授（兼任）

（独）科学技術振興機構 ERATO 合原複雑数理モデルプロジェクト研究総括（兼任）

1954 年　生まれ

1977 年　東京大学工学部卒業

1993 年　東京大学工学部助教授

1998 年　東京大学大学院工学系研究科教授

1999 年　東京大学大学院新領域創成科学研究科教授

2003 年より現職

著書：『社会を変える驚きの数学』（ウェッジ選書，2008 年，編著），
　　『脳はここまで解明された』（ウェッジ選書，2004 年，編著）
　　ほか

神崎亮平（かんざき・りょうへい）

東京大学先端科学技術研究センター教授

1957 年　生まれ

1980 年　筑波大学第二学群生物学類卒業

1999 年　筑波大学生物科学系助教授

2003 年　筑波大学生物科学系教授

2004 年　東京大学大学院情報理工学系研究科教授

2006 年より現職

著書：『昆虫ロボットの夢』（農山漁村文化協会，1998 年，共著）ほか

理工学系からの脳科学入門

2008 年 8 月 28 日　初　版

[検印廃止]

編　者　合原一幸・神崎亮平

発行所　財団法人　東京大学出版会

代 表 者　岡本和夫

〒 113-8654 東京都文京区本郷 7-3-1 東大構内

電話 03-3811-8814　　Fax 03-3812-6958

振替 00160-6-59964

印刷所　三美印刷株式会社

製本所　矢嶋製本株式会社

©2008 Kazuyuki Aihara and Ryohei Kanzaki *et al.*

ISBN978-4-13-062304-9　　Printed in Japan

Ⓡ<日本複写権センター委託出版>
本書の全部または一部を無断で複写複製（コピー）することは，著作権法上での例外を除き，禁じられています．本書からの複写を希望される場合は，日本複写権センター（03-3401-2382）にご連絡ください．

本書はデジタル印刷機を採用しており、品質の経年変化についての充分なデータはありません。そのため高湿下で強い圧力を加えた場合など、色材の癒着・剥落・磨耗等の品質変化の可能性もあります。

理工学系からの脳科学入門

2017年2月28日　　発行　①

編　者　　合原一幸・神崎亮平

発行所　　一般財団法人　東京大学出版会
代 表 者　吉見俊哉
〒153-0041
東京都目黒区駒場4-5-29
TEL03-6407-1069　FAX03-6407-1991
URL　http://www.utp.or.jp/

印刷・製本　大日本印刷株式会社
URL　http://www.dnp.co.jp/

ISBN978-4-13-009112-1
Printed in Japan
本書の無断複製複写（コピー）は、特定の場合を除き、
著作者・出版社の権利侵害になります。